人工智能 人才培养系列

机器视觉技术

与应用实战

丁少华 李雄军 周天强 ◎ 编著

人民邮电出版社
北京

图书在版编目（CIP）数据

机器视觉技术与应用实战 / 丁少华，李雄军，周天
强编著. — 北京：人民邮电出版社，2022.6
（人工智能人才培养系列）
ISBN 978-7-115-56116-9

Ⅰ. ①机… Ⅱ. ①丁… ②李… ③周… Ⅲ. ①计算机
视觉 Ⅳ. ①TP302.7

中国版本图书馆CIP数据核字(2021)第087231号

内 容 提 要

机器视觉技术作为当前的热门技术之一，在智能制造领域得到了广泛的应用。

本书从机器视觉的基本概念到机器视觉算法，从机器视觉核心部件到可配置的嵌入式视觉系统，从 2D 视觉技术到 3D 视觉技术，从黑白视觉技术到彩色视觉技术，从传统视觉技术到深度学习技术，从视觉系统设计方案到各行业的应用场景，从视觉检测、测量、定位、读码与识别四大需求到实际应用案例都分别进行了详细介绍。

本书可作为普通高等院校机器视觉课程的教学用书，也可供相关行业的工程技术人员、研发人员学习参考。

◆ 编　　著　丁少华　李雄军　周天强
责任编辑　张　斌
责任印制　王　郁　陈　犇

◆ 人民邮电出版社出版发行　　北京市丰台区成寿寺路 11 号
邮编　100164　电子邮件　315@ptpress.com.cn
网址　https://www.ptpress.com.cn
固安县铭成印刷有限公司印刷

◆ 开本：787×1092　1/16
印张：21　　　　　　　　2022 年 6 月第 1 版
字数：562 千字　　　　　2025 年 1 月河北第 5 次印刷

定价：79.80 元

读者服务热线：(010)81055256　印装质量热线：(010)81055316
反盗版热线：(010)81055315
广告经营许可证：京东市监广登字 20170147 号

随着工业智能化的快速发展，机器视觉技术已成为工业智能化不可或缺的关键技术之一。各行各业对机器视觉技术及人工智能技术的应用需求开始"井喷式"地涌现，机器视觉技术和机器学习技术的市场潜力越来越大。特别是随着5G商用的推进，产业结构的转型升级，制造业自动化及智能化进程的加速，推动了我国机器视觉行业规模化发展。中国机器视觉产业联盟的一项调查结果显示，近几年机器视觉行业增长较快的下游应用行业包括新能源、电子、物流、医药、印刷包装、纺织、半导体、汽车及机器人等。其中，电子、新能源、机器人被视为机器视觉行业未来三年增长最快的下游应用行业。这些"阳光"行业的集群发展，将为我国机器视觉行业带来无限的发展空间。

由于机器视觉技术涉及机械、电子、光学、自动化、图像处理等多个领域，且应用的场景各异，给从事机器视觉技术领域的工程技术人员带来极大的困难与挑战。丁少华等人总结了近二十年的实践经验，编写出《机器视觉技术与应用实战》一书。本书从机器视觉的概念、机器视觉的基础算法，包括工业镜头、工业光源及工业相机在内的机器视觉核心部件的选型，到如何搭建一套完整的机器视觉系统完成测量、检测、定位、读码与识别任务的方法，进行了全面的阐述。在此基础上，本书还介绍了他们自主研制开发的、具有自有知识产权的"龙睿智能相机"。智能相机的应用，降低了机器视觉技术的应用门槛，缩短了产品的研发周期，从而节省了产品的研发成本。

目前，市场上介绍机器视觉技术的书，很大一部分侧重于视觉技术理论的介绍。本书是一本由浅入深、通俗易懂的实用教材，它既介绍了目前机器视觉的新技术，如3D视觉、嵌入式视觉、深度学习，同时又用较大的篇幅详细介绍了作者近二十年的经过现场验证的工业应用案例，这也是本书的突出特点。通过对应用案例的分析，读者可以举一反三，将机器视觉技术应用到不同的领域。因此，本书既适合初学机器视觉的高等院校学生学习，也适合已在相关领域的工程技术人员、研发人员参考，可帮助读者对机器视觉技术在现代工业中的应用及其在未来智能时代将发挥的作用有更清晰而深远的认知。

在此，衷心感谢本书的作者丁少华、李雄军、周天强，他们为本书的出版倾注了大量的时间和心血。同时，也对他们将自己的研究成果毫无保留地奉献给机器视觉行业及广大科研和技术工作者，表示由衷的钦佩和深深的敬意！

希望本书能够为我国机器视觉行业的发展和人才的培养起到积极的推动作用。

潘津

中国机器视觉产业联盟主席

　　工业作为兴国之器、强国之基，是实体经济的主体。我国制造业正在由弱到强，"中国制造"已在逐步向"中国智造"转变。伴随着"机器换人""工业互联网"等概念的提出，越来越多的人开始了解机器视觉、重视机器视觉、应用机器视觉。从中国机器视觉产业联盟的市场调研报告得知，我国尚有约95%的机器视觉潜在用户，这种现状说明了机器视觉的巨大市场潜力。机器视觉是工业互联网的基础，也被誉为智能制造的"眼睛"，机器视觉在智能制造中的地位正从"可选"逐步向"必选"迈进。

　　目前，机器视觉的教材并不多，大多是学术专著（要求读者有良好的数学基础和相关专业知识背景），或者是侧重计算机视觉理论与应用的书。市场上特别缺乏专门针对工业机器视觉实践的机器视觉教材。本书源于实践，涉及的都是主流技术，在关键部件与组件选型上注重市售产品，所有案例都基于近年来实际的应用场景，且与行业的工艺相结合。从项目的背景需求到硬件选型，从项目难点到解决思路，再到软件的配置操作，都有非常详细的介绍。读者遇到同类型项目可直接借鉴与参考，乃至直接使用。读者只需扫描本书中二维码，便可以获取产品信息、使用说明书、案例视频及行业解决方案。读者还可加入我们组织的读者社群，与同行一起交流学习经验、探讨研究技术。

　　本书注重系统性，将机器视觉的基础理论与机器视觉应用相关的技术、关键部件、系统设计方法、应用案例相结合，由浅入深，内容全面、实用，选材新颖，图文并茂。在人们普遍认为的当今机器视觉的六大热门技术（3D视觉、嵌入式视觉、深度学习、多光谱和高光谱成像、人机协作机器人、偏振成像）中，本书内容涵盖了前三个。

　　本书遵循以下编写原则。

　　（1）基础算法理论：通俗易懂，深入浅出。涵盖必要的基础知识，少涉及或尽量不涉及与应用无关的知识。

　　（2）硬件和软件的配置：步骤清晰，图文并茂，简单明了。

　　（3）应用案例：讲清楚来龙去脉，读者按照设计思路进行操作便能得到满意结果。

　　我们希望传达一个理念：机器视觉技术不是高深莫测的，而是触手可及的。读者可以通过阅读本书，边学边做，按照书中指引一步一步地操作，就可以自己动手（Do It Yourself，DIY）把一套视觉系统组装出来，甚至可以高效地部署完成复杂任务的机器视觉系统和设备。

　　本书语言力求平实、简明、直接，尽量避免罗列复杂的数学公式，以科普的态度来表达核心算法和应用技术。本书的目的不在于培养软件算法工程师和核心系统底层开发工程师，而在于培养机器视觉应用系统开发工程师、机器视觉系统集成工程师、机器视觉现场技术支持工程师、机器视觉运行和维护工程师。本书的宗旨在于让更多的人以更快的速度、更短的时间全面了解机器视觉，并运用机器视觉解决身边的问题。

深度学习技术给机器视觉市场吹来一阵新风，随着 AlphaGo 打败人类围棋高手，几乎被人们遗忘的神经网络技术又"卷土重来"。一个又一个开源的神经网络项目让机器视觉的开发者不用再为底层技术的难度而苦闷，可以把大部分精力转向应用开发。机器视觉也在由人为设计特征驱动的传统机器视觉算法向数据驱动的算法与系统构建方向发展。这些迹象表明，深度学习、神经网络正在推动着机器视觉行业的大变革，人们正在用神经网络和深度学习的方法重做大量过去的机器视觉应用项目。也许不久的将来，潜在需求被有效激活，"机器视觉 2.0 时代"就要到来。因此本书也用了整整一章来介绍深度学习，以及它给机器视觉带来的新变化，并用实际应用案例来展示深度学习在解决工业中富有挑战性的机器视觉检测问题上的优势。

本书编写者都在机器视觉领域有多年从业和实战的经验。全书由丁少华、李雄军、周天强主持编写工作，编写成员还有黄凯、尹佳丽、何伟、舒冬冬、石冲。本书第 1 篇由丁少华、李雄军和尹佳丽编写；第 2 篇由黄凯与何伟编写；第 3 篇由李雄军、周天强、舒冬冬、石冲编写。全书由丁少华与李雄军审稿。本书在编写过程中还参考了部分行业网络资料和文献，这里我们要真诚感谢业内优秀的机器视觉同行和合作伙伴们的大力支持！他们是（排名不分先后）：基恩士（KEYENCE）、乐姆迈（LMI）、晰写速（CCS）、宝视纳（Basler）、深视商贸（OPTO）、大恒图像、三宝兴业、浩蓝光电、灿锐科技、长步道光电、谛创、中国机器视觉产业联盟等公司与组织。还有许多帮助和支持本书编写工作的同行和朋友们，因为篇幅所限，不能一一列举，在此一并表示感谢！

由于编者水平有限，书中难免有疏漏之处，敬请读者批评指正。

编 者

2021 年 9 月于深圳

目录 CONTENTS

第1篇

基础篇

机器视觉（Machine Vision）是一种多学科交叉的综合技术，涉及图像处理、光学、机电控制、计算机科学、模式识别、人工智能等诸多学科领域。机器视觉主要用计算机来模拟人的视觉功能，通过获取目标对象的图像，经图像处理和图像理解，提取客观事物的某些信息，从而进行处理并加以理解，最终用于实际检测、测量、定位、读码与识别等。一个典型的机器视觉系统一般由图像形成、图像采集、图像分析和控制、结果输出四大功能模块组成，分别对应光源与光学成像系统、图像捕捉卡、数字图像分析软件、判断决策与机电控制执行模块。

我国目前正面临着制造业转型升级，需要投入大量的工业机器人和自动化设备，它们都会用到机器视觉技术。机器视觉已成为现代加工制造业不可或缺的关键技术之一，广泛应用于食品、包装、汽车、电子、制药等生产领域。在提升传统制造装备的生产竞争力与企业现代化生产管理水平方面，机器视觉发挥着越来越重要的作用。

本篇首先介绍机器视觉基础，包括机器视觉基本概念、机器视觉系统分类、机器视觉发展史、机器视觉市场分析等；然后介绍一些算法的基础内容，包括图像生成与表示、图像的基本变换、图像的滤波与增强、图像形态学及常见的图像处理工具、BLOB 分析、2D（2 Dimensional，二维）图像匹配和 3D（3 Dimensional，三维）感知与目标识别等。这些内容是机器视觉定位、引导、检测、读码与识别等应用的重要基础理论与基本方法。本篇为第 3 篇的应用案例做好铺垫。

机器视觉在不断发展，无数的研究者、开发者为之付出了不少心血，积累了丰硕的技术成果。基于图像分析的机器视觉技术博大精深，我们很难让读者在短时间内全部了解和掌握。本篇将对机器视觉的核心技术基础进行介绍，希望将读者带入机器视觉应用的"大门"，让读者不用花大量时间与精力再去"啃"大部头的理论著作。

01 第1章 机器视觉基础

本章介绍机器视觉的基础知识，包括机器视觉概念、机器视觉系统分类、机器视觉发展史、机器视觉市场分析，展示部分目标行业市场与应用场景，让读者对机器视觉的起源和现状有简单的认知，了解机器视觉在工业领域的应用前景。

1.1 机器视觉基本概念

本节先介绍机器视觉与计算机视觉的区别与联系，再介绍机器视觉的特点及机器视觉系统。

1.1.1 机器视觉与计算机视觉的关系

说到"机器视觉"，人们通常会联想到"计算机视觉"（Computer Vision），二者一直没有明确的分界线。学术界通常把机器视觉作为计算机视觉的一个分支。随着机器视觉技术的迅猛发展，近年来工业界甚至对"计算机视觉"与"机器视觉"这两个术语不加区分了。但其实它们是既有区别又有联系的。

"机器视觉"是指用机器代替人眼进行测量和判断，完成工业生产与民用领域的测量、引导、检测和识别任务。机器视觉系统通过图像摄取装置将被摄取目标的信息转换成图像信号，图像信号被数字化后经过图像处理系统的分析和处理，得到被摄取目标的形态、位置、表面亮度、颜色等信息；根据这些被摄目标的特征信息进行测量、定位、检测或识别，进而进行判断和决策，并根据判别的结果来控制现场的设备动作。

而"计算机视觉"是利用计算机及其辅助设备来模拟人的视觉功能，实现对客观世界的三维场景进行感知、识别和理解，实现类似人的视觉功能。计算机视觉在透彻理解相机性能与物理成像过程的基础上，构建或分析成像模型，通过视觉信息的处理和分析技术，完成距离估计、目标检测与跟踪、物体分割、目标识别等任务，达到计算机通过视觉理解世界的目的。

机器视觉作为机器的"眼睛"，是机器认识世界、看懂世界的一种方式。而认识世界、看懂世界是人工智能不可或缺的重要部分，更是实现智慧工业、机器换人的关键所在。唯有看见，才能够做出分析与判断，进而代替人类完成各类任务。

"机器视觉"与"计算机视觉"都与视觉相关，可见都是对图像进行分析，并通过机器或者计算机代替人眼去工作，完成人眼不方便或者难以完成的工作。但二者的侧重点和应用领域有所不同。表 1.1 所示为机器视觉与计算机视觉的区别。

表 1.1　机器视觉与计算机视觉的区别

类别	精度级别	区别
机器视觉	μm 级至 mm 级	主要侧重"量"的分析，如通过视觉去测量零件的各种尺寸、检测产品是否有缺陷等，对准确度和处理速度要求都比较高
计算机视觉	mm 级至 cm 级	主要侧重"质"的分析，如分类识别，这是狗还是猫；身份识别，如人脸识别、车牌识别；行为分析，如人员入侵、徘徊、人群聚集等

机器视觉侧重工程应用，强调能够自动获取和分析特定图像，及时做出判断决策以便给生产线发出相应的控制信号。因此更强调实时性、高精度、高速度和高准确率。计算机视觉的研究对象主要是映射到单幅或多幅图像上的三维场景，很大程度上关注的是图像的内容。计算机视觉侧重理论算法的研究，强调理论，应用场景相对复杂，要识别的物体类型多、形状不规则、规律性不强，因此算法复杂度更高，目前往往采用图像处理、模式识别、人工智能技术相结合的方法。随着计算机技术的发展和机器视觉应用的不断拓展，机器视觉和计算机视觉技术也有了长足的发展，计算机视觉为机器视觉提供理论支撑和快速高效、稳定可靠、高精度的图像处理与识别算法，使机器视觉可以高效地处理更加复杂的工业目标检测或识别任务，可以省去以前为减少目标图像复杂度的辅助装置等硬件的投入成本。机器视觉的发展同时也促进了计算机视觉的深入发展。

本书主要介绍机器视觉技术。

1.1.2　机器视觉的特点与优势

机器视觉最大的特点就是非接触观测技术。非接触，无磨损，避免了接触观测可能造成的二次损伤隐患。

机器视觉系统可提高生产的柔性和自动化程度，而且易于实现信息集成，是实现计算机集成制造的基础。它可以在速度很快的生产线上对产品进行测量、引导、检测和识别，并能保质保量地完成任务。机器视觉与人工视觉的对比如表 1.2 所示，从表中可以看出机器视觉与人工视觉相比具有优势。

表 1.2　机器视觉与人工视觉的对比

性能	机器视觉	人工视觉
灰度分辨力	强，256 个灰度级	弱，一般只能识别 64 个灰度级
空间分辨力	强，通过不同选型搭配可观测微米级的目标	弱，不能分辨微小的目标
效率	高	低
速度	快，可看清较快的运动物体	慢，无法看清较快运动的目标
精度	高，可达微米级，易量化	低，无法量化
可靠性	稳定可靠	易疲劳，受情绪波动影响
重复性	强，可持续工作	弱，不可持续工作
信息集成	易	不易
环境	适合恶劣、危险的环境	不适合恶劣和危险的环境
成本	一次性投入，成本不断降低	人力成本和管理成本不断上升

1.1.3 机器视觉系统

典型的机器视觉系统基本组成如图 1.1 所示，包括图像采集单元、图像处理单元、通信控制单元、终端监控单元等。

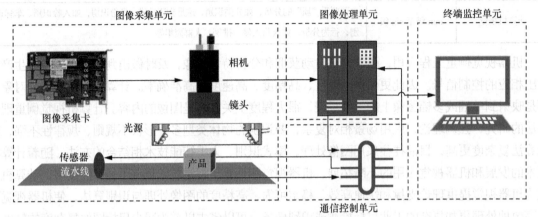

图 1.1 典型的机器视觉系统基本组成

机器视觉系统利用相机将被检测的目标转换为图像信号，传递给专用的图像处理系统。图像处理系统根据像素分布和亮度、颜色等信息，将图像信号转换为数字信号，然后由视觉软件工具、逻辑工具、通信工具等进行处理来实现完整的视觉检测功能。

一个完整的机器视觉系统的主要工作过程如下。

（1）相机可以在连续拍照模式下对产品（对象）进行拍照，把获取的图像传递给图像采集单元。相机也可以采用外部触发模式，当收到外部传感器信号之后，相机按照事先设定好的参数进行曝光，然后正式开始图像的采集、扫描和输出。外部触发模式下的相机只有在收到有效触发信号后才拍一帧图像，没有外部有效触发时处于等待状态。触发脉冲往往由传感器提供，当它感知到产品靠近相机视野中心的时候发出脉冲信号，触发抓拍一帧图像。

（2）图像采集卡把输入的光学图像转换为数字图像，存入主机内存，由图像处理单元进行处理。如果输入信号是模拟信号，图像采集卡的作用就是把模拟信号转换为数字信号。现在很多相机是数字式的，如 USB、GigE 等接口的面阵相机，其输出信号就不需要图像采集卡做模/数转换，可以直接存入主机内存。具有 CameraLink（CameraLink 标准由国际自动成像协会制定，该标准的接口解决了高速传输的问题）等接口的相机，还是需要图像采集单元进行图像信号的收集和转换。

（3）光源也有常亮和触发两种工作状态，常亮状态不需要控制，但对人眼有影响。工作在触发状态下的光源，由光源控制器（图 1.1 中省略）提供电流驱动。为了配合相机有效成像，光源触发脉冲的发生时刻和脉冲宽度需要准确控制，由专用的控制器控制，或者由相机控制。光源控制器一般还有频闪模式。频闪模式下往往可以做到过流（Overdrive）控制，即在瞬时提供很大的电流，让光源亮度数倍地提升，以配合相机曝光。

（4）图像处理单元对图像进行处理、分析、理解、识别，获得测量结果或逻辑控制值，并由通信控制单元发送给外部控制机构。

1. 图像采集单元

图像采集单元又称"帧采集器"（Frame Grabber），图像采集是指从工作现场获取场景图像的过程，是机器视觉的第一步。早期的图像采集单元独立于相机之外，配合相机实现数字化图像采集。现在的数码相机已经把图像采集单元集成进去了，只有一些特定接口的相机还需要外接图像采集单元。

在数码相机中，图像采集单元相当于普通意义上的电荷耦合器件（Charge Coupled Device，CCD）相机或互补金属氧化物半导体（Complementary Metal-Oxide-Semiconductor，CMOS）相机和图像采集卡。它将光学图像转换为数字图像，并输出至图像处理单元。

2. 图像处理单元

图像处理单元由图像存储器、图像处理软件等构成。图像处理软件包含大量图像处理算法。在取得图像后，用这些算法对数字图像进行处理和分析计算，并输出目标的质量判断和规格测量等结果。图像处理算法包含图像校正、图像分割、图像特征提取、二进制大对象（Binary Large Object，BLOB）分析、图像识别与理解等，这里只对算法做简单介绍，更多的算法会在第 2 章进行介绍。

（1）图像校正

图像校正是指对失真图像进行复原性处理。引起图像失真的原因很多，如成像系统的像差、畸变、有限的带宽；成像器件拍摄姿态和扫描非线性；由运动模糊、辐射失真引入的噪声等。图像校正的基本思路是，根据图像失真的原因建立相应的数学模型，从被污染或畸变的图像信号中提取所需要的信息，沿着使图像失真的逆过程来复原图像。实际的复原过程是设计一个滤波器，使其能从失真图像中计算出真实图像的估值，并根据预先规定的误差准则，最大程度地接近真实图像。

（2）图像分割

图像分割是指把图像分成若干个特定的、具有独特性质的区域并提取感兴趣的目标的技术和过程。它是从图像处理到图像分析的关键步骤。现有的图像分割方法主要分为以下几类：基于阈值的分割方法、基于区域的分割方法、基于边缘的分割方法及基于特定理论的分割方法等。从数学角度来看，图像分割是指将数字图像划分成互不相交的区域的过程。图像分割的过程也是一个标记过程，把属于同一区域的像素赋予相同的编号。

（3）图像特征提取

图像特征提取是图像识别过程中保证后期分类判别质量的重要阶段。提取的图像特征需要能够代表识别物体的典型特征，具备独特性、完整性、几何不变性及抽象性，常见特征有颜色、纹理、边缘、形状等。

（4）BLOB 分析

BLOB 是指图像中的具有相似颜色、纹理等特征所组成的一块连通区域。BLOB 分析就是对前景/背景分离后的二值图像进行连通区域的提取和标记。BLOB 分析完成的每一个 BLOB 都代表一个前景目标，然后计算 BLOB 的一些相关特征，如面积、质心、外接矩形等几何特征，这些特征都可以作为判别的依据。

（5）图像识别与理解

图像识别与理解是指利用计算机对图像进行处理、分析、理解，以识别各种不同模式的目标和对象的技术。传统的图像识别流程分为 3 个步骤：图像预处理→特征提取→图像识别。一般较简单的工业应用中，采用工业相机拍摄图片，然后利用软件根据图片灰阶差来处理，从而识别有用信息。

3. 通信控制单元

通信控制单元包含输入/输出（I/O）接口、运动控制等。图像处理软件完成图像处理后，将处理结果输出至图像监视单元，同时通过电控单元传递给机械单元执行相应的操作，如剔除、报警等，或者通过运动控制或机械臂执行分拣、抓取等动作。相对复杂的逻辑和运动控制则必须依靠可编程逻辑控制单元（Programmable Logic Controller，PLC）或运动控制卡来实现。

（1）I/O接口

I/O接口是主机与被控对象进行信息交换的纽带。主机通过I/O接口与外部设备进行数据交换。目前绝大部分 I/O 接口都是可编程的，即它们的工作方式可由程序进行控制。目前在工业控制机中常用的接口标准有通用并行I/O接口、RS-232/485串口、网口、USB等。

（2）运动控制

运动控制起源于早期的伺服控制，简单地说，运动控制是指对机械运动部件的位置、速度等进行实时的控制管理，使其按照预期的运动轨迹和规定的运动参数进行运动。当前市场上有全闭环交流伺服驱动技术、直线电机驱动技术、可编程计算机控制器技术等运动控制技术。

4. 终端监控单元

终端监控单元用于在软件界面上显示配置的内容，一般包括采集的图片、产品检测结果、产品良率统计等。

1.2 机器视觉系统分类

机器视觉系统可按操作方式来分类，也可按性能来分类，下面对其分类进行详细介绍。

1.2.1 按操作方式分类

机器视觉系统（简称视觉系统）根据操作方式、使用的简易程度，一般可以分为两种：可配置的视觉系统和可编程的视觉系统。

1. 可配置的视觉系统

可配置的视觉系统集底层开发和应用开发于一身，提供一种通用的应用平台。系统分模块设计，包含众多的机器视觉模块。把核心系统与应用工艺进行垂直整合、设计，工具可自由添加，灵活配置，无须编程，像家用电器一样简单易用。视觉工程师只需学习如何设置视觉系统，就可以配置和部署好整个解决方案。

可配置的视觉系统架构如图1.2所示，它由图像采集单元和视觉处理单元组成，图像采集单元负责采集图像传送给视觉处理单元，视觉处理单元包括视觉处理工具、逻辑配置工具等，每个单元都可以单独配置。通过实际测试发现，可配置视觉系统的硬件兼容性比其他集成的视觉系统（板卡、相机、个人计算机等硬件来自不同的制造商）更好，可以获得更高的稳定性。

可配置的视觉系统已经固化了成熟的视觉功能，通常具有配置标准化、接口标准化、系统模块化、功能专业化和通用化、产品多样化等特点，可以快速实现定位、几何测量、有/无检测、计数、字符识别、条形码（简称为条码）识别、颜色分析等功能，可适用于大多数机器视觉场合。

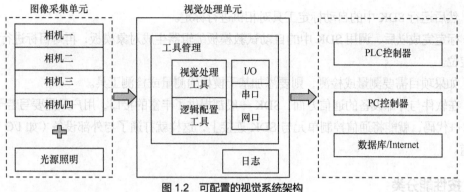

图 1.2　可配置的视觉系统架构

2. 可编程的视觉系统

可编程的视觉系统可根据用户实际的应用需求开发。通常情况下，需要从视觉器件公司采购合适的工业相机、镜头、光源，自行编写合适的视觉软件，实现工业自动化所需的定位、测量、识别、控制等功能。

因为视觉系统底层技术比较难以实现，视觉开发人员需从开源的函数库中获得基础代码源，或购买商品化机器视觉函数库进行二次开发，例如 Adept 公司的 HexSight 开发包（见图 1.3）、康耐视（Cognex）公司的 VisionPro 开发包等。开发视觉系统软件要求软件工程师既要熟悉特定的编程语言编程，又要具备机器视觉理论知识和各种开发工具、函数库的使用技能，且软件的开发周期较长。

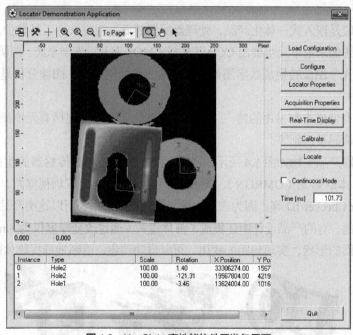

图 1.3　HexSight 高性能软件开发包界面

通常开发一套视觉应用软件系统可分为以下几个步骤。

（1）首先在计算机上安装操作系统、编程语言集成开发环境（如 C#或 Visual C++），工业数字相机及一套软件开发工具包（Software Development Kit，SDK，或称二次开发包）。

（2）然后运行 SDK 中的自动标定工具对相机进行标定。

（3）标定完成以后，调用 SDK 中的自动试教模板编辑器生成对象模板，再对目标进行定位，实现视觉定位。

（4）如果项目需要测量或检测，则要添加基于模板的测量或检测工具。

（5）在软件与外部设备的通信方面，SDK 一般都提供了丰富的接口，用户只需要写若干行 C#或 Visual C++代码，就能将通信控制单元与 SDK 连接上，这样就打通了与外部设备（如 I/O 卡等）的通信通道。

1.2.2 按性能分类

机器视觉系统按照性能可分为视觉传感器、智能相机及视觉处理器。这三种产品其实都可叫作智能相机（Smart Camera，或者 Intelligent Camera）。为了进一步细分，我们采用了三种不同的名称，在中文上把它们区分开来。视觉传感器（Vision Sensor）是比较低端的智能相机，像传感器一样使用，在三者之中功能最为简单。视觉处理器（Vision Processor）一般指处理器和相机是分开的，也叫作视觉盒子（Vision Box），在三者之中功能最为强大。视觉处理器硬件计算能力最强，提供的软件包中视觉工具也最多；其相机为外接，一般能接 4 台相机，有些产品甚至可以接更多相机。智能相机介于这两者之中，与视觉传感器一样，为一体式产品，即图像采集、处理、分析都在相机里面完成，不像视觉处理器那样采取分体式。智能相机功能适中，软件包中的视觉工具比视觉传感器多，比视觉处理器少，软件配置刚好适合其硬件处理能力。

1. 视觉传感器

视觉传感器一般是嵌入式一体化产品，处理器配置较低，视觉软件工具较少。

视觉传感器的图像采集单元主要由 CCD 芯片或 CMOS 芯片、光学系统、照明系统等组成。图像采集单元将获取的光学图像转换成数字图像，传递给图像处理单元。图像分析是在视觉传感器里面完成的。

视觉传感器具有低成本和易用的特点。视觉传感器的工业应用包括有无检测、正反检测、方向检测、尺寸测量、读码及识别等。

几种视觉传感器产品实物如图 1.4 所示，目前市面上国内外视觉传感器的生产厂家有日本基恩士（Keyence）、日本欧姆龙（OMRON）、美国康耐视（Cognex）、深圳视觉龙、厦门麦克玛视等，典型产品有 Cognex Checker/ID 等。因为应用中被当作传感器使用，所以这类产品往往自带照明，甚至具有自动对焦功能，有的产品设计中还集成了液体镜头（通过改变厚度仅为 8mm 的两种不同的液体交接处月牙形表面的形状，实现焦距的变化，可以自动调焦，清晰地捕捉物体影像）等。

图 1.4 几种视觉传感器产品实物

2. 智能相机

智能相机（Smart Camera）并不是一台简单的相机，而是一种高度集成化的微小型嵌入式机器视觉系统，处理器配置较高，视觉软件工具较多。

智能相机集图像信号采集、模/数转换及图像信号处理于一体，能直接给出处理的结果。其大小与一个普通家用相机差不多，所有功能包括视觉处理都在一个小盒子里完成。由于应用了数字信号处理器（Digital Signal Processor，DSP）、现场可编程门阵列（Field Programmable Gate Array，FPGA）及大容量存储技术，其智能化程度不断提高。通过软件配置，可轻松实现各种图像处理与识别功能，满足多种机器视觉的应用需求。

智能相机一般由图像采集单元、图像处理单元、通信控制单元等构成。智能相机采用的硬件一般为 Arm 架构的高性能微处理器，软件则基于实时操作系统。图像分析软件是智能相机的核心，一般包含丰富的图像处理和分析底层函数库，在智能相机配套的软件开发环境中，对这些底层软件工具模块进行某种组合（称为"组态"），对单个模块可以进行参数设置，从而"组装"出各种图像分析和处理软件。这就是机器视觉应用开发的软件设计环节所做的核心工作。智能相机生产厂家都会提供这类软件，所以智能相机往往被称为可配置系统（Configurable System）。

基于嵌入式技术和并行计算技术的智能相机集成度高、结构紧凑、安装体积小、空间利用率高，在运算速度和稳定性上大大超过计算机，适用于环境严苛的特定应用场合。其工作过程可完全脱离计算机，与生产线上其他设备连接方便，能直接在显示器或监视器上输出 SVGA 或 SXGA 格式的视频图像。

几种智能相机产品实物如图 1.5 所示，目前市面上国内外智能相机的生产厂家有：日本基恩士、美国康耐视、美国迈思肯（Microscan）、意大利得利捷（Datalogic）、深圳视觉龙、厦门麦克玛视等。

图 1.5 几种智能相机产品实物

3. 视觉处理器

视觉处理器一般要基于计算机（x86 架构，多用 Microsoft Windows 操作系统）视觉系统和工业计算机，开发合适的机器视觉软件，再配合光学成像硬件（如工业相机、镜头和光源等），实现工业自动化所需的定位、测量、识别、控制等功能。

视觉处理器的图像处理、通信及存储功能由控制器完成。控制器提供相机接口，可以与多台不同类型的工业相机相连，共同完成图像采集、处理及结果输出任务。理想情况下，我们希望来自不同厂商的硬件和软件能够相互兼容、相互支持，实现数据共享。但事实并非如此，通常情况下，机器视觉系统必须被添加到现有设备系统中，而这些系统往往包含了来自不同厂商专用接口的设备。

通常视觉处理器尺寸较大、结构复杂，开发周期较长，但处理能力强，软件资源丰富，可达到理想的精度和速度，能实现较为复杂的系统功能。它在测量精度、检测速度、灵活性等方面具有绝对优势，因此占据了相对较高的行业份额。

几种视觉处理器产品实物如图 1.6 所示。

图 1.6　几种视觉处理器产品实物

以上三种按性能分类的产品对比如表 1.3 所示。

表 1.3　三种产品对比

对比项目	视觉传感器	智能相机	视觉处理器
结构形式	一体化	一体化	非一体化, 集成度较低
市场定位	低端市场	高端市场	高端市场
灵活性/可编程性	低	高	高
I/O	简单	复杂	复杂
处理能力	弱	强	强
内存配置	低	中	高
分辨率	低	高	高
检测速度	较低		高
检测精度	较低		较高
多相机支持	不可以		可以
复杂运算能力	弱		强
系统成本	低		高
工作空间	小		大
操作难度	小		大
集成能力	强		弱

1.3　机器视觉发展史

机器视觉是一个发展相当迅速的新兴行业, 机器视觉技术已经成为工业自动化领域的核心技术之一。我国机器视觉行业是伴随我国工业化进程的发展而发展起来的, 下面对机器视觉国内外发展史进行介绍。

1.3.1　国外机器视觉发展史

国外机器视觉发展的起点难以准确考证, 有的专家认为机器视觉发展早期主要集中在欧美和日本。

20 世纪 50 年代, 机器视觉概念被提出, 从模式识别开始, 当时的工作主要集中在二维图像分析和识别上, 如光学字符识别、工件表面检测、显微图片及航空图片的分析和解释等。

20 世纪 60 年代中期, 美国学者拉里·罗伯茨 (Larry Roberts) 开始研究 3D 视觉。他通过计算机程序从数字图像中提取出诸如立方体、楔形体、棱柱体等多面体的三维结构, 并对物体形状和物体的空间关系进行描述。他的研究工作开创了以理解三维场景为目的的三维机器视觉的研究。罗伯茨对积木世界的创造性研究给人们极大的启发，许多人相信，一旦由白色积木玩具组成的三维世界可以被理解，则可以推广而理解更复杂的三维场景。于是，人们对"积木世界"进行了深入的研究，研究的内容从边缘、角点等特征的提取，到线条、平面、曲面等几何要素的分析，一直到图像明暗、纹理、运动及成像几何等的分析方法，并建立了各种数据结构和推理规则。

20 世纪 70 年代，机器视觉真正开始发展，麻省理工学院人工智能实验室正式开设"机器视觉"（Machine Vision）课程，此时 CCD 图像传感器出现，CCD 相机替代硅靶设备，这成为机器视觉发展历程中的一个重要转折点。同时，麻省理工学院人工智能实验室吸引了国际上许多学者参与机器视觉的理论、算法、系统设计的研究，马尔（D. Marr）教授就是其中的一位。1973 年，他应邀领导一个以博士生为主体的研究小组，并于 1977 年提出了不同于"积木世界"分析方法的"计算机视觉理论"，也就是著名的"马尔视觉理论"，该理论在 20 世纪 80 年代成为机器视觉研究领域中一个十分重要的理论框架。

20 世纪 80 年代，机器视觉进入发展上升时期，开始了全球性的机器视觉研究热潮，机器视觉因此获得了蓬勃发展。这一时期，不仅出现了基于感知特征群的物体识别理论框架、主动视觉理论框架、视觉集成理论框架等概念，而且产生了很多新的研究方法和理论，无论是对一般二维信息的处理，还是针对三维图像的模型和算法研究，都有很大进步。有学者对机器视觉理论的发展提出了不同的意见和建议，对马尔的理论框架做了种种批评和补充。同时中央处理器（Central Processing Unit，CPU）、数字信号处理器（DSP）等图像处理硬件技术的飞速进步，为机器视觉的迅速发展提供了基础条件。

20 世纪 90 年代，机器视觉发展趋于成熟，机器视觉开始在工业领域得到应用。同时，机器视觉理论在多视几何领域的应用得到快速发展。

到了 21 世纪，机器视觉技术已经大规模地应用于多个领域。按照其应用领域可以划分为智能制造中的机器视觉和智能生活中的机器视觉，如工业检测、自动焊接、机器人引导等为智能制造中的机器视觉，人脸识别、智能交通、医疗、无人驾驶及智能家居等为智能生活中的机器视觉。

1.3.2　国内机器视觉发展史

我国机器视觉产业起步较晚，起步于 20 世纪 90 年代，经历了初期阶段、引入阶段、发展阶段、高速发展逐步走向成熟阶段。我国已成为世界机器视觉发展最活跃的国家之一，主要的原因是我国已经成为全球的加工中心，许多先进生产线已经或正在迁移至我国。随着这些先进生产线的迁移，许多具有国际先进水平的机器视觉系统也进入我国。因对这些机器视觉系统的维护和提升而产生的市场需求也将国际机器视觉企业吸引到我国，我国的机器视觉企业在与国际机器视觉企业的相互学习和竞争中不断成长。

1.　初期阶段

1990 年以前，仅在我国的大学和研究机构中有一些研究图像处理和模式识别的实验室。从 1990 年到 1997 年，真正的机器视觉系统市场销售额微乎其微，主要的国际机器视觉厂商还没有进入我国市场。由于市场需求不大，工业界的很多工程师对机器视觉没有概念，很多企业也没有认识到质量控制的重要性。

2. 引入阶段

从 1998 年到 2002 年，越来越多的国外的电子和半导体工厂落户广东和上海，带有机器视觉的整套生产线和高级设备被引入我国。一些厂商和制造商开始希望研发自己的视觉检测设备，这是真正的我国机器视觉市场需求的开始。原厂委托制造（Original Equipment Manufacturer，OEM）厂商需要更多来自外部的技术支持和产品选型指导，因此催生了国际机器视觉供应商的代理商和系统集成商队伍。这些跨专业的机器视觉人才，从美国和日本引入先进的成熟产品，给终端用户提供专业培训咨询服务。从了解图像的采集和传输过程、理解图像的品质优劣开始，到初步利用机器视觉软/硬件产品搭建简单的机器视觉初级应用系统。他们通过极为广泛而艰辛的市场宣传、产品推广、技术交流、项目辅导等工作，不断地引导和培训我国客户认知、理解机器视觉技术与产品，从而启发客户发现使用机器视觉技术的场合，推动了我国机器视觉行业的发展。

经过长期的市场开拓和培育，不仅在半导体和电子行业，而且在汽车、食品、饮料、包装等行业中，一些厂商开始认识到机器视觉对提升产品品质的重要作用。在此阶段，许多国外机器视觉产品供应商，如康耐视、巴斯勒、迪奥科技（Teo TECH）、索尼（Sony）等，也开始接触我国市场并寻求本地合作伙伴。

3. 发展阶段

从 2003 年到 2007 年，这一阶段我国本土机器视觉企业开始起步，探索更多由自主核心技术承载的机器视觉软/硬件产品的研发，同时在机器视觉设备和系统集成领域也不断涌现新应用，多个应用领域取得关键性突破。政府的一些支持政策吸引了大批海外从业人员回国创业，也促进了自主核心技术的发展。随着国外企业的生产线逐渐向我国迁移，以及对产品质量的要求提升，大批自动化领域的系统集成商开始熟悉并使用机器视觉技术。与此同时，越来越多的本地企业开始在生产线上引入机器视觉。机器视觉技术作为提升质量和效率、取代人工的工具也开始了广泛的应用尝试。但资深视觉工程师和实际项目经验的缺乏是我国众多企业面临的主要问题。

4. 高速发展逐步走向成熟阶段

从 2008 年至今，随着各企业自动化程度的不断提高，对质量控制的要求越来越严格，加上政府的大力支持等因素，我国机器视觉行业进入了高速发展阶段。机器视觉产品的主要应用方向是制造业。近年来，我国制造业持续快速发展，总体规模大幅提升，得益于制造业规模的扩大，我国已成为全球机器视觉市场增长最快的国家之一。

不断扩大的市场规模和巨大的市场潜力吸引了大量企业进入，出现了众多机器视觉的各种核心器件研发厂商，包括相机、光源、镜头、图像处理软件等。数十家机器视觉技术的践行者，用他们的智慧和努力打造了"中国制造"的机器视觉产品，打破了国外厂商在该行业的垄断地位。由于市场和技术的不断发展，机器视觉应用正如雨后春笋般不断涌现，并因为其在效率、精度、成本、质量等方面给一个又一个行业领域带来的独特价值优势而得到广泛接受和采纳。在此过程中，整个机器视觉产业产值和规模逐年高速攀升，影响范围也飞速扩大。

传统制造业面临新的颠覆，转型升级将给我国自动化行业带来巨大的市场机遇。而机器视觉作为自动化行业的高智能化产品，未来具有巨大的发展潜力。我国的电子制造和代工厂商过去几年采购了大量自动化设备取代人工，以应对"愈演愈烈"的"缺工"现象，未来几年这一现象将达到高潮，市场的强大驱动力必将为机器视觉产品在各行业的应用带来新的增长点。

1.4 机器视觉市场分析

我国的机器视觉产业能够取得如此快速的发展，除了自身的先天应用优势之外，还与市场需求、技术、资本、政策等因素息息相关。随着市场规模的逐渐扩大，机器视觉越来越"亲民"，进军机器视觉的企业将会越来越多，可能强强联合、强弱兼并、后来居上等情况都可能会出现，直到新的平衡到来之前，全球机器视觉市场都将是一片火热的景象。下面从销售额、专利、企业等多个角度对我国机器视觉市场进行分析。

1.4.1 销售额分析

继北美、欧洲和日本之后，我国机器视觉市场逐渐成为国际机器视觉厂商的重要目标市场。

由于制造业总体规模扩大、下游应用行业的快速发展、人工成本持续上涨、自动化水平的进一步提升、促进高端装备制造及智能化生产政策的出台等因素，我国机器视觉市场销售额实现了高速增长。根据中国机器视觉联盟（CMVU）的调查结果，2017—2018 年我国机器视觉市场销售额从约 81.7 亿元增长至约 99.4 亿元，同比增长约 21.7%；2019 年，全球经济增长放缓，汽车和电子产品等主要下游应用行业需求疲软，我国机器视觉市场规模增速降低，销售额约为 103.1 亿元，同比增长约 3.7%，如图 1.7 所示。

虽然近年来宏观经济增长放缓、国际贸易环境恶化、市场竞争加剧和生产成本上涨，但我国机器视觉行业盈利能力总体有所提升。根据 CMVU 调查结果，2017—2019 年，我国机器视觉行业净利润从约 10.2 亿元增长至约 13.1 亿元，年均复合增长率约为 12.9%，如图 1.8 所示。同期，净利润从 2017 年约 12.5% 下降至 2018 年的约 12.3%，2019 年增长至约 12.7%，行业总体盈利能力有所提升。具体来讲，不同细分市场利润水平有所差异。机器视觉器件市场由于市场竞争加剧，利润增长率有所下降；而机器视觉系统市场则由于壁垒较高，保持着较高的利润水平。

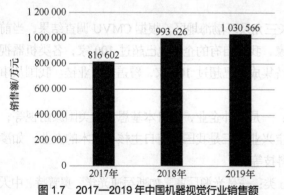

图 1.7 2017—2019 年中国机器视觉行业销售额

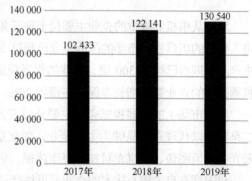

图 1.8 2017—2019 年中国机器视觉行业净利润

根据 CMVU 2019 年度企业调查结果，可配置视觉系统和特定应用视觉系统是机器视觉行业最大的细分市场，2019 年销售额占比分别为约 25.2% 和 21.9%；之后是工业级相机，销售额占比为约 15.6%；第 4 为光学设备，销售额占比为约 12.1%；第 5 为照明设备，销售额占比为约 9.4%；第 6 为智能相机，销售额占比为约 4.1%。独立于硬件产品销售的视觉软件、视觉传感器、接口和线缆、图像采集卡/视觉处理器板的销售额占比分别为约 2.7%、2.2%、1.8%、1.8%；其他视觉配件销售额占比为约 3.1%。

根据 CMVU 2019 年度企业调查结果，从下游应用行业看，机器视觉应用以制造业为主，2019 年销售额占比 90.2%，非制造业为辅，同期销售额占比为 9.8%。在制造业中销售额排名前六的下游应用行业如表 1.4 所示。

表 1.4　下游应用行业销售额排名

行业	占比/%	排名
电子	46.2	1
平板显示	7.0	2
汽车	6.8	3
印刷	6.2	4
电池	5.4	5
机器人	4.6	6

1.4.2　专利分析

从全球市场角度来看，机器视觉行业已经走向成熟，近年来国外机器视觉专利数量逐年减少。全球机器视觉专利分布主要集中在美国、欧洲各国、日本等发达国家，欧美在机器视觉技术上处于领先地位（数据来自 OFweek 行业研究报告）。

在专利信息服务平台上，使用关键字"机器视觉"进行检索，有关的专利约 6000 项，其中发明专利约 57%、实用新型专利约 25%、发明授权专利约 17%、外观专利约 1%。

中国产业调研网发布的"2019—2025 年中国机器视觉市场现状研究分析与发展趋势预测报告"显示，我国机器视觉专利数量逐年增加，各大高校和企业纷纷投入精力在机器视觉领域进行研究，我国机器视觉行业正处于一个飞速发展的阶段。我国机器视觉专利主要集中在沿海发达地区及北京地区，江苏、广东、浙江、北京、上海这 5 省市的专利数量占全国专利数量的 75%。

1.4.3　企业分析

我国从事机器视觉的企业主要位于珠三角、长三角及环渤海地区。根据 CMVU 调查结果，当前进入我国的机器视觉市场的国际企业已超过 200 家，我国自有的企业也已超过 100 家，各类机器视觉产品代理商已超过 300 家，专业的机器视觉系统集成商已超过 100 家，覆盖全产业链。我国从事机器视觉的企业数量增长率保持在每年 20%。

我国市场上的机器视觉企业主要分成三大类：一是国外企业，如日本基恩士、美国康耐视等；二是我国以代理进口品牌为主的企业，如北京三宝兴业；三是我国拥有自主核心技术的企业，如凌云光、大恒图像、视觉龙科技、海康威视、华睿科技等。

我国拥有自主核心技术的企业又可按产品来分类：一是光源厂商，如晰写速光学、奥普特、中天创图、乐视、锐视光电、博兴远志、赫格电气、上海嘉励自动化、沃德普等；二是镜头厂商，如浩蓝光电、灿锐光学、视清科技、长步道光电等；三是相机厂商，如大恒图像、海康威视、华睿科技、度申科技等；四是视觉系统厂商，如视觉龙科技、研华科技、凌云光等。

由于我国的光源行业起步较早，行业门槛相对较低且具有性价比优势，光源成为我国工业视觉产业链国产化较充分的一环，主要厂商集中在江苏、浙江、上海和广东东莞等，目前已有专门从事光源生产的上市企业。

国产镜头在光学指标上有一定的竞争力，但也仅在中低端市场较为成熟，高端工业镜头还要依赖进口。我国厂商在工业镜头领域发展迅速，但大多企业体量相对较小，走高性价比路线，布局中低端市场，与国外企业还有一些差距，不过已经能够满足工业视觉系统的基本需要。

由于工业相机技术门槛高，研发需要投入大量的人力、物力、财力，我国规模小的生产企业难以和国外企业竞争。目前我国厂商也在做新的突破，如海康威视、大华股份等企业。它们在安防监控和图像处理领域有深厚的积累，依托在软件、算法、硬件、结构及测试等方面的研发优势，在工业相机市场已经获得一定的知名度。

底层开发是机器视觉价值最高的部分，技术壁垒高且利润高，康耐视和基恩士等国外企业有着深厚的研发背景，具备核心软硬件的技术优势，几乎占据了 50%的市场份额。基恩士的毛利率可达80%左右，净利润为 30%~40%。

1. 与国外机器视觉行业的差距

我国机器视觉行业起步较晚，经历了多年的摸索与积累，产品性能和稳定性均不断提升，市场规模快速增长。但与国外机器视觉行业相比，我国机器视觉行业发展时间较短，仍存在一些不足，主要体现如下。

（1）品牌影响力较弱，缺少有国际影响力的品牌

我国机器视觉企业多从代理国外品牌产品起家，经过了一定时间的技术和经验积累后，逐渐开始自主研发，推出自有品牌产品。但由于发展时间尚短、创新能力有待提升等，我国企业自主品牌影响力仍较弱，缺少在国际市场上影响力较强的品牌。

（2）自主研发能力较弱，缺少核心技术

由于发展时间尚短、沉淀不足，目前我国企业仍然处于跟从阶段，自主研发能力不强，相关行业软件的核心技术还掌握在国外企业手中，发展相对较慢。此外，我国从事基础研发、关键组件研发的企业相对较少，缺乏高精尖的人才，大量关键技术被国外企业持有，导致我国企业核心技术不足。

（3）标准不规范，产品通用性不高

目前我国机器视觉行业各种标准尚不规范，企业与企业之间、企业与用户之间、用户与用户之间的标准不统一，造成产品通用性不高，难以形成规模化推广。

（4）产品集中在中低端市场，高端产品欠缺

我国机器视觉行业虽处于快速增长期，应用范围广泛，但由于整体技术研发能力较弱，产品应用多集中于中低端市场，竞争激烈，利润压缩严重，缺乏高附加值的高端产品。

（5）知识产权保护不足

机器视觉行业属于技术密集型行业，知识产权保护对行业具有重要意义。与国外发达国家相比，我国知识产权保护制度仍不够完善。

我们可以通过技术创新、走差异化竞争路线、重视人才培养、重视知识产权保护、提高企业与产品的竞争力等措施缩短与国外企业的差距。

2. 发展趋势

从经济性来看，市场上大多数机器视觉系统单价在 3 万~5 万元（主要取决于系统的复杂程度，简单的 1 万~3 万元，高性能或者 3D 系统可达 20 万~30 万元）。一般情况下，一个典型的机器视觉系统应用可以替代 3 个以上的人工，投资回收期非常短，且后续维护费用较低，具备明显的经济性。随着人工成本上涨、人口红利逐步消失，对经济性的追求将推动机器视觉渗透率快速提升。

从生产过程中的质量和效率来看，由于人眼天生的物理局限性和人主观的情绪波动，在高通量、

高速率、高精度等的生产环境中，机器视觉优势更加明显，有些需求甚至只有机器视觉才能满足。

根据 CMVU 的调查结果，预计未来几年，得益于经济持续稳定的发展、新基建投资的增加、5G 商用的推进、产业结构转型升级、制造业自动化及智能化进程加速、行业内企业自主研发能力增强、机器视觉产品应用领域的拓宽等因素，我国机器视觉行业市场需求持续增长，预计将从 2020 年的 108.2 亿元增长至 2022 年的 162.3 亿元。同时，半导体、汽车及机器人行业被认为是机器视觉行业未来几年增长最快的下游应用行业，其他增长较快的下游应用行业包括新能源、电子、物流、医疗等。

1.5 机器视觉应用场景

1.5.1 机器视觉典型应用

按技术领域划分，机器视觉在工业的四大典型应用可分为：检测、测量、定位、读码与识别。在现代自动化生产过程中，人们将机器视觉系统广泛地用于生产过程监视、成品检验和质量控制等领域。根据 CMVU 2020 年机器视觉市场调研报告：检测类（在线检测、离散检测、防呆监视等）是最大的细分市场，市场销售额占比 63.6%；测量类（1D、2D、3D 测量）市场销售额占比 12.6%；定位类（机器人引导、跟踪等）市场销售额占比 10.4%；字符识别和读码市场销售额占比 8.9%；其他应用市场销售额占比 4.5%（见图 1.9）。

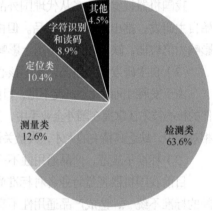

图 1.9 2020 年机器视觉市场分析

1. 检测

在自动化生产中，涉及各种各样的质量检测，如工件表面是否有划痕、斑点、污渍，工件是否装反、装错或漏装等。视觉检测（Visual Inspection）系统能在一定程度上提高产品的质量和生产效率。产品缺陷以往都是人工检测，人眼容易疲劳且检测标准一致性较差，较细微的缺陷需要一些仪器的辅助，检测速度慢且及时性差。

机器视觉检测的目标是提高生产的柔性和自动化程度。机器视觉检测法一般是通过光学成像和图像采集装置获得产品的数字化图像，再利用视觉算法软件处理和分析图像，获取相关的检测信息，形成对被检测产品的判断决策，最后将该信息发送给控制装置/机构，完成下一步动作，如分拣和剔除等。

图 1.10 所示为识别电池模组上电芯的正/反极性。当系统检测到正极片区混入负极电芯或负极片区混入正极电芯时输出报警信号。更多的检测案例详见第 3 篇。

2. 测量

被测物的外形往往具有几何形状，测量的尺寸通常包括多个参数，如距离、角度、面积、长度、圆孔直径、弧度等，还有产品厚度、高度差值等。

在传统的尺寸测量中，典型的方法是利用卡尺或千分尺，在被测工件上针对某个参数进行多次测量后取平均值。这些检测手段测试速度慢、测试数据无法及时处理，不适合自动化生产。机器视觉的尺寸测量方法不但可以获得尺寸参数，还可根据测量结果及时给出反馈信息，修正加工参数，避免产生更多的次品，减少损失。

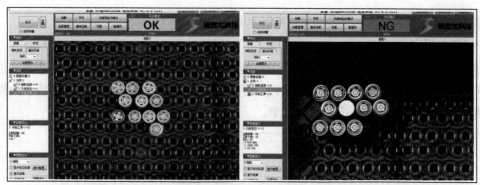

图 1.10 电芯的正反检测

图 1.11 所示为测量产品上的螺纹尺寸是否一致，更多的测量案例详见第 3 篇。

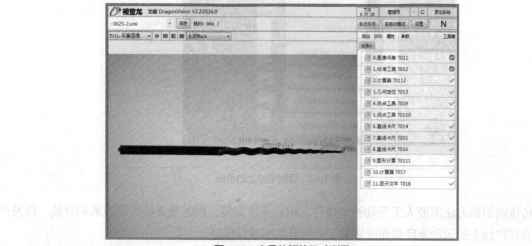

图 1.11 产品的螺纹尺寸测量

3. 定位

定位就是找到被检测的产品或工件并确定其位置后，进行下一步动作。在自动生产线上或机械加工过程中产品或工件的定位至关重要。传统的人工定位方法，检测人员的眼睛容易疲劳，不同的人对定位判断标准有浮动，且速度慢、精度低。

机器视觉定位技术能够自动判断物体的位置，并将位置信息按照一定的通信协议输出。自动生产线上的工业机器人要完成"抓取或放置"动作，对被操作物体定位信息的获取是必要的。首先机器人必须要知道物体被操作前的位置，保证机器人准确地抓取；其次是必须知道物体被操作后的目标位置，以保证机器人准确地完成任务。工业机器人可通过视觉定位系统实时地了解工作环境的变化，相应调整动作，保证任务的正确完成。

视觉定位功能多用于全自动装配和生产，如自动组装、自动焊接、自动包装、自动灌装、自动喷涂等。图 1.12 所示为光伏排版机通过视觉定位，将串焊机焊好的电池串按工艺尺寸要求和排版方向顺

图 1.12 光伏排版机的视觉定位

序自动排版组成电池串阵列。更多的定位案例详见第9章和第10章。

4. 读码与识别

在自动化生产线上，产品的跟踪、追溯及控制都至关重要。现在很多生产厂商采用针对整个产品生命周期的追溯体系，在生产流程的各个阶段都可以对产品进行识别和验证。图1.13所示为利用机器视觉读取电池上的条码，详细介绍见第12章。

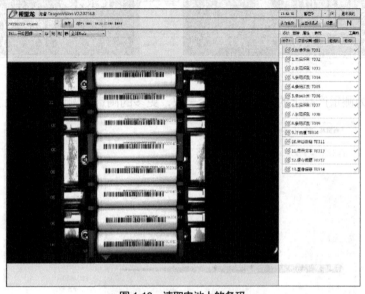

图1.13 读取电池上的条码

传统的识别方法需要人工手动控制操作，识别速度很慢，同时受条码印刷技术和材质，以及产品本身在产线上的运动速度和角度影响，识别准确率难以保证。

利用机器视觉对图像进行采集、处理、分析及理解，可以识别各种不同模式的目标和对象。图像识别中最典型的应用就是二维码的识别，将大量的数据信息存储在小小的二维码中，通过二维码对产品进行跟踪管理。机器视觉系统可以对各种材质表面的一维码或二维码进行读取识别，大大提高了现代化生产的效率。

1.5.2 机器视觉应用行业

机器视觉系统由于具有高精度、可实现非接触测量、可长时间稳定工作等特点，在国内外工业领域均被广泛应用，大大提高了产品质量和生产线自动化程度。随着配套基础建设的完善，以及技术、资金的积累，各行各业对配置机器视觉技术的工业自动化、智能化需求开始出现，机器视觉技术在电子、汽车制造、机器人、新能源、激光、半导体、医药、食品饮料、包装、印刷、纺织、交通、物流等多个行业被广泛而深度地应用。

1. 电子行业

制造业中，电子行业是机器视觉行业最大的下游应用领域。我国电子行业规模快速增长，我国已成为全球最大的电子信息产品制造基地，智能终端、通信设备等多个领域的电子信息产品产量位居世界前列。电子信息产品已经渗透到我们生活的各个角落，在电子制造领域，小到电容、连接器等元器件，大到手机键盘、计算机主板、硬盘，在电子行业链条的各个环节，几乎都能看到机器视觉的身影。

电子行业占了机器视觉近 50%的市场份额，主要包括晶圆切割、产品表面检测、触摸屏制造、自动光学检测（Automated Optical Inspection，AOI）、印制电路板（Printed Circuit Board，PCB）、电子封装、丝网印刷、表面贴装技术（Surface Mounted Technology，SMT）、锡膏检测设备（Solder Paste Inspection，SPI）、半导体对位和识别等高精度制造和质量检测。

以手机生产为例，机器视觉在手机生产线上的应用如手机后摄像卡扣、前摄像导电布未贴和贴歪、扩散膜漏贴、TP-FPC 卡扣漏装、螺丝漏锁和浮高、指纹卡扣的漏装、防水标漏贴、同轴线漏扣和扣歪、喇叭密封泡棉贴歪和漏贴、弹片变形和角度等的检测；又如检测手机主板上螺柱、凸台、弹片的尺寸、垂直度、平面度。在定位中的应用如各类辅料的贴合、上下料、传送带跟踪、工件的组装、对位纠偏等检测。在其他应用中，机器视觉检测系统可以快速检测排线的顺序错误、电子元器件是否错装漏装、接插件及电池尺寸是否合规等。

2. 汽车制造行业

汽车制造行业是生产汽车主机、零部件和配件，并进行装配的工业部门，主要包括汽车整车制造行业、汽车零部件及配件行业等子行业。汽车制造行业作为一个自动化程度比较高的高科技行业，很多先进的自动化技术已经成功地运用到该行业各个生产流程中。在汽车制造的许多环节已经做到了无人化操作，这样就需要机器视觉技术验证每一次装配的正确性和装配部件的合格性。机器视觉在汽车行业中已被广泛的应用。

汽车制造行业占了机器视觉 6.8%左右的市场份额，主要表现在汽车零部件检测、面板印刷质量检测、涂胶检测、车身颜色识别、字符检测、精密测量、工件表面缺陷检测、自由曲面检测、工件定位、机器人引导、上下料、装配等。目前一条生产线大概配备十几套机器视觉系统，未来随着汽车质量把控要求更高，以及汽车智能化、轻量化，将对检测提出更高要求，对机器视觉技术的需求还会逐步增加。如 3D 视觉系统可以高精度测量间隙，并对装配的所有车门和车身进行全面检测。3D 视觉系统还能帮助底盘制造商使货架中车身板件的上架、下架、检测实现自动化，在自动设备拾取缺陷元件之前检测货架上是否存在缺陷元件，从而避免缺陷元件被焊接到一起。

3. 机器人行业

机器人是自动执行工作的机器装置，既可以接受人类的指挥，也可以按预先编排的程序运行，还可以根据以人工智能技术制定的原则纲领行动，能够协助或取代人类的工作。从应用环境来看，机器人可分为工业机器人和服务机器人两类。其中工业机器人是指面向工业领域的多关节机器人或多自由度机器人，而服务机器人则是指除工业机器人之外的，用于非制造业并服务于人类的各种机器人。本节主要介绍工业机器人的应用场景。

在我国，50%的工业机器人应用于汽车制造业，其中50%以上为焊接机器人；在发达国家，工业机器人占机器人总保有量的 53%以上。随着机器人技术的不断发展和日臻完善，工业机器人必将对汽车制造业的发展起到极大的促进作用。在电子电气行业，如电子类的集成电路（Integrated Circuit，IC）、贴片元器件，工业机器人在这些领域的应用也较普遍。目前工业界使用最多的工业机器人是 SCARA 型四轴机器人，排在第二位的是串联关节型垂直六轴机器人。在手机生产领域，工业机器人应用于如分拣装箱、撕膜系统、激光焊接、高速码垛等，机器人还适用于触摸屏检测、擦洗、贴膜等一系列流程的自动化系统。工业机器人还可应用在橡胶及塑料行业、铸造行业、食品行业、化工行业等。

　　我国正由制造大国向制造强国迈进，需要提升加工技能水平，提高产品质量，增加企业竞争力，这一切都预示机器人的发展前景巨大。因而机器视觉就会因为机器人或自动化生产线的大规模应用而迎来一个高速发展的时期。根据功能不同，机器人视觉可分为视觉检测和视觉引导两种，广泛应用于电子、汽车、机械等工业部门和医学、军事领域。对机器人而言，机器视觉赋予其精密的运算系统和处理系统，以及模拟生物视觉成像和处理信息的方式，让机器人更加拟人、灵活地执行操作，同时识别、对比、处理场景、生产执行指令，进而顺利地完成动作。机器视觉对机器人的灵活性和可操作性的提升具有决定性意义。机器人可在工业生产中替代人工，执行单调、频繁、长时间作业，或是危险、恶劣环境下的作业，如冲压、压力铸造、热处理、焊接、涂装、塑料制品成形、机械加工和简单装配等工序，是现代工厂的自动化水平的重要标志。机器人与机器视觉技术结合，能完成更精准的组装、焊接、处理、搬运等工作。

4. 新能源行业

　　新能源行业是衡量一个国家高新技术发展水平的重要依据，也是新一轮国际竞争的战略制高点，世界发达国家和地区都把发展新能源作为顺应科技潮流、推进产业结构调整的重要举措。我国提出区域专业化、产业集聚化的方针，并大力规划、发展新能源产业，相继出台一系列扶持政策，使新能源企业大量涌现。新能源汽车销量的快速上涨带火了锂离子动力电池产业，随着我国新能源汽车销量的大幅增长，锂离子动力电池市场正进入黄金期。近年来受新能源汽车政策推动，相关行业对机器视觉的需求也在增加。

　　以锂电池为例，机器视觉可应用在电芯包边前后的检测、电池外壳覆膜后的检测、电池表面气泡检测、电池极耳检测（见图1.14）、圆柱电池极片表面焊接发黄/焊接缺陷检测、电池的定位纠偏、机器人引导上下料等。

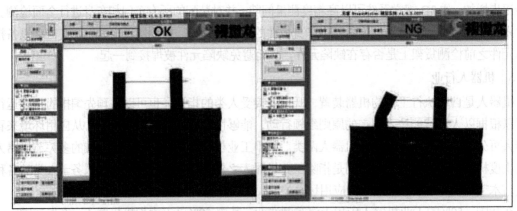

图 1.14　锂电池极耳检测

5. 医药行业

　　药品和医疗器械的生产与加工过程是非常严格的，任何微小的差错都可能造成严重的后果，这是不允许出现一丝一毫差错的。因此医药企业不断研发更加成熟的机器视觉系统，以避免出现品质问题。面对药品和医疗器械安全问题重要性的不断提升，越来越多的生产厂商将机器视觉技术引入实际生产，以达到提高生产效率、加强产品品质保障的目的。伴随着医药行业自动化升级改造提速，各企业对机器视觉的需求持续上涨。

机器视觉技术可应用在药品质量控制中，如药品外观缺陷检测、药品颜色识别、药粒破损检测、药瓶灌装后的封盖检测等；还可用在包装控制中，如检查每个药盒里的说明书是否遗漏、药品的数量核对、读取条码或字符识别等。目前大多数企业流水线上有1～2套机器视觉系统，而实际潜在需求至少为5套。未来随着医药行业自动化升级改造提速，机器视觉的渗透率会持续提升。

图1.15展示了医药盒的有无检测和错位检测。

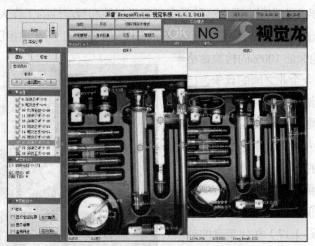

图1.15　医药盒的有无检测和错位检测

6. 食品饮料行业

食品饮料行业主要包括焙烤食品、糖果、巧克力、方便食品、乳制品、罐装食品、调味品及发酵品、酒、饮料、精制茶等的制造。近年来，得益于经济的快速增长、居民生活水平的持续提升、居民消费需求结构的改善，我国食品饮料行业规模快速增长。

目前机器视觉在大型食品企业（如伊利、蒙牛）中应用较多，而在行业整体的渗透率并不高。机器视觉在食品饮料行业的应用为：瓶子的分类和液位测量，是否有异物，瓶子的形状、尺寸、密封性、完整性的检查；饮料瓶盖的印刷质量检查，剔除漏装瓶盖、瓶盖歪斜等不良品；罐装食品的拉环质量、生产日期有误、序列号等检测；纸盒饮料吸管的有无、插孔是否破损等检测；糖果饼干类食品的合格数、异物、次品数量等检测。图1.16展示了火腿肠的外观破损检测。

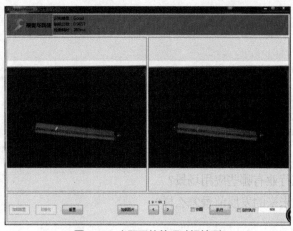

图1.16　火腿肠的外观破损检测

7. 包装行业

包装不仅对产品的安全做了保护，还起到了宣传的作用，代表着公司的形象。包装作为产品生产环节的最后一道工序，对产品质量和公司形象有着至关重要的影响。我国的包装企业分布在各行各业，其中又以制药、食品饮料等行业使用包装的频率最高。

这些行业由于面对庞大的消费群体，其产量是非常惊人的。这些行业的共同特点是连续大批量生产、对外观质量的要求非常高，通常这种带有高度重复性和智能性的工作大多靠人工检测来完成，在一些工厂的现代化流水线后面有大量的工人来完成检测工序。工厂在承担巨大的人工成本和管理成本的同时，仍然不能保证 100% 的检验合格率（即"零缺陷"）。而当今企业之间的竞争，已经不允许哪怕是 0.1% 的缺陷存在。有些工作（如微小尺寸的精确快速测量、形状匹配、颜色辨识等）用人眼根本无法连续、稳定地进行。随着消费者对质量要求的不断提升，以及生产线自动化程度的飞速发展，传统的人工检测方式逐步被机器视觉检测取代，主要表现在各类包装盒定位贴标签（见图 1.17）和包装盒的外观质量检测，如标签种类、标签位置、印刷质量、生产日期有无、序列号、二维码追溯等。

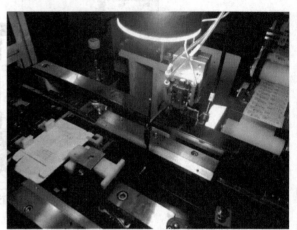

图 1.17　包装盒定位贴标签

1.6　小结

本章先介绍了机器视觉的定义、特点、基本构造与组成原理，使读者对机器视觉有初步的理解，知道什么是机器视觉；接着介绍了机器视觉系统的分类，简单比较了这几种分类的优缺点；然后介绍了国内外机器视觉的发展历程与现状，使读者了解机器视觉的起源、近况与未来的发展方向、国内外市场分析与目标行业应用等；最后介绍了机器视觉领域的一些应用行业，让读者了解使用机器视觉的好处及其在工业领域的应用场景。

习题与思考

1. 简述机器视觉的定义与特点。
2. 机器视觉系统由哪些部分构成？
3. 可配置视觉系统与可编程视觉系统的区别有哪些？
4. 机器视觉的四大典型应用分别是什么？
5. 机器视觉的国内市场与国际市场有哪些差距？
6. 机器视觉在传统行业有哪些应用场景？
7. 你认为机器视觉未来的发展前景怎么样？

02 第2章 机器视觉算法基础

　　机器视觉是图像分析技术的应用，图像是所有视觉问题的基础，图像如何理解、如何获取、如何表示、如何存储、如何处理、如何分析？这些问题的答案是深入学习机器视觉技术必须了解和掌握的。

　　本章内容是我们深入介绍机器视觉软件和工程案例的理论基础，它不可能面面俱到，需要深入学习的读者可以进一步参阅相关的资料。

2.1　图像生成与表示

　　本节主要讲解图像是如何被采集的。对于自然场景中的物体，其反射光或者透射光可通过不同的成像设备进行检测，2D数字图像是经物理反射或者传播的光强阵列。用计算机程序对该图像进行处理，从而对场景进行判定。通常2D图像是场景的一种3D投影，这种用场景的3D投影生成2D图像的方法在机器视觉中会常常被用到。

2.1.1　物体成像

　　图2.1所示为普通摄像的简单模型。点光源照射到物体面元，产生反射光线，被摄像机平面上的感光元件所接受并被转换为电信号，该信号的强弱一般与反射光强度成正比，电信号经模/数转换器被转换为数字信号，即数字图像。更详细的内容在第2篇中介绍。

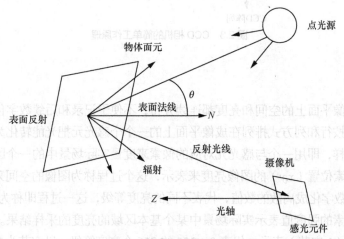

图2.1　普通摄像的简单模型

　　产生数字图像的成像设备有很多种，本节只介绍机器视觉里常见的CCD/CMOS相机。图2.2所示为一台简单的黑白相机成像原理，这是机器视觉系统中最灵活、最通用的输入装置。成像平面上带有转换光能为电荷的微小固态感光元，也就是图 2.2 中成像平面上的一个个像素，每个感光元把接收到的光能转换为电荷。

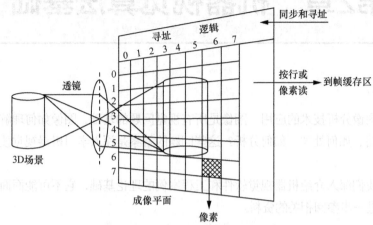

图 2.2　一台简单的黑白相机成像原理

图 2.3 所示为 CCD 相机的简单工作原理。3D 场景经过光学器件（镜头）在 CCD 阵列上成像，CCD 感光器件（Imager）的作用是把收到的光能转换成电荷，经过模/数转换，以数字信号形式存储在帧缓存区，这些数字信号就可以通过显示处理器进行图像显示，以及使用各种机器视觉算法进行处理。帧缓存区在此起着中心的作用，作为高速图像存储器，它可存储多幅图像或者它们的衍生图像。

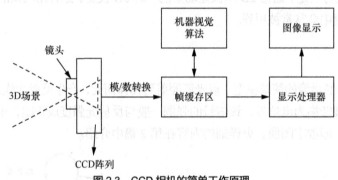

图 2.3　CCD 相机的简单工作原理

2.1.2　图像量化

光学图像在成像平面上的空间和亮度都连续分布，不便于记录和后续数字化处理。因此在图像成像过程中可通过按行和列方式排列在成像平面上的一个个感光元把光能转化为电荷，从而实现图像空间的离散化采样，即用一个与感光元对应的像素来度量实际场景中的一个区域，整个图像则用图像平面上每个像素位置（x,y）的图像亮度来表示，这个过程称为图像的空间采样或取样。接着将每个像素的亮度值数字化成离散的数值，代表不同的亮度等级，这一过程即称为图像量化。量化后，数字图像的每个像素的强度值表示实际场景中某个基本区域的亮度的采样结果。一般量化后的像素值用 8 位二进制数（1 字节）表示，代表 0～255 的 256 个亮度等级。以字节为单位是为了方便计算机的存储与运算。而彩色图像的每个像素需要用 3 字节来表示，每个字节分别表示红（R）、绿（G）、蓝（B）三基色中每种颜色的 256 个亮度等级。光学图像经过空间采样和图像量化后即得到数字图像，那么数字图像中离散化图像亮度可以看作图像像素位置（x,y）的二维函数，而整个图像就变成一个具有离散值的二维矩形阵列。通常，一幅 $N \times M$ 的数字图像表明该图像水平方向的像素数是 N，垂直方向的像素数为 M，那么该数字图像 I 可表示为：

$$f(x,y) = \begin{bmatrix} f(0,0) & f(0,1) & \cdots & f(0,N-1) \\ f(1,0) & f(1,1) & \cdots & f(1,N-1) \\ \vdots & \vdots & & \vdots \\ f(M-1,0) & f(M-1,1) & \cdots & f(M-1,N-1) \end{bmatrix}$$

这样，数字图像以每个元素为离散值的矩阵表示，不仅方便图像的存储，而且便于图像运算与图形分析，因为所有适合矩阵运算和函数运算的方法同样适用于图像处理与分析。

如果把数字图像的像素从图像平面投影到场景中的实物上，那么场景元素的大小就是相机的标称分辨率。如一张 6.4mm×4.8mm 的纸片，对应某相机拍下的 640×480（单位：像素，下同，省略）的数字图像，表示图像的水平方向和垂直方向的像素分辨率分别为 640 和 480，则该相机标称分辨率是 6.4/640=0.01mm/像素。

相机视野（Field of View，FOV）是相机能得到的场景范围的量度，一般是一个矩形，例如可以用 FOV=6.4mm×4.8mm 来表示。

图 2.4 所示为同一个工件的 4 幅图像，主要是为了展示图像量化效果和分辨率的影响。用 2594×1944（约 500 万像素）的分辨率我们可以得到工件的细节，用 1600×1200 和 1280×1024 的分辨率效果也不错，而用 640×480 的分辨率效果就像马赛克了，很多细节都不见了。因此，采用合适的分辨率很重要，分辨率太低会影响识别效果或造成测量不准；分辨率太高则会使算法过慢，而且浪费内存空间，系统造价也会上升。

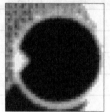 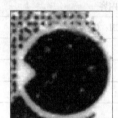  

30万（640×480）像素　　130万（1280×1024）像素　　200万（1600×1200）像素　　500万（2594×1944）像素

图 2.4　不同分辨率的图像效果

2.1.3　数字图像格式

数字图像在通信、数据库和机器视觉中广为应用，为方便不同的硬件和软件共享数据，已经开发了多种图像文件格式。常见的有数十种不同的图像格式。原始图像（Raw Image）只是字节流，图像像素按一行一行的顺序编码，行与行之间允许用换行符进行分隔。图像的类型、大小、生产时间、创建方法等标记信息并不是原始图像（简称原图）的一部分，但包含在图像文件中有利于对图像进行处理和分析。一般标准图像格式包含一个文件头，文件头中记录着标记数据和解码必需的非图像信息。图像经过数字化后，图像数据必须采取一定格式存储成图像文件才可能显示、处理及传送。图像文件需包含的主要内容有：

- 描述图像各种物理特征的数据，如图像宽度、高度；
- 描述图像色彩的数据，如描述图像色彩一个像素所需位数；

- 图像的数据。

常见的图像文件格式有很多种，如 BMP、TIFF、JPEG、PNG 等，每个图像格式有自身的特点，也有各自适合的应用场合。有的图像质量好，包含信息全，占用存储空间大；有的压缩率高，占用空间小，图像细节有部分损失。机器视觉所用的图像一般都是未经压缩的原始数据（Raw Data），因为 BMP 文件格式中包含的是原始图像数据，所以本书只讨论 BMP 文件格式。

1. BMP 文件格式介绍

位图（Bitmap，BMP）文件格式是微软公司为 Windows 操作系统设计的标准图像文件格式。Windows 操作系统内包含了一套支持 BMP 图像处理的 API 函数。随着 Windows 操作系统的普及，BMP 文件格式成为流行图像格式，所有图像处理软件都支持 BMP 文件格式。BMP 文件是一种原始数据文件。原始数据文件基本上是没有经过任何图像处理的源文件，它能原原本本地记录相机拍摄到的信息，不会因为图像处理（如锐化、增加色彩对比）和压缩而造成信息丢失。机器视觉因为要利用对应物理真实场景的源像素进行处理，而 BMP 图像中的原始数据能提供保真的信息，所以机器视觉中广泛采用 BMP 文件格式。

（1）文件头

文件头是图像文件的自我说明，一般包含图像的大小、类型、创建日期、某类标题，也可以包含用于解释像素值的颜色表或编码表。BMP 文件的文件头包含文件大小、图像数据相对文件头的偏移量等，为便于将来的扩展，文件头定义里面还保留了 4 Byte，如表 2.1 所示。图 2.5 所示是一个 BMP 文件头实例及其文件数据。

表 2.1　文件头定义

偏移量/ Byte	内容	字节数
0~1	BMP 文件格式表示：BM。ASCII：0×424D	2
2~5	文件大小（以 Byte 为单位）	4
6~7	保留字，值为 0	2
8~9	保留字，值为 0	2
10~13	图像数据相对文件头的偏移量	4

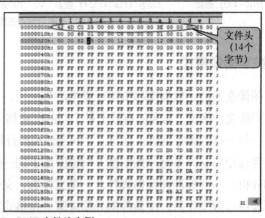

图 2.5　BMP 文件头实例

（2）信息头

信息头包含图像的尺寸信息、图像是否压缩、图像所用的颜色数的信息（即调色板），BMP 文件信息头定义如表 2.2 所示，BMP 文件信息头如图 2.6 所示。

表 2.2　信息头定义 1

偏移量	内容	字节数
14～17 Byte	信息头所占字节数，固定值为 40	4
18～21 Byte	图像宽度，以像素为单位	4
22～25 Byte	图像高度，以像素为单位	4
26～27 Byte	目标设备平面数，必须为 1	2
28～29 Byte	描述每个像素所需位深	2

位深代表某数值的二进制数的位数，在图 2.6 中，第 28～29 Byte 存放着像素位深：二值图像的位深为 1；16 色图像的位深为 4；256 色图像的位深为 8；真彩色图像的位深为 24。

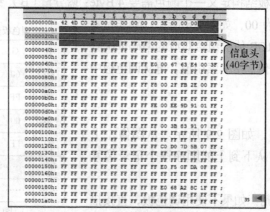

图 2.6　BMP 文件信息头

信息头的定义还有第二部分，如表 2.3 所示。

表 2.3　位图信息头定义 2

偏移量	内容	字节数
30～33 Byte	压缩类型，有三种取值	4
34～37 Byte	图像数据字节数	4
38～41 Byte	目标设备水平方向分辨率（像素/米）	4
42～45 Byte	目标设备垂直方向分辨率（像素/米）	4
46～49 Byte	该图像实际用到的颜色数。 若为 0，则是 2 的"位深"次方	4
50～53 Byte	重要颜色数。若为 0，则所有颜色都重要	

图 2.6 中的第 30～33 Byte 代表压缩类型。BMP 文件的压缩类型分三种，"0"表示不压缩，"1"表示压缩方法是 BI_RLE8，"2"表示压缩方法是 BI_RLE4。

信息头中第 46～49 Byte 存储的是该图像实际用到的颜色数。它表示图像中调色板颜色的种数。对于单色图像，其值为 2；对于 16 色图像，其值为 16；对于 256 色图像，其值为 256；对于真彩色图像（24 位），没有调色板，其值为 0。

256 色的图像中各个像素所包含的颜色信息是由 256 色颜色表定义的，原图中每个像素中彩色信息采用了 256 色颜色表中的索引号，因此图 2.7 中称之为索引图。16 色的索引图和颜色表与 256 色类似。

 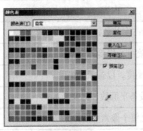  

| 256色索引图 | 256色颜色表 | 16色索引图 | 16色颜色表 |

图 2.7 Photoshop 中的调色板

BMP 文件格式的调色板结构定义一个颜色需要 4 Byte：蓝分量（B）、绿分量（G）、红分量（R）、保留值，其中保留值固定为 00，如图 2.8 所示。除非特别说明，图 2.8 中颜色采用 RGB 值的组合对应的编码依次默认为 0，1，2，…，即索引值。给出索引值，再从调色板中找到对应的 RGB 值。

（3）图像数据

图像数据的表示方法，如图 2.9 所示。从图像左下角开始，按照从左到右、从下到上的顺序逐个记录像素颜色值。

如何表示像素颜色值呢？如果不使用调色板，直接描述像素颜色的 RGB 值；如果使用调色板，使用调色板编码表示像素颜色。

调色板颜色编码

B	G	R	保留值	默认编码
00	00	00	00	0
FF	FF	FF	00	1
00	00	FF	00	2
00	FF	FF	00	3
……	……	……	……	4
……	……	……	……	5

图 2.8 调色板结构

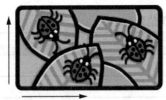

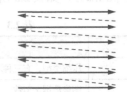

调色板颜色编码

B	G	R	保留值	十进制编码	二进制编码
00	00	00	00	0	0000
FF	FF	FF	00	1	0001
00	00	FF	00	2	0010
00	FF	FF	00	3	0011
……	……	……	……	……	……
……	……	……	……	15	1111

16色位图调色板　　隐含编码

调色板颜色编码

B	G	R	保留值	十进制编码	二进制编码
00	00	00	00	0	00000000
FF	FF	FF	00	1	00000001
00	00	FF	00	2	00000010
00	FF	FF	00	3	00000011
……	……	……	……	……	……
20	18	64	00	255	11111111

256色位图调色板　　隐含编码

图 2.9 图像数据的表示方法

① 描述像素颜色所需的位深。

描述图像像素颜色，如果直接用 RGB 值表示，需要 24 位。如果使用调色板，根据图像颜色数所需的编码位数不同，前面已经介绍过，所以相比不采用调色板的文件来说，使用调色板可以节省存储空间。

② 调色板小结。

调色板对颜色的编码是隐含的，即从 0 开始顺序递增。调色板编码采取等长编码，编码长度取决于颜色数量。描述非真彩色图像像素颜色时使用调色板编码，可以节省数据存储量。

2. 灰度图

本节不讨论彩色图像，相关内容在第 14 章进行介绍。一般在机器视觉系统中用作图像分析的图像是一种叫作灰度图的图像。

灰度图是指只含亮度信息，不含色彩信息的图像。就像我们平时见到的亮度由暗到明的黑白照片，亮度变化是连续的。为了表示灰度图，就需要对亮度值进行量化。通常划分成 0～255 共 256 个灰度等级，0 表示全黑，255 表示全白（最亮）。如果图像灰度只有黑和白 2 个灰度等级，那么这样的灰度图又称为二值图像（或俗称黑白图像），其每个像素的亮度值非 0 即 255，分别代表黑或白。

BMP 文件中并没有灰度图这个概念，但是我们可以很容易地用 BMP 文件来表示灰度图。具体方法是用 256 色的调色板，但每一项的 RGB 值都相同，即 R=G=B，这样灰度图就可以用 256 代表 256 种灰度等级的色图来表示了。灰度图使用比较方便，首先 RGB 的值都一样，其次是图像数据即调色板索引值，也就是实际的亮度等级。另外，因为是 256 色的调色板，所以图像数据中一个字节表示一个像素。如果是彩色的 256 色图，图像处理后可能会产生不属于这 256 种颜色的有明显区别的新颜色。灰度图就不会出现这种现象，图像处理中出现的介于两个相邻灰度等级之间的灰度值进行四舍五入取整处理后，在灰度图上是合理的，不会产生视觉错误。因此，机器视觉一般采用灰度图。本书中如果不特殊说明，都是针对 256 级灰度图的。

2.2　图像的基本变换

本节主要介绍如何通过对单个像素进行处理，把一幅图像变成不同的样子，即如何对图像进行灰度变换、几何变换，让它达到我们预期的要求。变换后得出的新图像往往能够突出我们感兴趣的特征。

本节介绍线性变换、图像二值化、灰度的窗口变换，重点介绍图像的几何变换，如平移、镜像、转置、缩放、旋转等。还将介绍一个很重要的概念：灰度直方图。图像直方图已经有不少的应用。

2.2.1　线性变换

灰度图中像素灰度的线性变换是图像变换中最简单的运算之一。其理论基础就是将图像中所有像素的灰度值按照线性变换函数进行变换，该线性度变换函数是一次线性函数，就是常见的 $y = kx + b$，用如下的灰度变换方程表示：

$$G_{\text{new}} = A \cdot G_{\text{ori}} + B$$

式中参数 A 为线性函数的斜率，B 为截矩，G_{new} 代表新的图像中转换后的新的灰度值，G_{ori} 代表输入图像原来的灰度值。线性变换可以改变图像的整体亮度和对比度。

当 $A>1$ 时，输出图像的对比度将增大。

当 $A<1$ 时，输出图像的对比度将减小。

当 $A=1$ 时，调节 B 的值会使整个图像的所有灰度值上移或下移，其效果是使整个图像更暗或更亮。

当 $A<0$ 时，暗区域变亮，亮区域变暗，算法实现了图像求补。

当 $A=1$，$B=0$ 时，输出图像与输入图像相同。

当 $A=-1$，$B=255$ 时，输出图像的灰度正好反转。

图 2.10 为线性变换实例。图 2.10（a）所示为原图（输入图像），图 2.10（b）所示为对原图进行线性变换之后的结果（输出图像），因为采用 $A=-1$、$B=255$，输出图像的灰度发生反转。读者可以在实际操作中体验处理效果。

 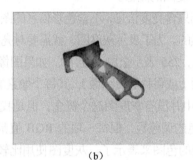

（a）　　　　　　　　　　　（b）

图 2.10　线性变换实例

2.2.2　灰度直方图

灰度直方图是灰度值的函数，描述的是图像中具有该灰度值的像素个数，其横坐标表示像素的灰度级别，纵坐标是该灰度出现的频率（或该灰度值的像素总个数）。

前文讲到线性变换，一幅图经过图像点运算（Point Operation）后将产生一幅新的图像，由输入像素的灰度值经变换得出相应的输出像素灰度值，它不改变图像内的空间关系，但它可以按照预定的方式改变一幅图像的灰度内容，会改变图像的直方图。

灰度直方图非常有用，它可以让图中的灰度分量及其出现的频率一目了然。直方图提供了场景图像的统计特征，它对于阈值分割、图像预处理、BLOB 分析等都是十分重要的。图 2.11（a）所示为原图，图 2.11（b）所示为它的直方图，图中可见两个明显的峰值，对应两种主要的灰度分量出现的频率。

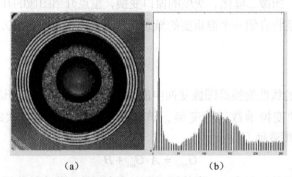

（a）　　　　　　　　　　　（b）

图 2.11　灰度直方图

2.2.3　图像二值化

可以通过二值化处理将一幅图变成二值图像（Binary Image），即只有 0 和 255 两种像素值的图像，非黑即白。它的具体算法十分简单，选取一个阈值（门限值），如果图像中某像素的灰度值小于该阈值，则将该像素的灰度值变为 0，反之变为 255。二值化的变换函数如下，其中 T 为选取的阈值。

$$G_{\text{new}} = \begin{cases} 0, & G_{\text{ori}} < T \\ 255, & G_{\text{ori}} \geqslant T \end{cases} \tag{2.1}$$

图 2.12（b）所示图像为图 2.12（a）所示图像的二值图，T=150。图像二值化是 BLOB 分析的基础，很多场合也会用到。

（a）　　　　　　　　　　　　　　　（b）

图 2.12　二值图

2.2.4　灰度的窗口变换

图 2.13（a）所示图像为图 2.13（b）所示图像的直方图，按照直方图做二值化，双峰值之间的谷底在 T 处，如果我们选取 T 为阈值，情况会怎样？如图 2.13（b）所示，图像的背景是浅色，图像上的物体（前景）是深色，直方图上的第一个峰值是物体，第二个峰值表示背景。图 2.13（c）所示为二值化处理后的图像。

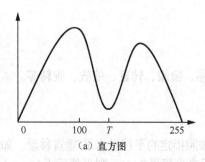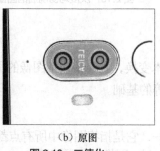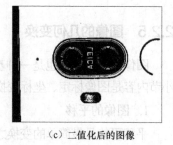

（a）直方图　　　　　　　　　　　（b）原图　　　　　　　　　　（c）二值化后的图像

图 2.13　二值化

下面进行灰度的窗口变换，具体算法如下。

选定一个范围，它表示灰度值上限和下限，凡在上限与下限之间的灰度值保持不变，但超过上限的灰度值变为 255，低于下限的变为 0，灰度窗口变换函数的数学表述如下：

$$F(x) = \begin{cases} 0, & x < L \\ x, & L \leq x \leq U \\ 255, & x > U \end{cases} \qquad (2.2)$$

其中，L 表示设定的窗口下限，U 表示上限。

现在设定 $U=T$，$L=0$，看情况会怎样？图 2.14（a）所示为原图，图 2.14（b）所示为窗口变换后的图像，它有效地消除了图像的背景。窗口变换可以突显特征，利于分割图像。

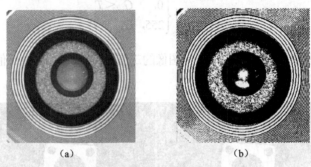

(a)   (b)

图 2.14 窗口变换前后的图像

下面介绍灰度均衡。灰度均衡也称直方图均衡，它通过点运算，把输入图像转换成在每一个灰度级上都有相同的像素个数的输出图像，即输出的直方图是平的。这对在图像比较或分割之前将图像规范化是十分有益的。图 2.15（a）所示为原图，图 2.15（b）所示为灰度均衡后的图像。2.4 节将介绍包含灰度均衡在内的众多图像预处理（Image Pre-processing）的算法。

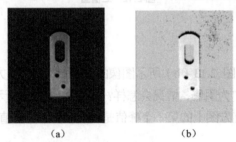

(a)   (b)

图 2.15 灰度均衡前后的图像

2.2.5 图像的几何变换

图像的几何变换也是一种基本变换，它通常包括图像的平移、镜像、转置、缩放、旋转等。本小节内容是图像标定、坐标变换等的基础。

1. 图像的平移

平移可能是最简单的变换之一，它是指将图像中所有点都按照指定的平移量水平/垂直移动。如图 2.16 所示，设 (x_0, y_0) 为原图的一点，图像水平平移量为 Δx，垂直平移量为 Δy，则平移后点 (x_0, y_0) 坐标将变为 (x_1, y_1)。

用数学公式表示：

$$\begin{cases} x_1 = x_0 + \Delta x \\ y_1 = y_0 + \Delta y \end{cases}$$

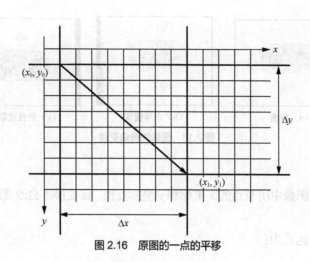

图 2.16 原图的一点的平移

用矩阵表示：

$$
\begin{bmatrix} x_1 \\ y_1 \\ 1 \end{bmatrix} = \begin{bmatrix} 1 & 0 & \Delta x \\ 0 & 1 & \Delta y \\ 0 & 0 & 1 \end{bmatrix} \begin{bmatrix} x_0 \\ y_0 \\ 1 \end{bmatrix}
\tag{2.3}
$$

平移后的图像上的每一点都可以在原图上找到对应的点。对于不在原图上的点，可以直接将它的像素值统一设置为 0 或 255（不是白色就是黑色）。图 2.17 展示了图像的平移效果，图 2.17（a）所示为原图，图 2.17（b）所示为效果图。

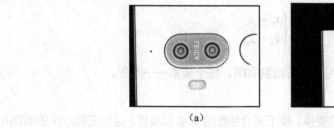
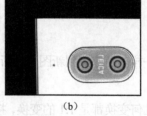

（a）　　　　　　　　　　　　（b）

图 2.17 图像的平移

2. 图像的镜像变换

镜像就是指在镜子中看到的样子，图像的镜像变换分为水平镜像变换和垂直镜像变换两种。简单地讲，水平镜像变换是指将图像以垂直中轴线为中心进行左右对换，垂直镜像变换是指图像以水平中轴线为中心进行上下对换。

设原图高度为 h，原图中 (x_0, y_0) 经过垂直镜像后左边将变为 $(x_0, h - y_0)$，其矩阵表达式为：

$$
\begin{bmatrix} x_1 \\ y_1 \\ 1 \end{bmatrix} = \begin{bmatrix} 1 & 0 & 0 \\ 0 & -1 & h \\ 0 & 0 & 1 \end{bmatrix} \begin{bmatrix} x_0 \\ y_0 \\ 1 \end{bmatrix}
\tag{2.4}
$$

图 2.18 展示了原图及其水平镜像和垂直镜像。

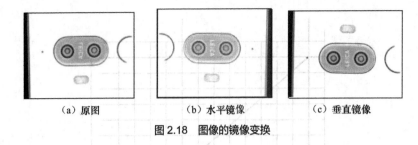

（a）原图　　　　　　　　（b）水平镜像　　　　　　　（c）垂直镜像

图 2.18　图像的镜像变换

3. 图像的转置

图像的转置是指将图像中所有点的 x 坐标和 y 坐标互换。该变换不会改变图像的大小，只是将图像的高度和宽度互换。

转置变换的矩阵表达式为：

$$\begin{bmatrix} x_1 \\ y_1 \\ 1 \end{bmatrix} = \begin{bmatrix} 0 & 1 & 0 \\ 1 & 0 & 0 \\ 0 & 0 & 1 \end{bmatrix} \begin{bmatrix} x_0 \\ y_0 \\ 1 \end{bmatrix} \tag{2.5}$$

它的逆变换矩阵为：

$$\begin{bmatrix} x_0 \\ y_0 \\ 1 \end{bmatrix} = \begin{bmatrix} 0 & 1 & 0 \\ 1 & 0 & 0 \\ 0 & 0 & 1 \end{bmatrix} \begin{bmatrix} x_1 \\ y_1 \\ 1 \end{bmatrix} \tag{2.6}$$

即　　　$\begin{cases} x_0 = y_1 \\ y_0 = x_1 \end{cases}$

即变换矩阵与逆变换一样。从原图到新图，从新图到原图，每个像素一一对应。

4. 图像的缩放

前面介绍的几种几何变换都是 1:1 的变换，接下来介绍图像缩放和旋转。这些变换产生的新图中的像素可能在原图中找不到对应的像素。缩放，顾名思义就是缩小或放大。图像要缩小，长度和宽度要变小，多余的像素去哪里？图像要放大，长度和宽度要变大，不够的像素从哪里来？这里介绍诸多方法中的一种方法——插值法。学习机器视觉，必须学习图像插值。

简单地讲，插值法就是用像素周边的点的灰度值来计算该像素的新灰度值。下面介绍插值法中最简单的最邻近插值（Nearest Neighbour Interpolation）法。这种算法就是在待求像素的 4 个相邻像素中，将距离待求像素最近的邻接像素的灰度值赋给待求像素。设 i、j 为正整数，4 个相邻像素的坐标分别为（i,j）、（$i+1,j$）、（$i,j+1$）、（$i+1,j+1$），待求像素落在这 4 个像素之间，假设 u、v 为大于 0、小于 1 的小数，（$i+u,j+v$）代表待求像素坐标，如图 2.19 所示，则待求像素灰度的值 $f(i+u,j+v)$ 通过下面的算法来确定。

如果（$i+u,j+v$）落在 A 区，即 $u<0.5$，$v<0.5$，则将左上

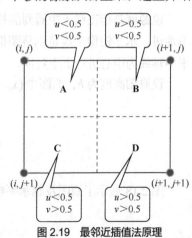

图 2.19　最邻近插值法原理

角像素(i, j)的灰度值赋给待求像素。同理，落在 B 区则赋予右上角$(i+1, j)$的像素灰度值，落在 C 区则赋予左下角$(i, j+1)$像素的灰度值，落在 D 区则赋予右下角$(i+1, j+1)$像素的灰度值。最邻近插值法计算量较小，但可能会造成插值生成的图像灰度上的不连续，在灰度变化的地方可能出现明显的锯齿状。

回到图像的缩放问题，假设图像 x 轴方向缩放倍率为 S_x，y 轴方向缩放倍率为 S_y，那么原图中点(x_0, y_0)对应新图中的点(x_1, y_1)的转换矩阵为：

$$\begin{bmatrix} x_1 \\ y_1 \\ 1 \end{bmatrix} = \begin{bmatrix} S_x & 0 & 0 \\ 0 & S_y & 0 \\ 0 & 0 & 1 \end{bmatrix} \begin{bmatrix} x_0 \\ y_0 \\ 1 \end{bmatrix} \tag{2.7}$$

其逆运算如下：

$$\begin{bmatrix} x_0 \\ y_0 \\ 1 \end{bmatrix} = \begin{bmatrix} 1/S_x & 0 & 0 \\ 0 & 1/S_y & 0 \\ 0 & 0 & 1 \end{bmatrix} \begin{bmatrix} x_1 \\ y_1 \\ 1 \end{bmatrix} \tag{2.8}$$

5. 图像的旋转

下面将要介绍一种相对复杂的几何变换：图像的旋转。一般图像的旋转是以图像的中心为原点，旋转一定的角度。旋转后，图像的大小一般会改变。与图像平移一样，我们既可以把转出显示区域的图像截去，也可以扩大图像范围以显示所有的图像，如图 2.20 所示。

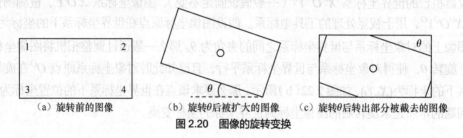

（a）旋转前的图像　　　（b）旋转 θ 后被扩大的图像　　（c）旋转 θ 后转出部分被截去的图像

图 2.20　图像的旋转变换

下面推导旋转运算的变换公式。如图 2.21 所示，点(x_0, y_0)经过顺时针旋转 θ 后坐标变成(x_1, y_1)。

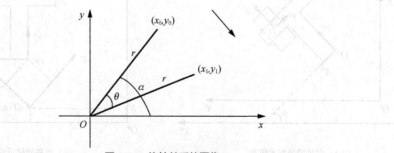

图 2.21　旋转前后的图像

旋转前：

$$\begin{cases} x_0 = r\cos\alpha \\ y_0 = r\sin\alpha \end{cases}$$

旋转后：

$$\begin{cases} x_1 = r\cos(\alpha-\theta) = r\cos\alpha\cos\theta + r\sin\alpha\sin\theta = x_0\cos\theta + y_0\sin\theta \\ y_1 = r\sin(\alpha-\theta) = r\sin\alpha\cos\theta - r\cos\alpha\sin\theta = -x_0\sin\theta + y_0\cos\theta \end{cases}$$

写成矩阵表达式为：

$$\begin{bmatrix} x_1 \\ y_1 \\ 1 \end{bmatrix} = \begin{bmatrix} \cos\theta & \sin\theta & 0 \\ -\sin\theta & \cos\theta & 0 \\ 0 & 0 & 1 \end{bmatrix}\begin{bmatrix} x_0 \\ y_0 \\ 1 \end{bmatrix} \tag{2.9}$$

其逆运算如下：

$$\begin{bmatrix} x_0 \\ y_0 \\ 1 \end{bmatrix} = \begin{bmatrix} \cos\theta & -\sin\theta & 0 \\ \sin\theta & \cos\theta & 0 \\ 0 & 0 & 1 \end{bmatrix}\begin{bmatrix} x_1 \\ y_1 \\ 1 \end{bmatrix} \tag{2.10}$$

上述旋转是绕坐标轴原点(0,0)进行的。如果是绕一个指定点旋转，则先要将坐标系平移到该点，再进行旋转。这部分内容非常重要！第 3 篇中视觉对位和机器人引导中的坐标变换就是基于此内容。

下面推导坐标旋转加平移的转换。图 2.22（a）所示为机器视觉系统中常见的四大坐标系，分别是代表仪器机台的世界坐标系 $X^WO^WY^W$（一般假设固定不变）、图像坐标系 $X^IO^IY^I$、被测物体的对象坐标系 $X^OO^OY^O$、用于视觉处理的工具坐标系。假设图像坐标原点在世界坐标系下的坐标为(a,b)，选定的图像上的对象坐标系与世界坐标系之间的夹角为θ。那么一般通过调整相机将图像坐标系绕原点逆时针旋转 θ，使得对象坐标系与世界坐标系平行，且已知此时对象坐标系原点 O^O 在旋转后的图像坐标系下的坐标为(X_I,Y_I)，如图 2.22（b）所示，那么要求该点在世界坐标系下的位置坐标为(X_W,Y_W)。

该问题的本质是求旋转后的图像坐标到世界坐标的坐标变换。

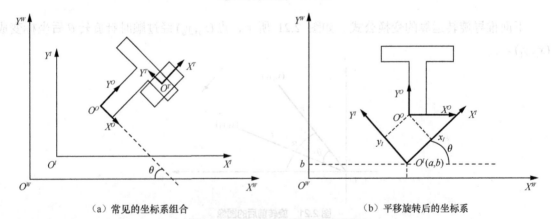

（a）常见的坐标系组合　　　　　　　　（b）平移旋转后的坐标系

图 2.22　图像坐标旋转后的坐标系关系

那么，从图 2.22（b）中的 $X^WO^WY^W$ 到 $X^IO^IY^I$ 的变换可以认为是先平移至(a,b)再逆时针旋转 θ，因此：

$$\begin{bmatrix} X_W \\ Y_W \\ 1 \end{bmatrix} = (T_{a,b})(T_{-\theta}) \begin{bmatrix} X_I \\ Y_I \\ 1 \end{bmatrix} \tag{2.11}$$

$$= \begin{pmatrix} 1 & 0 & a \\ 0 & 1 & b \\ 0 & 0 & 1 \end{pmatrix} \begin{pmatrix} \cos\theta & -\sin\theta & 0 \\ \sin\theta & \cos\theta & 0 \\ 0 & 0 & 1 \end{pmatrix} \begin{pmatrix} X_I \\ Y_I \\ 1 \end{pmatrix} = \begin{pmatrix} \cos\theta & -\sin\theta & a \\ \sin\theta & \cos\theta & b \\ 0 & 0 & 1 \end{pmatrix} \begin{pmatrix} X_I \\ Y_I \\ 1 \end{pmatrix} \tag{2.12}$$

可以解得：

$$\begin{cases} X_W = X_I \cos\theta - Y_I \sin\theta + a \\ Y_W = X_I \sin\theta + Y_I \cos\theta + b \end{cases} \tag{2.13}$$

6. 双线性插值

前面介绍了最邻近插值，也称零阶插值。接下来介绍双线性插值，也称一阶插值，它广泛应用于机器视觉领域，是一种十分有用的算法。本节只介绍它的理论基础，需要深入了解的读者请参考相关资料。双线性插值是图像处理的常用算法。

双线性插值算法的效果好于最邻近插值算法，只是程序相对复杂一些，运行时间稍长些。双线性插值示意如图 2.23 所示，设 $0 < x < 1$，$0 < y < 1$。

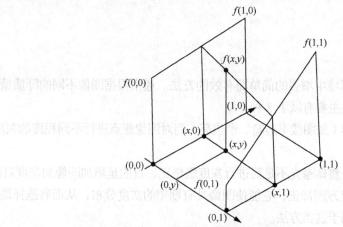

图 2.23 双线性插值示意

首先可以通过一阶线性插值得 $f(x,0)$：

$$f(x,0) = f(0,0) + x[f(1,0) - f(0,0)] \tag{2.14}$$

类似地，对 $f(x,1)$ 进行一阶线性插值：

$$f(x,1) = f(0,1) + x[f(1,1) - f(0,1)] \tag{2.15}$$

最后，对垂直方向进行一阶线性插值，以确定 $f(x,y)$：

$$f(x,y) = f(x,0) + y[f(x,1) - f(x,0)] \tag{2.16}$$

将式 2.14 和式 2.15 代入式 2.16 可得：

$$f(x,y) = [f(1,0) - f(0,0)]x + [f(0,1) - f(0,0)]y$$
$$+ [f(1,1) + f(0,0) - f(0,1) - f(1,0)]xy + f(0,0)$$

一般情况下，在程序中进行双线性插值计算时直接用 3 次一阶线性插值即可。直接用 3 次一阶线性插值只要进行 3 次乘法和 6 次加减法运算，用上式则需要 4 次乘法和 8 次加减法运算。上面的推导是在单位正方形上进行的，即在 $0 < x < 1$，$0 < y < 1$ 的条件下，它可以推广到一般情况中使用。

2.3 图像滤波与增强

获取的图像有噪声怎么办？如何滤波？若对比度不够、边缘不锐利，如何滤波？如何进行灰度修正和平滑处理？本节主要涉及图像处理的内容，所用的方法都是对输入图像进行某种处理，产生新的图像，经常用到的技术有滤波（Filtering）和增强（Enhancement）。图像中既包含要提取的信息，也包含我们不感兴趣或要屏蔽的干扰，去掉这些干扰就需要滤波。增强则是通过突出或者抑制图像中的某些细节，减少图像中的噪声，增强图像的视觉效果，也有利于进一步的自动处理。本节还将简要介绍频率域滤波及傅里叶变换。同时介绍两类图像滤波方法：空间域法和频率域法。空间域法包括图像灰度修正、图像平滑、中值滤波等；频率域法包括傅里叶变换和频率域滤波等。

2.3.1 图像灰度修正

灰度修正是使图像在空间域中增强的简单而有效的方法。通常根据图像不同的降质情况而采用不同的修正方法。常见的方法主要有以下 3 种。

（1）针对图像成像不均匀（如图像半边暗、半边亮）而对图像逐点进行不同程度的灰度级修正，目的是使图像灰度均匀。

（2）针对图像某部分或者整体曝光不足而进行灰度级修正，目的是增加图像的灰度对比度。

（3）最后一种方法就是直方图修正，它能使图像具有期望的灰度分布，从而有选择地突出所需要的图像特征。灰度均衡就属于这类方法。

2.3.2 图像平滑

对包含某点的一个小区域内的各点灰度值进行平均值计算，用所得的平均值来替代该点的灰度值，这就是通常所说的平滑处理。简单的平滑算法是将原图中的一个像素的灰度值和它周围邻近的 8 个像素的灰度值相加，然后将求得的平均值（灰度值和除以 9）作为新图中该像素的灰度值。它采用模板计算的思想，模板操作实现了一种邻域运算，即某个像素的结果不仅与本像素灰度有关，而且与其邻域点的像素有关，也称邻域平均法。第 3 篇讲到的卷积神经网络便是采用了这种技术。

设 $f(i,j)$ 为给定的含有噪声的图像，经过邻域平均处理后的图像为 $g(i,j)$，则 $g(i,j) = \dfrac{\sum f(i,j)}{N}$，

其中，$(i, j) \in M$，M 是指所取邻域中各邻近像素的坐标，N 是邻域中包含的邻近像素的个数。

邻域平均法的 3×3 模板为：

$$\frac{1}{9}\begin{bmatrix} 1 & 1 & 1 \\ 1 & 1 & 1 \\ 1 & 1 & 1 \end{bmatrix}$$

在实际应用中，也可以根据不同的需要选择使用不同的模板尺寸，如 5×5、7×7、9×9 等。

邻域平均处理方法是以图像模糊为代价来减小噪声的，且模板尺寸越大，噪声减小的效果越显著。如果 (i, j) 是噪声点，其邻近像素灰度与之相差很大，采用邻域平均法就是用邻近像素的平均值来代替它，这样能明显削弱噪声，使邻域中灰度接近均匀，起到平滑灰度的作用。因此，邻域平均法具有良好的噪声平滑效果，是一种简单的平滑方法。

2.3.3 中值滤波

中值滤波是一种非线性的信号处理方法，与其对应的中值滤波器也是一种非线性的滤波器。中值滤波器在 1971 年由朱基（Jukey）首先提出并应用在一维信号处理技术（时间序列分析）中，后来被二维图像信号处理技术应用。中值滤波在一定的条件下可以克服线性滤波器（如最小均方滤波、均值滤波等）带来的图像细节模糊，而且对过滤脉冲干扰和图像扫描噪声最为有效。由于其实际运算过程中不需要图像的统计特征，因此也带来不少的方便。但是对于一些细节多，特别是点、线、尖顶细节多的图像，不宜采用中值滤波。

中值滤波一般采用一个含有奇数个点的滑动窗口，用窗口中各点灰度值的中值来替代指定点（一般是窗口的中心点）的灰度值。对于奇数个元素，中值是指各点灰度值按大小排序后，排在中间的数值；对于偶数个元素，中值是指按大小排序后，中间两个元素灰度值的平均值。

2.3.4 傅里叶变换

傅里叶变换是高等数学中的基础知识，读者可以先自行温习。傅里叶变换是实现线性系统分析的一个有力工具，能从空间域和频率域两个角度来考虑问题并互相转换，选用空间域法或频率域法解决问题。其应用非常广泛，如图像滤波、图像复原、外观缺陷检测等。

频率域处理把图像当作一种二维信号，对其进行基于傅里叶变换的信号增强，采用低通滤波法，可过滤图中噪声；采用高通滤波法，则可增强边缘高频信号，使模糊的图片变得清晰。下面先介绍傅里叶变换。

1. 傅里叶变换的基本概念

傅里叶变换在数学中的定义是非常严格的，它的定义如下。

设 $f(x)$ 为 x 的函数，如果 $f(x)$ 满足下面的狄里赫利条件：

- 具有有限个间隔点；
- 具有有限个极点；
- 绝对可积。

则定义 $f(x)$ 的傅里叶变换公式为：

$$F(u) = \int_{-\infty}^{+\infty} f(x)e^{-j2\pi ux}dx$$

它的逆变换公式为：

$$f(x) = \int_{-\infty}^{+\infty} F(u)e^{j2\pi ux}du$$

其中 x 为时域变量，u 为频域变量。如果令 $\omega = 2\pi u$，则上面两式可以写成：

$$F(\omega) = \int_{-\infty}^{+\infty} f(x)e^{-j\omega x}dx$$

$$f(x) = \frac{1}{2\pi}\int_{-\infty}^{+\infty} F(\omega)e^{j\omega x}d\omega$$

由上面的公式可以看出，傅里叶变换结果是一个复数表达式。它可以由下式表示：

$$F(\omega) = R(\omega) + jI(\omega)$$

或者写成指数形式：

$$F(\omega) = |F(\omega)|e^{j\varphi(\omega)}$$

其中

$$|F(\omega)| = \sqrt{R^2(\omega) + I^2(\omega)}$$

$$\varphi(\omega) = \arctan\frac{I(\omega)}{R(\omega)}$$

通常称 $|F(\omega)|$ 为 $f(x)$ 的傅里叶幅度谱，$\varphi(\omega)$ 为 $f(x)$ 的相位谱。

傅里叶变换也可以推广到二维情况。如果二维函数 $f(x,y)$ 满足狄里赫利条件，那么它的二维傅里叶变换为：

$$F(u,v) = \int_{-\infty}^{+\infty}\int_{-\infty}^{+\infty} f(x,y)e^{-j2\pi(ux+vy)}dxdy$$

$$f(x,y) = \int_{-\infty}^{+\infty}\int_{-\infty}^{+\infty} F(u,v)e^{j2\pi(ux+vy)}dudv$$

同样，二维傅里叶变换的幅度谱和相位谱为：

$$|F(u,v)| = \sqrt{R^2(u,v) + I^2(u,v)}$$

$$\varphi(u,v) = \arctan\frac{I(u,v)}{R(u,v)}$$

可以定义：

$$E(u,v) = R^2(u,v) + I^2(u,v)$$

通常称 $E(u,v)$ 为能量谱。

2. 离散傅里叶变换

为了在数字图像处理中应用傅里叶变换，必须引入离散傅里叶变换（Discrete Fourier Transform，DFT）的概念。它的数学定义如下。

如果 $f(x)$ 为一个长度为 N 的数字序列，则其离散傅里叶变换 $F(u)$ 为：

$$F(u) = \Im[f(x)] = \sum_{x=0}^{N-1} f(x) \, e^{-j\frac{2\pi ux}{N}}$$

离散傅里叶逆变换为：

$$f(x) = \Im^{-1}[F(u)] = \frac{1}{N} \sum_{u=0}^{N-1} F(u) \, e^{j\frac{2\pi ux}{N}}$$

其中：

$$x = 0, 1, 2, \cdots, N-1$$

如果令 $W = e^{j\frac{2\pi}{N}}$，那么上述公式变成：

$$F(u) = \Im[f(x)] = \sum_{x=0}^{N-1} f(x) \, e^{-j\frac{2\pi ux}{N}} = \sum_{x=0}^{N-1} f(x) W^{-ux}$$

$$f(x) = \Im^{-1}[F(u)] = \frac{1}{N} \sum_{u=0}^{N-1} F(u) \, e^{j\frac{2\pi ux}{N}} = \frac{1}{N} \sum_{u=0}^{N-1} F(u) W^{ux}$$

同理，二维离散函数 $f(x, y)$ 的傅里叶变换为：

$$F(u, v) = \Im[f(x, y)] = \sum_{x=0}^{M-1} \sum_{y=0}^{N-1} f(x, y) \, e^{-j2\pi\left(\frac{ux}{M} + \frac{vy}{N}\right)}$$

傅里叶逆变换为：

$$f(x, y) = \Im^{-1}[F(u, v)] = \frac{1}{MN} \sum_{u=0}^{M-1} \sum_{v=0}^{N-1} F(u, v) \, e^{j2\pi\left(\frac{ux}{M} + \frac{vy}{N}\right)}$$

其中：

$$x = 0, 1, 2, \cdots, M-1$$
$$y = 0, 1, 2, \cdots, N-1$$

在数字图像处理中，图像取样一般是方阵，即 $M = N$，则二维离散傅里叶变换公式为：

$$F(u, v) = \Im[f(x, y)] = \sum_{x=0}^{N-1} \sum_{y=0}^{N-1} f(x, y) \, e^{-j2\pi\left(\frac{ux+vy}{N}\right)}$$

$$f(x, y) = \Im^{-1}[F(u, v)] = \frac{1}{N^2} \sum_{u=0}^{N-1} \sum_{v=0}^{N-1} F(u, v) \, e^{j2\pi\left(\frac{ux+vy}{N}\right)}$$

随着计算机技术和数字电路的迅速发展，离散傅里叶变换已经成为数字信号处理和图像处理的重要手段。然而，该变换计算量极大，运算时间长，在某种程度上限制了它的使用。1965 年，库里（Cooley）和图基（Tukey）首先提出了一种快速傅里叶变换算法，使计算量大大减少。对快速傅里叶变换的实现内容感兴趣的读者可以进阶阅读。

2.3.5 频率域滤波

空间域法主要是在空间域中对图像像素灰度值进行运算处理。图像增强的频率域法就是在图像的某种变换域中（通常是频率域中）对图像的变换值进行某种运算处理，然后变换回空间域。如可以先对图像进行傅里叶变换，再对图像的频谱进行某种修正（如滤波等），最后再将修正的图像进行傅里叶逆变换回到空间域中，从而增强该图像的效果。这是一种间接处理方法，描述该过程如图 2.24 所示。

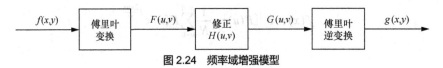

图 2.24 频率域增强模型

其中，$f(x,y)$ 为原图；$F(u,v)$ 为 $f(x,y)$ 频率域正变换的结果；$H(u,v)$ 为频率域中的修正函数，又称滤波器；$G(u,v)$ 为滤波修正后的结果；$g(x,y)$ 是 $G(u,v)$ 逆变换的结果，即增强后的图像。

$$G(u,v) = F(u,v)H(u,v)$$

式中，$F(u,v)$ 为含有噪声的原图的傅里叶变换；$H(u,v)$ 为传递函数，也称转移函数（即滤波器）；$G(u,v)$ 为经滤波后输出图像的傅里叶变换。

可见，频率域滤波的好处，就是把时域里复杂卷积的滤波操作变成了频率域里简单的乘积操作。

在图像增强问题中，要如何增强取决于应用的目的。在利用傅里叶变换获取频谱函数后，如果选用高通滤波，则可强化图像的高频分量，使图像中物体轮廓清晰，细节明显，这是锐化。如果选取低通滤波，强化低频分量，则可减少图像中噪声影响，对图像进行平滑。此外，还有其他种类的滤波器，本书略去。

1. 低通滤波器

低通滤波器又称"高阻滤波器"，它是一种抑制图像频谱的高频信号而保留低频信号的模型（或器件）。低通滤波器起到突出背景或平滑图像的作用。常用的低通滤波器包括理想低通滤波器、巴特沃思（Butterworth）低通滤波器、指数低通滤波器、梯形低通滤波器等。

低通滤波器的数学表达式为：

$$G(u,v) = F(u,v)H(u,v)$$

式中，$F(u,v)$ 为含有噪声的原图像的傅里叶变换；$H(u,v)$ 为低通滤波器传递函数；$G(u,v)$ 为经低通滤波后输出图像的傅里叶变换。

滤波后，经傅里叶逆变换可得平滑图像，选择适当的传递函数 $H(u,v)$，对频率域低通滤波关系重大。

理想低通滤波器的传递函数如下：

$$H(u,v) = \begin{cases} 1, D(u,v) \leqslant D_0 \\ 0, D(u,v) > D_0 \end{cases}$$

式中，D_0 是一个规定的非负的量，称为理想低通滤波器的截止频率。$D(u,v)$ 是从点 (u,v) 到频率平面的原点（0,0）（$u = v = 0$）的距离，即：

$$D(u,v) = (u^2 + v^2)^{1/2}$$

$H(u,v)$ 对 u 和 v 来说，是一幅三维图形，如图 2.25（a）所示，其二维图形如图 2.25（b）所示。所谓理想滤波器是指以截止频率 D_0 为半径的圆内所有频率分量都能通过，而在截止频率外的所有频率分量完全被截止（不能通过）。图 2.26 展示了低通滤波前后的图像对比。

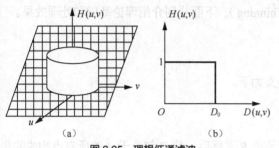

（a）　　　　（b）

图 2.25　理想低通滤波

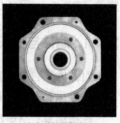

（a）低通滤波前　　（b）低通滤波后

图 2.26　低通滤波前后的图像对比

理想低通滤波器的平滑效果是明显的，但带来的图像模糊的现象总是存在。并且，随着 D_0 减小，其模糊程度将更严重。这表明图像中的边缘信息包含在高频分量中。

2. 高通滤波器

高通滤波器又称"低阻滤波器"，它是一种抑制图像频谱的低频信号而保留高频信号的模型（或器件）。高通滤波器可以使高频分量畅通，而频率域中的高频部分对应着图像中灰度急剧变化的地方，这些地方往往是物体的边缘。因此高通滤波器可使图像得到锐化处理。常用的高通滤波器包括理想高通滤波器、巴特沃思高通滤波器、指数高通滤波器、梯形高通滤波器等。

同样利用 $G(u,v) = F(u,v)H(u,v)$，选择一个合适的传递函数 $H(u,v)$，使函数具有高通滤波特性即可。

理想高通滤波器的传递函数如下：

$$H(u,v) = \begin{cases} 0, D(u,v) \leq D_0 \\ 1, D(u,v) > D_0 \end{cases}$$

式中，D_0 称为理想高通滤波器的截止频率。理想高通滤波如图 2.27 所示。从图中可以看出，传递函数的形式与低通滤波器相反，因为它把半径 D_0 的圆内所有低频信号完全过滤，而其他所有频率则无损通过。

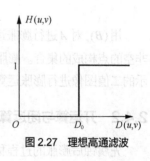

图 2.27　理想高通滤波

本小节介绍了低通滤波和高通滤波的基本的算法，其实它们还有很多变种，如指数滤波器、巴特沃思滤波器、梯形滤波器等，读者可延伸阅读。

2.4　图像形态学及常见的图像处理工具

要对图像进行分析，除以上讲到的灰度变换、几何变换、滤波降噪等预处理技术，还有图像形态学方面的算法，如腐蚀边界，还有通过闭/开运算把两个物体连通或分割，通过细化算法提取物体骨架等。本节还将介绍图像的算术运算和逻辑运算，没有过多的细节，只是让读者了解图像处理背后算法的多样性。

数字形态学（Morphology）是分析几何形状和结构的数学方法，是建立在集合代数的基础上，用集合论方法定量描述几何结构的科学。形态学常用于图像分析和处理，是形态滤波器的特征分析的数学基础，其应用包括图像分析，特征提取，边界检测，图像滤波、增强、恢复等。尤其是形态学分析和处理算法的并行计算，可大大提高图像分析的速度。基本的图像形态学算法有：腐蚀（Erode）、膨胀（Dilate）、开（Open）、闭（Close）、细化（Thinning）。下面分别介绍理论基础和处理效果。

2.4.1 腐蚀与膨胀

对图像集合 A 中的每一点 X，腐蚀和膨胀的定义如下。

腐蚀运算：$A \ominus B = \{x \mid (B)_x \subseteq A\}$

膨胀运算：$A \oplus B = \{x \mid (B)_x \cap A \neq \varnothing\}$

其中 $\varnothing$ 指空集。用 $(B)_x$ 对 A 进行腐蚀的结果就是把 B 平移后，使 B 包含于 A 的所有点构成的集合。腐蚀会让图像缩小，如果运算对象是 3×3 的像素矩阵，腐蚀将使物体的边界沿周边减少一个像素；腐蚀可以把小于运算对象的物体（毛刺、小凸起）去除，这样选取不同大小的运算对象，就可以在原图中去掉不同大小的物体；如果两个物体之间有细小的连通，那么当运算对象足够大时，通过腐蚀运算可以将两个物体分开。

对图 2.28（a）所示的二值图像进行腐蚀运算，采用 3×3 邻域像素块，调用腐蚀运算算法工具，其结果如图 2.28（b）所示。

（a）原图　　　　　　　　（b）3×3 邻域处理

图 2.28　二值图像的腐蚀运算

用 $(B)_x$ 对 A 进行膨胀运算的结果就是把 B 平移后，B 与 A 的交集中非空的点构成的集合。膨胀会让图像扩大。采用 3×3 邻域，对图 2.28 所示的二值图像进行膨胀运算，其结果如图 2.29 所示。

2.4.2 开运算与闭运算

先腐蚀后膨胀的过程称为开运算。开运算使图像的轮廓变得光滑，具有断开狭窄的间断和消除细的突出物的作用。

图 2.29　二值图像的膨胀运算

先膨胀后腐蚀的过程称为闭运算。它具有填充物体细小空间、消除缝隙、连接邻近物体和平滑边界轮廓的作用。

开运算和闭运算的定义如下。

开运算：$A \circ B = (A \ominus B) \oplus B$

闭运算：$A \bullet B = (A \oplus B) \ominus B$

以前者为例，对图 2.28（a）所示的原图中的二值图像进行开/闭运算，使用 3×3 邻域，调用算法，结果如图 2.30 所示。

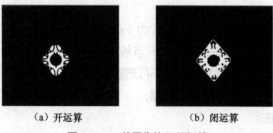

（a）开运算　　　　　　　　　　（b）闭运算

图 2.30　二值图像的开/闭运算

2.4.3　细化

一个图像的"骨架"，是指图像中央的骨骼部分，是描述图像几何及拓扑性质的重要特征之一。求一幅图像骨架的过程通常称为对图像"细化"的过程。在文字识别、地质构造识别、工业零件形状识别或图像理解中，先对被处理的图像进行细化有助于突出图像形状特点和减少冗余的信息量。

用一个形象的比喻来说明骨架的含意。可以把图像 H 看成一块地，假定在同一时刻 $r=0$，在地上各条边界上的每一点同时举火把，则图像 H 的边界上将立即出现两堵"火墙"并向图像 H 的内部蔓延。两堵火墙相遇的地点，便构成了图像 H 的骨架。

通过以上的形象说明还可以看到，在细化一幅图像 H 的过程中应满足两个条件：第一，在细化的过程中，H 应该有规律地缩小；第二，在 H 逐步缩小的过程中，应当使 H 的连通性保持不变。

下面来看一个具体的细化算法。

图 2.31（a）所示为原图，图 2.31（b）所示为细化图像。假设二值图像中的像素 P_1 为前景像素（即 $P_1=1$），就是在细化过程中需要判断是否要删除的像素，即是否要把 P_1 由 1 改为 0。考虑 P_1 的 3×3 窗口，P_1 的 8 邻域依顺时针依次标记为 P_2，P_3，…，P_9，如图 2.31（c）所示。

$NZ(P_1)$ 为 P_1 的 8 邻域值为 1 的像素数，即：

$$NZ(P_1) = P_2 + P_3 + P_4 + P_5 + P_6 + P_7 + P_8 + P_9$$

$T(P_1)$ 为 P_1 的 8 邻域像素中，按顺时针方向，相邻两个像素出现 0→1 的次数。

若 P_1 的 8 邻域的值如图 2.31（d）所示，则有 $T(P_1)=2$。

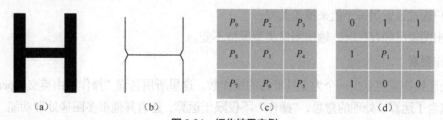

（a）　　　　　　　　（b）　　　　　　　　（c）　　　　　　　　（d）

图 2.31　细化结果实例

骨架细化算法表述如下。

遍历图像的每个点，对每个像素为 1 的点做如下判断：

① $2 \leqslant NZ(P_1) \leqslant 6$；

② $T(P_1)=1$；

③ 当为奇数次迭代时，判断 $P_2 \times P_4 \times P_6=0$，$P_4 \times P_6 \times P_8=0$；当为偶数次迭代时，判断 $P_2 \times P_4 \times P_8=0$，$P_2 \times P_6 \times P_8=0$。

如果满足上述条件，则删除该 P_1 点，将 P_1 由 1 改为 0。

循环遍历图像的每一个像素，迭代直至没有点被删除。

图 2.32 给出了以上细化算法处理几种 P_1 不可删除的情况：

① $NZ(P_1)=1$ 已经是骨架的端点了，不能删；

② 删除 P_1 会分割区域；

③ 删除 P_1 会缩短边缘；

④ $T(P_1)=3$，P_1 不可删除。

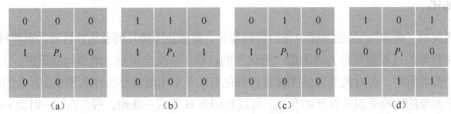

图 2.32　细化算法应用示例

2.4.4　常见的图像处理工具

本小节将介绍机器视觉软件中常见的图像处理工具，部分工具就是前文讲述内容的具体实现，这些内容是第 3 篇实用案例中采用的视觉工具的算法基础。下面以 HexSight 软件为例进行讲解。

图像处理工具通过应用算术、赋值、逻辑、滤波、形态或直方图操作来处理图像。用户还可以自定义过滤操作。

应用程序中的每个图像处理工具对输入图像执行选定的操作。图像处理操作还可以涉及另一图像、常数及一组处理参数。

图像处理工具可以接受各种类型图像作为输入，包括无符号的 8 位图像、有符号和无符号 16 位图像及有符号 32 位图像。通常根据输入或操作数图像，采用升级类型（带符号的 16 位图像），并以升级类型执行处理。

图像处理工具输出与输入图像的类型相同，除非：

① 用户通过设置另一个值来覆盖类型；

② 输出图像已经存在时，输出图像类型保持不变。

1.　操作要素

图像处理操作需要至少一个为工具准备的操作数。这里所用名词"操作"由英文 Operation 翻译而来，它包含了运算、处理的意思，"操作"不仅限于运算，还有其他很多图像处理功能。对于图像处理工具，第一个操作数始终是输入图像。一些操作需要 1 个或 2 个操作数。此操作数可以是图像或常数。图 2.33 所示为图像处理操作的基本要素。此外，一些操作涉及其他参数，如剪切、缩放、过滤。这些参数在它们适用的操作类别下进行讨论。

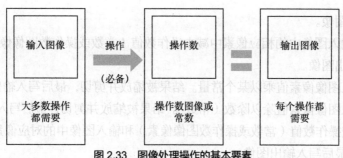

图 2.33 图像处理操作的基本要素

（1）输入图像：通常把输入图像作为第一个操作数。不需要输入图像的唯一操作类型是赋值操作。

（2）操作：包括算术运算、赋值操作、逻辑运算、过滤操作、形态运算、直方图操作等可用操作在以下部分中将进行更详细的描述。

（3）操作数：第二个操作数可以是图像或常数。

（4）操作数图像：被用作操作数的图像处理工具可以接受无符号的 8 位、带符号的 16 位和带符号的 32 位图像作为操作数图像。

（5）常数：为操作指定的任何常量类型都将被操作定义的操作数图像类型覆盖，与之保持一致。

（6）输出图像：是由图像处理操作产生的图像。用户可以将输出图像的类型指定为无符号的 8 位、带符号的 16 位或 32 位图像。HexSight 处理其他图像处理工具只能将无符号的 8 位图像作为输入。

2. 算术运算

基于输入图像、操作数图像或期望的输出图像类型，将输入图像中的源像素和操作数的输入值提升到升级类型，执行算术运算。如果结果超出 0～255 的范围，则需要进行剪切（Clip）处理。操作结果按照以下规则进行转换。

① 目标像素值= ClipMode（Result × Scale），即用源图像中像素值乘以一个系数（Scale），得到的结果存入输出图像（Result），如果运算所得像素值超出 0～255 的范围，则采用剪切模式进行转换后再存入输出图像。

② 必要时截断目标像素值。

（1）剪切模式：有两种剪切模式可供选择，正常和绝对。

① 正常剪切模式：对于无符号的 8 位图像，正常剪切模式将目标像素值强制为 0～255 的某个值；对于带符号的 16 位图像，强制为–32 768～32 767 的某个值，注意有负值。小于指定最小值的值被设置为最小值，大于指定最大值的值被设置为最大值。

② 绝对剪切模式：绝对剪切模式采用结果的绝对值，并使用与正常剪切模式相同的算法对其进行剪切。

（2）算术运算模式：有两种算术运算模式。在第一种模式中，将操作应用于输入图像的每个像素和操作数图像中的相应像素，并将结果写入输出图像。在第二种模式中，操作数是一个常数，它作用于输入图像的每个像素上，并将结果写入输出图像。图像处理工具支持以下算术运算：加法、减法、乘法、除法、最亮、最暗。

① 加法：操作数值（常数或操作数图像像素）与输入图像中的相应像素相加。结果被缩放并剪

切，最后写入输出图像。

②　减法：从输入图像中的相应像素中减去操作数值（常数或操作数图像像素）。结果被缩放并剪切，最后写入输出图像。

③　乘法：输入图像像素值乘以某个常量。结果被缩放并剪切，最后写入输出图像。

④　除法：输入图像像素值除以除数（常数）。结果被缩放并剪切，最后写入输出图像。

⑤　最亮：比较操作数值（常数或操作数图像像素）和输入图像中的对应像素以找到最大值。结果被缩放并剪切，最后写入输出图像。

⑥　最暗：比较操作数值（常数或操作数图像像素）和输入图像中的对应像素以找到最小值。结果被缩放并剪切，最后写入输出图像。

3. 赋值操作

基于输入图像、操作数图像或期望的输出图像类型，赋值操作将源像素和操作数值的输入值类型提升到升级类型。这种类型的操作不支持缩放或剪切。图像处理工具提供以下赋值操作：初始化、复制、反转。

（1）初始化：将输出图像的所有像素设置为某个特定的常数。必须指定输出图像的高度和宽度。

（2）复制：将输入图像的每个像素复制到相应的输出图像像素。

（3）反转：输入图像像素反转，结果被复制到相应的输出图像像素。反转即求补。

4. 转换操作

转换操作用于将输入图像转换为另一种格式。这种类型的操作不支持缩放或剪切。该操作主要用于将输入图像转换为灰度图像。

5. 变换操作

变换操作指转换并输出输入图像的频率描述。可用的操作是快速傅里叶变换（Fast Fourier Transform，FFT）和离散余弦变换（Discrete Cosine Transform，DCT）。这些变换可以作为 1D 线性、2D 线性、2D 对数或直方图输出。

6. 逻辑操作

有两种逻辑操作模式。在第一种模式中，将操作应用于输入图像的每个像素和操作数图像中的相应像素，结果写入输出图像。在第二种模式中，操作数是一个常数，它作用于输入图像的每个像素上，并将结果写入输出图像。逻辑运算不支持缩放或剪切。图像处理工具提供以下逻辑操作：AND、NAND、NOR、OR 或 XOR。

（1）AND：AND 翻译成"与"，使用操作数值（常数或操作数图像像素）和输入图像中的相应像素进行逻辑 AND 操作。结果写入输出图像。

（2）NAND：NAND 翻译成"与非"，使用操作数值（常数或操作数图像像素）和输入图像中的相应像素进行逻辑 NAND 操作。结果写入输出图像。

（3）NOR：NOR 翻译成"或非"，使用操作数值（常数或操作数图像像素）和输入图像中的相应像素进行逻辑 NOR 操作。结果写入输出图像。

（4）OR：OR 翻译成"或"，使用操作数值（常数或操作数图像像素）和输入图像中的相应像素进行逻辑 OR 操作。结果写入输出图像。

（5）XOR：XOR 翻译成"异或"，使用操作数值（常数或操作数图像像素）和输入图像中的相应像素进行逻辑 XOR 操作。结果写入输出图像。

7. 过滤操作

可以将过滤操作描述为使用正方形、矩形或线性过滤矩阵（也叫"内核"）对输入图像的卷积。这里"内核"一词译自英文 Kernel，即过滤框架或模板。图像处理工具提供了一套系统定义的滤波器，也可采用用户自定义内核的过滤操作。常见的滤波器有：平均、高斯、水平 Prewitt（蒲瑞维特）、垂直 Prewitt、水平 Sobel（索贝尔）、垂直 Sobel、高通、拉普拉斯算子、锐化、锐化低、中值滤波。算术运算描述的缩放和剪切参数也适用于过滤操作。

（1）平均：平均值操作将输出图像中的每个像素，设置为由所选过滤框大小定义的所有邻域中的所有输入图像像素的平均值。这可以实现图像模糊，特别是边缘模糊的效果。平均滤波器旨在消除噪声。内核大小可以是 3、5 或 7，图像处理工具使用的平均过滤内核如图 2.34 所示。

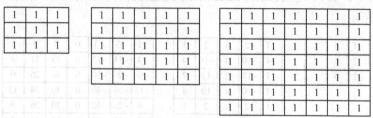

图 2.34　平均过滤内核

（2）高斯：高斯运算像低通滤波器一样，可以实现模糊图像的效果。高斯滤波器的作用为消除噪声。内核大小可以是 3、5 或 7，图像处理工具使用的高斯过滤内核如图 2.35 所示。

图 2.35　高斯过滤内核

（3）水平 Prewitt：水平 Prewitt 操作像梯度滤波器一样。梯度滤波器也叫边缘滤波器，具有通过求被考察像素某个方向的灰度变化梯度（即出现突变的地方）找出边缘位置的作用。这具有突出显示图像中的水平边缘（渐变）的效果。大小为 3 的水平 Prewitt 过滤内核如图 2.36 所示，绝对剪切方法通常用于此过滤操作。

（4）垂直 Prewitt：垂直 Prewitt 操作像梯度滤波器一样。垂直 Prewitt 算子具有突出显示图像中的垂直边缘的效果。大小为 3 的垂直 Prewitt 过滤内核如图 2.37 所示，绝对剪切方法通常用于此过滤操作。

图 2.36　水平 Prewitt 过滤内核　　　　图 2.37　垂直 Prewitt 过滤内核

（5）水平 Sobel：水平 Sobel 操作就像梯度滤波器一样。它具有突出显示图像中的水平边缘的效果。内核大小可以是 3、5 或 7，绝对剪切方法通常用于此过滤操作。图像处理工具使用的水平 Sobel 过滤内核如图 2.38 所示。

1	2	1
0	0	0
−1	−2	−1

1	4	7	4	1
2	10	17	10	2
0	0	0	0	0
−2	−10	−17	−10	−2
−1	−4	−7	−4	−1

1	4	9	13	9	4	1
3	11	26	34	26	11	3
3	13	30	40	30	13	3
0	0	0	0	0	0	0
−3	−13	−30	−40	−30	−13	−3
−3	−11	−26	−34	−26	−11	−3
−1	−4	−9	−13	−9	−4	−1

图 2.38　水平 Sobel 过滤内核

（6）垂直 Sobel：垂直 Sobel 操作像梯度滤波器一样。它具有突出显示图像中的垂直边缘的效果。内核大小可以是 3、5 或 7，绝对剪切方法通常用于此过滤操作。图像处理工具使用的垂直 Sobel 过滤内核如图 2.39 所示。

−1	0	1
−2	0	2
−1	0	1

−1	−2	0	2	1
−4	−10	0	−10	4
−7	−17	0	17	7
−4	−10	0	10	4
−1	−2	0	2	1

−1	−3	−3	0	3	3	1
−4	−11	−13	0	13	11	4
−9	−26	−30	0	30	26	9
−13	−34	−40	0	40	34	13
−9	−26	−30	0	30	26	9
−4	−11	−13	0	13	11	4
−1	−3	−3	0	3	3	1

图 2.39　垂直 Sobel 过滤内核

（7）高通：高通操作像循环梯度滤波器一样。它可以实现突出显示图像中的所有边缘的效果。内核大小可以是 3、5 或 7，绝对剪切方法通常用于此过滤操作。图像处理工具使用的高通过滤内核如图 2.40 所示。

−1	−1	−1
−1	3	−1
−1	−1	−1

−1	−1	−1	−1	−1
−1	−1	−1	−1	−1
−1	−1	24	−1	−1
−1	+1	−1	−1	−1
−1	−1	−1	−1	−1

−1	−1	−1	−1	−1	−1	−1
−1	−1	−1	−1	−1	−1	−1
−1	−1	−1	−1	−1	−1	−1
−1	−1	−1	48	−1	−1	−1
−1	−1	−1	−1	−1	−1	−1
−1	−1	−1	−1	−1	−1	−1
−1	−1	−1	−1	−1	−1	−1

图 2.40　高通过滤内核

（8）拉普拉斯算子：拉普拉斯算子也像循环梯度滤波器一样，可以实现突出显示图像中的所有边缘的效果。内核大小可以是 3、5 或 7，绝对剪切方法通常用于此过滤操作。图像处理工具使用的拉普拉斯过滤内核如图 2.41 所示。

−1	−1	−1
−1	8	−1
−1	−1	−1

−1	−3	−4	−3	−1
−3	0	6	0	−3
−4	6	20	6	−4
−3	0	6	0	−3
−1	−3	−4	−3	−1

−2	−3	−4	−6	−4	−3	−2
−3	−5	−4	−3	−4	−5	−3
−4	−4	9	20	9	−4	−4
−6	−3	20	36	20	−3	−6
−4	−4	9	20	9	−4	−4
−3	−5	−4	−3	−4	−5	−3
−2	−3	−4	−6	−4	−3	−2

图 2.41　拉普拉斯过滤内核

（9）锐化：锐化操作类似高通滤波器，能锐化图像，特别是突出边缘的效果。内核大小可以是 3、

5 或 7，图像处理工具使用的锐化过滤内核如图 2.42 所示。

−1	−1	−1
−1	9	−1
−1	−1	−1

−1	−1	−1	−1	−1
−1	−1	−1	−1	−1
−1	−1	25	−1	−1
−1	−1	−1	−1	−1
−1	−1	−1	−1	−1

−1	−1	−1	−1	−1	−1	−1
−1	−1	−1	−1	−1	−1	−1
−1	−1	−1	−1	−1	−1	−1
−1	−1	−1	49	−1	−1	−1
−1	−1	−1	−1	−1	−1	−1
−1	−1	−1	−1	−1	−1	−1
−1	−1	−1	−1	−1	−1	−1

图 2.42　锐化过滤内核

（10）锐化低：锐化低（Sharpen Low）操作具有同时锐化和平滑图像的效果。内核大小可以是 3、5 或 7，图像处理工具使用的锐化低过滤内核如图 2.43 所示。

(1/8)*

−1	−1	−1
−1	16	−1
−1	−1	−1

(1/20)*

−1	−3	−4	−3	−1
−3	0	6	0	−3
−4	6	40	6	−4
−3	0	6	0	−3
−1	−3	−4	−3	−1

(1/36)*

−2	−3	−4	−6	−4	−3	−2
−3	−5	−4	−3	−4	−5	−3
−4	−4	9	20	9	−4	−4
−6	−3	20	72	20	−3	−6
−4	−4	9	20	9	−4	−4
−3	−5	−4	−3	−4	−5	−3
−2	−3	−4	−6	−4	−3	−2

图 2.43　锐化低过滤内核

（11）中值滤波：中值滤波将输出图像中的每个像素，设置为由所选内核大小定义的邻域中的所有输入图像像素的中值亮度。它可以实现减少脉冲图像噪声，而不降低边缘或污染亮度梯度的效果。

8. 形态操作

形态操作可用于消除或填充物体中的小而细的孔，在细点处分割物体或连通附近的物体。这些操作通常平滑物体的边界，而不会显著改变其面积。图像处理工具提供以下预定义的形态操作，每个操作只能应用于 3×3 邻域。

（1）膨胀：此操作将输出图像中的每个像素，设置为由所选内核大小定义的所有相邻输入图像像素的最大亮度值（目前固定为 3×3）。

（2）腐蚀：此操作将输出图像中的每个像素，设置为由所选内核大小定义的所有相邻输入图像像素的最小亮度值（目前固定为 3×3）。

（3）闭运算：此操作相当于先进行膨胀操作，再进行腐蚀操作。它具有去除物体内的小的黑色颗粒和孔的作用。

（4）开运算：此操作相当于先进行腐蚀操作，再进行膨胀操作。它具有从图像中去除峰值的作用，仅留下图像背景。

9. 直方图操作

直方图操作基于输入图像的直方图。图像处理工具提供以下直方图操作，每个操作只能应用于无符号的 8 位图像。

（1）均衡：均衡操作通过平滑输入图像的直方图来增强输入图像。

（2）拉伸：拉伸操作通过基于输入图像的直方图，应用简单的分段线性强度变换来拉伸（增加）图像中的对比度。前文未涉及，但不难理解。

（3）亮阈值（Light Threshold）：操作根据它们是否小于或大于指定的阈值来更改每个像素值。如果输入像素值小于阈值，则相应的输出像素被设置为最小可接受值。否则，将其设置为最大可呈现值。

（4）暗阈值（Dark Threshold）：操作根据它们是否小于或大于指定的阈值来更改每个像素值。如果输入像素值小于阈值，则相应的输出像素被设置为最大可呈现值。否则，将其设置为最小可接受值。

2.5 BLOB 分析

BLOB 称作斑块（或斑点）工具，它是图像分析中非常有用的一个工具，英文全称是 Binary Large Object，即二进制大对象。该工具先对图像进行二值化，得到非黑即白的一幅图，然后把所有的黑色像素（白色像素也一样）进行聚集，形成一个斑块，再对这个斑块进行计算，算出它的几何特征，如面积周长、外接矩形等，因此可以对图像进行分析，找出其中的几何特征、统计特征等。

BLOB 是机器视觉经常使用的一个工具，广泛应用于缺陷检测及物体定位、识别、测量。

2.5.1 BLOB 分析的主要功能

1. 图像分割

在进行 BLOB 分析之前，必须把图像分割成我们感兴趣的对象和不感兴趣的噪声（一般为背景）。通过对阈值的选取，二值化图像就可以把感兴趣的对象保留下来，新的像素值全为 255，而噪声像素值为 0，这样就把对象分割出来了。阈值的选取有不同的方法，如固定阈值（手动设定）和动态阈值（根据某种公式或规则自动指定）。

2. 连通性分析

当图像被分割为目标像素或背景像素后，通过连通性分析，目标图像就聚合为斑点样的连接体。在图像中寻找一个或多个相同灰度的斑点，并将这些斑点按照 4 邻域或者 8 邻域方式进行连通性分析，将目标像素聚合为斑点的连接体，就形成一个个斑点。

3. BLOB 特征分析

通过对斑点进行图形特征分析，可以得到图像的形状信息，包括图形质心、图形面积、图形周长、最小外接矩形及其他特征信息。使用 BLOB 分析，通过多级分类器的过滤，在一定程度上可以满足大量机器视觉对图像分析的要求，如定位、测量、缺陷检测等。

2.5.2 BLOB 工具的典型功能及其处理结果

本小节还是以 HexSight 为例，介绍机器视觉软件中 BLOB 工具的典型功能。这些内容是智能相机软件中 BLOB 工具背后的算法基础。

1. BLOB 分析

BLOB 分析（BLOB Analyzer）用于发现、标注、分析不规则形状的对象。该工具检测并计算符合用户定义标准的 BLOB 的内在/外在几何和灰度属性。

BLOB 分析处理选择矩形界定的区域内的像素信息。它是使用矩形内的像素值来进行斑点检测的图像分割算法。用户定义条件用以限制 BLOB 分析搜索有效的 BLOB。BLOB 分析为已找到的每个有效 BLOB 返回一个结果数组。BLOB 结果包括几何、拓扑、灰阶等方面的属性。BLOB 分析可以提供大量的特征输出。

2. 选择矩形

从用户的角度来看，选择矩形可以包含三种类型的数据：全部或部分图像背景、全部或部分对象、一个或多个斑点。在 BLOB 分析的上下文中，只有两种类型的数据：斑点和背景。一旦 BLOB 分析将图像分割算法应用于所选矩形中的信息，它将输出一个斑点图像，其中所有像素都是斑点的一部分或背景的一部分。

3. 双线性插值

双线性插值对于获得准确的 BLOB 分析结果至关重要。如果在基于模型（Model-Based）的模式中使用 BLOB 分析，则选择矩形和包含的斑点很少与像素网格对齐，从而导致斑点边框上出现锯齿状边。因此，内插像素值提供了更加真实的斑点轮廓的表示。如图 2.44 所示，展示了双线性插值的效果，显然对非插值图像进行 BLOB 分析得到的轮廓锯齿状和不规则现象更明显。在图像的几何变换中，我们介绍过双线性插值的基础算法。

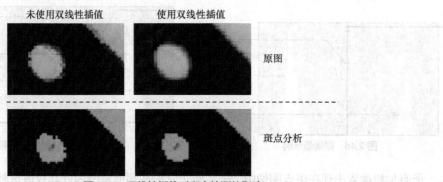

图 2.44　双线性插值对斑点检测的影响

4. 图像分割

斑点表征图像内灰度值在特定范围的像素连通区域。对于每个新图像，BLOB 分析会生成一个直方图，反映矩形中像素值的分布。然后图像分割算法提供阈值功能，允许 BLOB 分析将图像的区域分为两类：斑点和背景。

（1）直方图：直方图提供了 BLOB 分析选择矩形中包含的所有像素值的分布。由于图像处理工具使用 8 位灰度图像，因此直方图中的像素值范围为 0（黑色）到 255（白色）。

非常适合 BLOB 检测的图像通常呈现为双峰直方图，即具有两个尖点，如图 2.45 所示。峰值之一对应于背景像素，另一个对应于感兴趣的矩形区域中的对象。

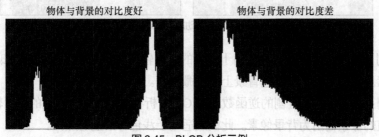

图 2.45　BLOB 分析示例

在某些情况下，具有明确定义区域的，且有明显峰值的直方图比较适合 BLOB 分析。斑点和背景之间对比度差的图像不适合采用 BLOB 分析。不适合的图像往往呈现单峰模式或相当均匀的像素分布的直方图。

（2）阈值：阈值用于将图像分割成两种像素：斑点像素和背景像素。根据选择的分割模式，可以使用一个或两个阈值。此外，还有两种类型的阈值函数：硬阈值和软阈值。

① 硬阈值：硬阈值也称为二进制阈值，因为它将像素分为二者之一，其中 0 代表背景像素，而 1 代表斑点像素。结果是二进制图像：如黑色背景上的白色斑点。硬阈值假设数据值的变化发生在像素之间的边界处，而不允许有跨斑点边界的灰度值的变化。由于这种情况很少，因此软阈值更常用一些。如图 2.46 所示，硬阈值选在两大峰值中间的低谷处。

② 软阈值：软阈值展现了处理斑点边界区域的像素的灵活性。软阈值倾斜并覆盖一系列像素值。一旦处理，阈值范围内的像素被输出为加权像素。加权像素按照它在阈值范围内的值对应的比例来计算斑点结果。软阈值内的值的范围是用户定义的，并且对应于最大和最小阈值之间的差值。图 2.47 展示了采用软阈值进行图像分割。

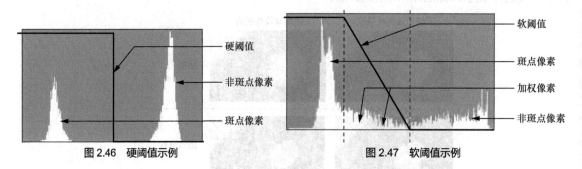

图 2.46　硬阈值示例　　　　　图 2.47　软阈值示例

所有加权像素出现在斑点图像中，但实际上它们在阈值范围内以其权值贡献了部分属性结果。

（3）动态阈值：动态阈值提供自适应阈值模式，特别是当实例之间存在照明变化时，非常有用。动态阈值设置被视为斑点像素的像素分布（直方图）的百分比。动态阈值可以是软阈值或硬阈值，也可以设置为亮分割、暗分割、内部分割或外部分割。动态阈值特别适用于同一目标在不同照明条件下的不同图像中目标分割问题。如图 2.48 所示，动态阈值通过自适应的方式来进行确认。

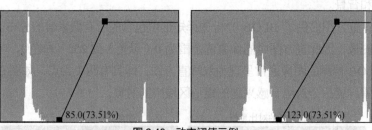

图 2.48　动态阈值示例

（4）亮分割：亮分割将所有灰度值高于阈值的像素输出为斑点像素。灰度值低于阈值的像素将输出为背景像素。此模式适用于黑色背景上的轻微斑点。

（5）暗分割：暗分割是亮分割的逆函数。BLOB 分析将灰度值低于阈值的像素输出为斑点像素，灰度值高于阈值的像素输出为背景像素。此模式适用于浅色背景上的黑斑。

（6）内部分割：内部分割使用双阈值函数。只有在阈值范围内的灰度值的像素才会以斑点像素的形式输出。当斑点的像素值落在物体的灰度值和图像背景灰度值之间时，可使用此模式。

（7）外部分割：外部分割是内部分割的逆函数。超出阈值范围的像素值将以斑点像素的形式输出。这对于斑点可能非常暗或非常轻却不是背景的情况非常有用。

5. 面积限制

用户设置面积约束（最小值和最大值）用于限制 BLOB 分析对斑点的搜索。斑点面积是斑点中所有像素的面积之和。当使用软阈值时，使用阈值函数对每个像素的面积进行加权。

6. 孔填充

启用时，孔填充参数将应用于所有检测到的斑点。在斑点边界内的所有背景都包含其中。较大斑点内的所有较小斑点也包含在该"填充"斑点中，然后将背景和较小的斑点视为填充斑点的一部分。在后文中有孔填充的示例讲解。

7. 斑点显示

斑点显示用绿色标注的二值图，每个斑点包含其索引号和位于质心的图形标记。

（1）斑点图像：BLOB 分析可以用于产生叠加图像；斑点图像显示在 BLOB 分析的"结果"面板和"数据资源管理器"中。叠加显示图像在开发应用程序时提供有用的视觉信息，特别是用于验证图像分割配置的效率。由于叠加显示图像会大大增加处理时间，因此一旦应用程序投入使用就应该禁用它。

（2）像素权值图像：当应用软阈值时，像素权值图像显示加权像素的相对灰度值。软阈值范围之外的所有像素的值为 0 或 1，加权像素的值对应由软阈值跨越的像素值数量，其权值取值为 0～1。

（3）斑点标记：检测到的斑点的位置通过斑点质心的十字准直标志来识别。当使用软阈值时，该质心考虑了斑点质心中加权像素的比例贡献。

（4）斑点链码：检测到的斑点的链码以斑点的外边缘周围的红色路径显示。链码实际上是仅在"工具"坐标系中描述轮廓或一个斑点的方向（上、下、左、右）的序列。链码属性是几何特征的一种，下文将详细介绍。

8. 结果

斑点分析结果包括 8 类斑点的属性：常规属性、固有惯性属性、外在惯性属性、链码属性、灰度级属性、拓扑属性、内在边界框属性、外在边界框属性，描述如下。

（1）常规属性

① 面积：根据 BLOB 分析采用的定位模式，面积结果取平方校准单位或像素，如 mm^2。

② X-Y 位置：X-Y 指斑点的质心坐标。这在软阈值的情况下考虑了加权像素值的影响。在 BLOB 结果显示中，质心显示为十字准线和索引号。位置坐标可以是用户选择的坐标系中的一种：工具、对象、图像或世界。

③ 原始周长：斑点是灰度或彩色物体，它们的轮廓由像素构成。斑点的原始周长被定义为斑点轮廓上的像素边缘长度的总和，它在许多情况下很有用。原始周长对斑点相对于像素网格的方向比较敏感。

④ 凸周长：凸周长比凸形的原始周长更稳定和准确。使用克罗夫顿公式的近似计算凸周长。斑点的直径由 4 个不同取向（0°、45°、90°、135°）进行的突起确定，由这些角度投影计算的平均直径乘以π以获得凸周长。

⑤ 圆度：斑点的圆度表示斑点和圆之间的相似度。一个完美的圆斑点的圆度是 1，也叫紧凑度，在第 3 篇中将会用到。

$$Roundness = \frac{4 \times \pi \times Area}{ConvexPerimeter^2}$$（Roundness 表示圆度；Area 表示面积；ConvexPerimeter 表示凸周长）

（2）固有惯性属性

① 固有惯性矩：固有惯性矩是指绕主轴旋转的斑块的惯性阻力。由于它们的取向取决于表示斑点的坐标系，因此在外部斑点属性的部分定义。伸长率（Elongation）表示在质心周围属于斑点的所有像素的分散程度。斑点的伸长率计算为围绕长轴的惯性矩（InertiaMaximum）与围绕短轴的惯性矩（InertiaMinimum）的比的平方根。

$$Elongation = \sqrt{\frac{InertiaMaximum}{InertiaMinimum}}$$

② 内在边界框属性：内在边界框定义了可以包围斑点的最小矩形，与主轴对齐。主轴由正交 xy 坐标系组成，其中 x 是长轴，y 是短轴。边界框参数指定为底部（最小 y 坐标）、左侧（最小 x 坐标）、顶部（最大 y 坐标）、右侧（最大 x 坐标）。图 2.49 展现了内在边界框及其属性。

③ 内在范围：内在范围是斑点质心与内在边界框 4 条边之间的距离。

④ 内在边界框的旋转：内在边界框的旋转对应于边界框 x 轴（长轴）与所选坐标系的 x 轴之间的逆时针角度。

（3）外在惯性属性

① 外在惯性矩：斑点的外在惯性矩是围绕给定轴线旋转的斑点的惯性阻力，主要指的是关于工具坐标系长轴的惯性力矩。

② 主轴：主轴指定由长轴和短轴构成的参考系。长轴（x）是斑点的惯性力矩最小的轴。相反，短轴（y）是斑点的惯性力矩最大的轴。主轴是正交的，并且通过选择矩形的 x 轴和斑点的长轴之间的角度来标识。

③ 主轴的旋转：主轴的旋转角度是所选坐标系的 x 轴与长轴之间的逆时针角度，如图 2.50 所示。

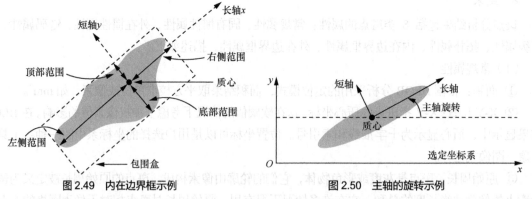

图 2.49 内在边界框示例　　　　　　图 2.50 主轴的旋转示例

④ 外在边界框属性：边界框定义为可以包围斑点的最小矩形。此边界框始终与"工具"坐标系对齐。图 2.51 所示为其对应的工具坐标系中的外在边界框的示例。边界框的参数由所选坐标系中的相应值确定。

- 高度：边框高度。　　　　　　　　　・宽度：边框宽度。
- 顶部：最大的 y 值。　　　　　　　・底部：最小的 y 值。
- 左：最小的 x 值。　　　　　　　　・右：最大的 x 值。

所选坐标系中边界框的位置由其中心的 x 和 y 值确定。

⑤ 外在边界框的旋转：外在边界框的旋转对应于边界框的 x 轴与所选坐标系的 x 轴之间的逆时

针角度。

⑥ 外在范围：斑点的范围是质心和外在边界框四边之间的距离。图 2.52 所示为外在范围的示例。

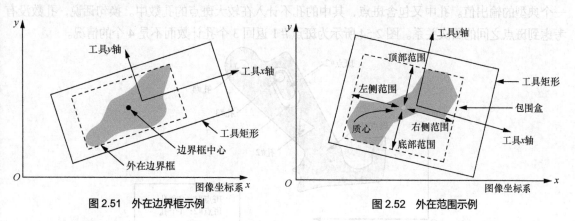

图 2.51　外在边界框示例　　　　　　图 2.52　外在范围示例

（4）链码属性

链码是根据仅用于工具坐标系描述斑点边界的方向代码序列。链码示例如图 2.53 所示，其特征包含以下内容。

- 链码的开始位置，对应于与链码相关联的第一像素的位置。
- Delta X 和 Delta Y 分别表示链码中边界元素的水平和垂直长度。
- 链码的长度对应于链码中边界元素的数量。

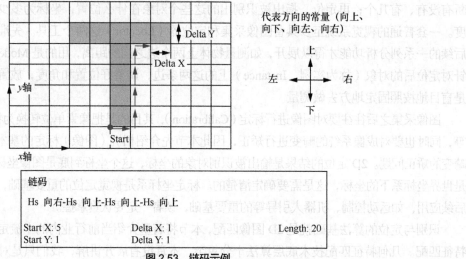

图 2.53　链码示例

（5）灰度级属性

灰度级（Greyscale）又称为"灰阶"，在所有情况下，灰度级属性适用于包含在斑点中的像素，而不考虑软阈值归因的权值。该输出结果表征了斑点的灰度级统计属性。

① 平均灰度级：斑点内全部像素的平均灰度。

② 最小灰度级：最小的灰度级是在斑点中找到的最低灰度级像素的灰度级。

③ 最大灰度级：最大的灰度级是在斑点中找到的最高灰度级像素的灰度级。

④ 灰度级范围：灰度级范围是在斑点中找到的最高和最低的灰度级之间的差异。

⑤ 标准偏差灰度级：属于斑点的像素的灰度的标准偏差。

（6）拓扑属性

BLOB 分析可以输出图像特征的拓扑属性，如特征数量、特征之间的关系和距离等，孔的个数是一个典型的输出值。孔中又包含斑点，其中的孔不计入在较大斑点的孔数中。换句话说，孔数没有考虑到斑点之间的层次关系。图 2.54 所示为斑点 #1 返回 3 个孔计数而不是 4 个的情况。

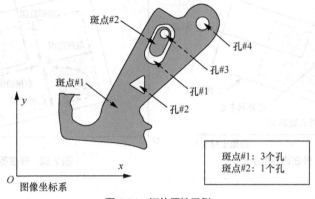

图 2.54 拓扑属性示例

2.6 2D 图像匹配

几乎所有的视觉应用都离不开对被测物体的识别和定位，即对感兴趣的目标物体进行识别，判断有没有、有几个；再定位，指出被识别出的这些个对象在什么位置，坐标为多少，偏转了多少角度。一套普通的视觉系统至少具备图像采集和定位器（Locator）这两个工具。先准确定位到对象，后续的一系列分析功能才得以展开，如测量物体上两个边之间的距离，用的是 Model-Based 技术，即针对定位后的对象（称为实例，Instance）上的这两条边，调整好位置和角度，放置测量工具，而不是盲目地按照固定地方去做测量。

图像采集之后往往要对图像进行标定（Calibration），其目的是把像素单位转换为物理单位，如 mm 等，同时也要对成像系统的畸变进行矫正，因此本节先介绍相机（图像）标定的基本知识，涉及各种畸变的矫正问题。2D 定位的结果是输出被识别对象的坐标，这个坐标到底是图像坐标系下的坐标，还是世界坐标系下的坐标，这是需要确定清楚的。标定坐标系是视觉定位的重要基础，它也是视觉定位后续应用，如运动控制、机器人引导等的重要基础，读者一定要认真掌握。

识别与定位的算法基础就是 2D 图像匹配，本节将着重介绍当前行业内的主流定位技术——几何特征匹配。几何特征匹配技术底层算法十分复杂，本章没有展开讲解，我们只是对于它的优势进行了充分的介绍。相关性分析技术一度是 2D 图像匹配的主流技术，当然现在也还有一些场景需要应用该技术，本节将对其算法进行介绍。

2.6.1 相机标定

在图像测量过程以及其他机器视觉应用中，为确定空间物体表面某点的三维几何位置与其在图像中对应点之间的关系，必须建立相机成像的几何模型，这些几何模型参数就是相机参数。在大多数条件下这些参数必须通过实验与计算才能得到，这个求解参数的过程被称为相机标定，也叫图像标定。无论是在图像测量还是其他机器视觉应用中，相机参数的标定都是非常关键的环节，其标定结果的精度和算法的稳定性直接影响相机工作产生结果的准确性。因此，做好相机标定是做好后续工作的前提，提高标定精度是视觉项目的重点所在。

相机标定的概念首先来自一门称为摄影测量学的技术学科。摄影测量学中所使用的方法是数学解析的方法，在标定过程中通常要利用数学方法对从数字图像中获得的数据进行处理。通过这些数学处理，可以得到相机的内部和外部参数。相机的内部参数是指相机成像的基本参数，如主点（理论上是图像帧存在的中心点，但实际上由于相机制造误差，图像实际中心与帧存的中心并不重合）、实际焦距（与标称焦距值有一定差距）、径向镜头畸变、切向镜头畸变和其他系统误差参数；而相机的外部参数是指相机对于外部世界坐标系的方位。相机标定的目的就是获取这些内部和外部参数。

现有的相机标定方法大体可以分为两类：传统的相机标定方法和相机自标定方法。传统的相机标定方法是在一定的相机模型下，在相机前放置一个已知的标定参照物，利用已知物体的一些点的已知三维坐标及其图像坐标，求取相机模型的内部参数和外部参数。而相机自标定方法不需要已知标定参照物，仅利用相机在运动过程中周围环境的图像及图像间的对应关系对相机进行标定。

1. 图像变形矫正

相机标定是保障视觉系统精度的重要手段。它首先要矫正图像误差，实现整个应用系统在不同现场进行移植。下面三种类型的图像变形必须经过矫正才能保证目标检测工具的准确性。

（1）非正方形像素

因为大多数相机的像素都不是正方形的，当物体在视野内面对相机旋转时，畸变就产生了。这种畸变会造成系统精度严重缺失。通过标定，软件可以为非正方形像素提供矫正。下面的标定方法都可以矫正这类误差：XY 尺度、投影误差矫正、畸变查表、畸变模型等。

（2）投影误差（畸变）

相机很少能够绝对垂直于工件表面，用户甚至会有意地把相机以一定的角度进行安装。这种非正交性就产生出投影误差。投影误差可以用如下几种方法进行矫正：投影误差矫正、畸变查表、畸变模型。投影误差矫正之后，XY 尺度也自动得到标定。

（3）相机镜头矫正

镜头往往会产生径向畸变，如枕形畸变或桶形畸变，如图 2.55 所示。短焦镜头的畸变往往更严重一些。镜头畸变可以用畸变查表或畸变模型等方法进行矫正。采用畸变矫正之后，XY 尺度和投影误差也可自动得到标定。

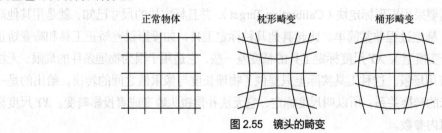

正常物体　　枕形畸变　　桶形畸变

图 2.55　镜头的畸变

2. 相机标定的方法

（1）标定参数和标定单位

标定参数可以保存于文件中供具有相同光学设置的各种系统共享。标定单位可以设置成应用物理单位,如 mm(毫米)来表示位置。一般视觉系统软件环境提供它支持的单位之间的转换。

(2)标定坐标系

① 世界坐标系(x_w、y_w、z_w):可以被标定成右手坐标系或者左手坐标系,不论输入图像采用何种坐标系。世界坐标系是系统的绝对坐标系,在没有建立用户坐标系之前,画面上所有点的坐标都是以该坐标系的原点来确定各自的位置的。简单来说,由于相机可安放在环境中的任意位置,在环境中选择一个基准坐标系来描述相机的位置和环境中任何物体的位置,该坐标系称为世界坐标系。一般三维场景都用这个坐标系来表示。

② 相机坐标系(x、y、z):以小孔相机模型的聚焦中心为原点,以相机光轴为 z 轴建立的三维直角坐标系。其 x、y 轴一般与下面要介绍的图像物理坐标系的 X、Y 轴平行,且采取前投影模型。

③ 图像坐标系:分为图像物理坐标系(X,Y)和图像像素坐标系(X_f,Y_f)两种。图像物理坐标系的原点为透镜光轴与成像平面的交点,其 X 和 Y 轴分别平行于相机坐标系的 x 与 y 轴,是平面直角坐标系,单位为 mm。图像像素坐标系是固定在图像上的以像素为单位的平面直角坐标系,其原点位于图像物理坐标系原点的左上角,X_f、Y_f 平行于图像物理坐标系的 X 和 Y 轴,对于数字图像,分别为行、列方向。

标定系统的坐标系如图 2.56 所示。

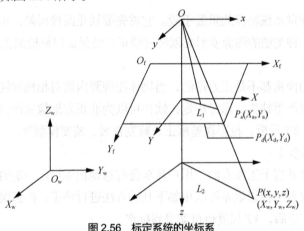

图 2.56　标定系统的坐标系

(3)标定算法工具

常用的标定算法工具有以下三种,投影误差矫正一般不单独采用,因此不做介绍。

① 第一种:XY 尺度标定工具。

这种算法工具需要采用矩形标定块(Calibration Target),并且标定块的尺寸已知,就是用其他高精度量具测量过的,标定过程非常简单。比起其他几种标定工具,如投影误差矫正工具和畸变矫正工具(畸变查表和畸变模型),XY 尺度标定工具的精度差一些,它适用于因为物理条件的局限,无法采用点状标定块的应用场景。这种工具实际上只提供了物理长度与像素值之间的转换,给出的是一个像素等于多少毫米的转换关系,所以叫尺度标定,它无法补偿镜头畸变或者投影畸变。XY 尺度标定工具标定的是相机内参数。

用户一般必须提供一个已知尺寸的长方形标定块,在没有标定块的情况下,用户也可以手动输入标定后世界坐标系下的长、宽数值。这种标定方式下,相机的光轴必须绝对垂直于工件表面。

② 第二种:畸变标定。

畸变标定算法可以矫正镜头畸变等误差,一般有畸变模型和畸变查表两种方法,它标定的是相机的内参数。标定板图案为圆点交错矩阵和圆点矩阵，一般优先采用圆点交错矩阵图案，如图 2.57 所示。

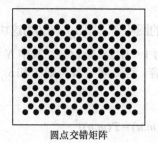 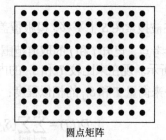

圆点交错矩阵　　　　　　　　　　圆点矩阵

图 2.57　标定板

- 点间距：此处的"点"指的是标定板上的圆点。点间距是点矩阵水平和竖直方向两圆点圆心的间距，而不是 45°方向的两圆点间距。点间距等于 2 倍点直径。
- 点半径范围：限制搜索点时的圆点半径大小，单位为像素。设置时，将具体图像圆点半径所占像素值乘以 120%设定为最大值，将其乘以 80%设定为最小值。
- 边界敏感度：指圆点的边界是否锐利。若边界过渡像素多，则边界敏感度高；若边界过渡像素少，则边界敏感度低。其默认值为 60（软件设置参数，下同）。
- 圆点一致性：指圆点的形状是否一致，若一些圆点很圆，则一致性较高；若一些圆点不那么圆，如呈椭圆形，则一致性低。默认值为 0.7。
- 设计标定图案时依据：优先圆点交错矩阵；点间距为点直径的 2 倍；依据视野大小，保证点半径 10~20 像素，即点间距 40~80 像素。

③ 第三种：多点标定。

多点标定工具主要是标定相机的外参数，把图像坐标系和世界坐标系关联起来。依据世界坐标，多点标定可以标定为绝对坐标和相对坐标。当输入的是图像坐标系的坐标，则标定后为相对中间点的相对坐标，引用时需要坐标转换为世界坐标；当输入的是世界坐标系下的绝对坐标，则标定后为绝对坐标，一一对应，无须转换。多点标定可以设置为两点-X 标定、两点-Y 标定、三点标定、四点标定、五点标定、九点标定、自由点标定，标定方法划分依据为获取世界坐标和图像坐标的点数。在第 3 篇中将有详细介绍。

在实际标定过程中，有如下两种方式。

第一种：需要标定板，标定板上的标记图案可任意，如上述两类圆点矩阵，也有采用棋盘格图案的，但一个视野的标记要一致，需要知道标记矩阵的水平间距和竖直间距。这种方式的优点是标定速度快，但标定后的坐标系一般是相对坐标系，因为标记的世界坐标一般是标记的相对坐标，不是标记在世界坐标系中的坐标。

第二种：不需要标定板，依据设备自身的机构或运动平台带动一个标记走位，依次在视野中呈现多个点位，每个点位都对应图像坐标和运动平台的世界坐标，标定后相机坐标系和机构或运动平台坐标系一一对应。这就是所谓的自动标定。

2.6.2　相关性分析方法

如图 2.58 所示，需要寻找有无模板所定义的三角形图像。若在被搜索图中有待寻的目标，且有同模板一样的尺寸和方向，就可被找到，同时能得到被识别对象，即实例（Instance）的位置坐标。它的基本原则就是通过相关函数的计算来找到与模板相同或相似的实例，以及输出在被搜索图中的坐标位置。

设模板 T 叠放在被搜索图 S 上平移，模板覆盖的图叫作子图 $S_{i,j}$，(i,j) 为这块子图的左上角点在 S 图中的坐标，叫作参考点，已知 i 和 j 的取值范围为 $1 < i$，$j < N-M+1$，其中 N 和 M 分别代表 S 和 T 的宽度，如图 2.59 所示。现在来比较 T 和 $S_{i,j}$ 的内容，若两者一致，则 T 和 $S_{i,j}$ 之差为 0，所以可以用下列两种测度之一来衡量 T 和 $S_{i,j}$ 的相似程度：

$$D(i,j) = \sum_{m=1}^{M} \sum_{n=1}^{M} [S_{i,j}(m,n) - T(m,n)]^2$$

或者

$$D(i,j) = \sum_{m=1}^{M} \sum_{n=1}^{M} \left| S_{i,j}(m,n) - T(m,n) \right|$$

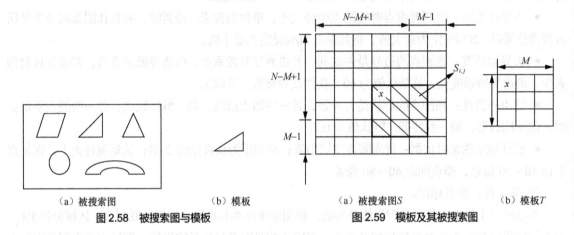

（a）被搜索图　　　　　　　（b）模板
图 2.58　被搜索图与模板

（a）被搜索图 S　　　　　（b）模板 T
图 2.59　模板及其被搜索图

如果展开前一个式子，则有

$$D(i,j) = \sum_{m=1}^{M} \sum_{n=1}^{M} [S_{i,j}(m,n)]^2 - 2\sum_{m=1}^{M} \sum_{n=1}^{M} S_{i,j}(m,n) \times T(m,n) + \sum_{m=1}^{M} \sum_{n=1}^{M} [T(m,n)]^2$$

右边第三项表示模板的总能量，是一个常数，与 (i,j) 无关；第一项是模板覆盖的子图的能量，它随 (i,j) 位置而缓慢改变；第二项是此图像和模板的互相关，随 (i,j) 而改变。T 和 $S_{i,j}$ 匹配时这一项的取值最大，因此我们可以用下列相关函数作相似性测量：

$$R(i,j) = \frac{\sum_{m=1}^{M} \sum_{n=1}^{M} S_{i,j}(m,n) \times T(m,n)}{\sum_{m=1}^{M} \sum_{n=1}^{M} [S_{i,j}(m,n)]^2}$$

或者归一化为：

$$R(i,j) = \frac{\sum_{m=1}^{M} \sum_{n=1}^{M} S_{i,j}(m,n) \times T(m,n)}{\sqrt{\sum_{m=1}^{M} \sum_{n=1}^{M} \left[S_{i,j}(m,n) \right]^2} \sqrt{\left(\sum_{m=1}^{M} \sum_{n=1}^{M} \left[T(m,n) \right]^2 \right)}}$$

相关性分析算法曾经是主流的匹配算法，现在尽管有了其他更新的算法，它仍然发挥着不可替代的作用。因为实际用的工具往往是这种算法的变种。

相关性分析有其局限性，具体表现如下。

- 速度不够快，需要太多的遍历，当然这些用硬件实现起来可以提升速度。
- 对旋转变化不够有效，且基本的相关性分析无法解决尺度变化的问题。
- 无关像素的影响：背景、覆盖、光线变化等对该算法结果影响极大，因为它是基于灰度值的比对，而像素灰度值受上述因素的影响。

2.6.3　几何特征匹配

几何特征匹配（Geometric Object Finding）技术是当前机器视觉主流的 2D 匹配和定位技术，与其他匹配技术相比，它具有明显的优势。几何特征匹配是在软件运行的过程中，提取图像轮廓边缘点的几何特征，并对这些几何特征进行比较。它具有高可靠性、高速、高重复精度等特点。

1. 特征及特征向量

特征的提取和比较是匹配的基础，前文讲过的特征有很多，如面积、周长、最小外接矩形的长度和宽度、物体图像内孔的个数、像素集合的中心（质心）、矩形度、圆度等。

特征与特征之间还有相互关系，把它们串起来，把所有的关系描述出来，然后用相应的数据结构来表示，这就是所谓的特征向量。匹配的过程就是对特征向量进行查找和比较，以获得匹配的输出结果。

2. 几何特征

几何特征是在图像中明暗交界处的边缘线或轮廓，如一个形状为规则矩形的物体，它可以用 4 条直线表述。通过直线、圆弧或者折线可以把很大一部分的物体表述清楚，这些直线、折线、圆弧就是图像的几何特征。不规则物体的轮廓边缘往往是自由曲线，可以用样条（样条相关的知识读者可查阅高等数学相关资料）进行描述。

由于几何特征对于光线等变化具有不变性，因此基于几何特征的匹配具有稳健性。

几何特征点通常是以"特征列表"形式的数据结构进行描述的，特征点为图像轮廓上的点，其信息包括：

① 点坐标的位置（在工件坐标之下）；

② 点与邻近点的几何差；

③ 点的极性（由黑到白，或由白到黑）；

④ 几何特征匹配技术相对复杂，本章不进行细致剖析。

3. 几何特征定位器特点

如图 2.60（a）所示，三个零件都被识别并准确定位，背景非常复杂，这种情况对于其他匹配算法非常不利，但采用几何特征匹配算法效果很好。图 2.60（b）所示的定位工具准确定位到三个对象，它们的尺度（Scale）都不一样，更重要的是，图像照明效果很不好，整体偏暗，且照明不均匀，还有背景噪声，但几何特征定位器出色地完成了任务。

图 2.61（a）中两个需要被识别和定位的物体被一个更大的零件遮盖，呈现在图像中的轮廓数据不全，几何特征定位器成功地识别和定位到两个对象。图 2.61（b）中出现对比度反转 （Contrast Reversal），但几何特征识别不受影响。

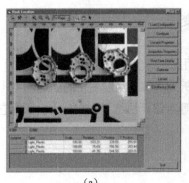 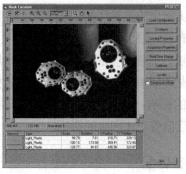

（a）　　　　　　　　　　　（b）

图 2.60　不同环境下的定位

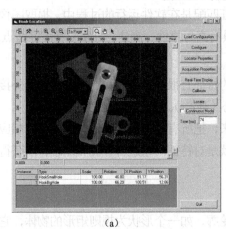 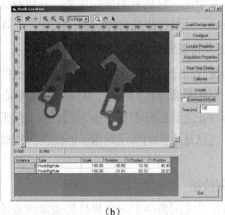

（a）　　　　　　　　　　　（b）

图 2.61　被遮挡的物体几何特征定位

几何特征定位器具备如下特点。

- 具备独特的软件引擎，可基于对象轮廓或边缘寻找和定位。
- 允许图像中出现重叠、阴影、对比度低、边缘模糊、背景凌乱或背景噪声。
- 基于模板操作，能找到相同或不同模板的多个实例。
- 定位器返回每个找到实例的 x、y 坐标，旋转角度及尺度（大小比例）。
- 对于相似的模板或几乎对称的模板图形可自动去模糊化（去二意化）。
- 为了更好地去二意化，用户选取的特征可被标上"需要"（Required）或"不需要"（Not Required）。
- 典型的重复精度：1/40 亚像素位置重复精度，0.01 度旋转重复精度。

2.7　3D 感知与目标识别

我们处在一个三维的世界里面，对 3D 图像进行获取和分析有大量的应用需求，3D 视觉也受到开发人员和投资机构越来越多的关注。3D 图像的采集设备也不断成熟，进入应用阶段。在介绍 3D 模型和 3D 匹配之前，本节介绍通过单目（单台相机）进行 3D 定位的理论基础，包括 2D 图像里包含的 3D 信息，这非常有用。单目 3D 系统采用的几乎就是一套 2D 视觉的硬件，成本很低，大量的应用问题可以被一个单目 3D 系统解决，性价比高。不过，单目 3D 系统也有一定的局限性，比较适合扁平的物体，故也可称其为 2.5D 视觉。

3D 视觉背后的算法需要大量的几何运算，读者掌握一些现有工具的应用即可，有兴趣从事 3D 视觉核心算法研究的读者可以延伸学习。

本节主要介绍以下几个方面的内容。

- 从 2D 图像中得到 3D 信息，采用单目获取深度信息。
- 3D 感知的手段包含一般体视结构、3D 数据获取和标定。
- 3D 模型和匹配包含模型表示和常见的匹配方法，重点介绍几何模型比对。

2.7.1　从 2D 图像中得到 3D 信息

人类能够根据照片、视频等 2D 的视觉输入感知和分析 3D 世界的结构信息，因为在 2D 图像中包含 3D 信息，如空间前后/距离远近等。本小节主要介绍两种技术，透视缩放（Perspective Scaling）和调焦测距（Depth From Focus）。其他技术（如特征图像，从纹理特征和运动特征推断场景的 3D 特征）不在本小节讨论范围之内。

1. 2D 图像中的 3D 线索

2D 图像是真实世界的 2D 投影，但是喜欢艺术或电影的人都知道，2D 图像能够唤起丰富的 3D 情感。2D 图像中存在可用于 3D 解释的线索。

从图 2.62 中可以看到一些 3D 线索。图 2.62（a）所示的第一辆汽车挡住了部分后面的汽车，这些汽车又挡住了部分电线杆和后面的树和大海。图 2.62（b）所示的汽车挡住了房子，房子又挡住了大海和天空，右侧的地上纹理表明地是平面，纹理逐渐细密表明地面逐渐远离观察者。通过左侧的汽车和树木由大变小的趋势可以明显地看出距离的远近，右侧建筑物墙壁的边沿走向也是说明其深度向后延伸，马路中间的标志线也是如此。在 3D 环境中，物体在向后延伸，尤其是画面中间的树很小，说明离观察者很远。

（a）　　　　　　　　　　　　　　（b）

图 2.62　2D 图像中的 3D 线索

2. 透视缩放

透视缩放是指目标的距离与它在图像中的大小成反比。缩放专门用于比较与图像面平行的目标大小。

如图 2.63 所示，识别图中间树木时，我们知道它们离镜头很远，因为其图像尺寸很小。当从右向左看时，房子轮廓变小。同样，当从很高的建筑物上观看下面的街道时，距离地面越高，人和汽车就显得越小。目标在图像中的大小可用来计算该目标的 3D 深度。

在与目标轴成锐角的方向观察目标时，图像中的目标会出现透视缩短（Foreshortening）现象。图 2.63 展示了透视缩

（a）　　　　　（b）

图 2.63　透视缩放与透视缩短

放与透视缩短两种情况。图中提供了另一个明显的线索，反映了 2D 视图与 3D 目标之间的关系。

观察图 2.63（a），当马路中间的标志线逐渐远离时，标志线在图像中逐渐缩短。如果观察者的视线与马路的标示线垂直，这个缩短现象是不会出现的。图 2.63（b）中的汽车也是如此。

3. 调焦测距

相机和人类的眼睛一样，可用于计算与像素对应的表面点的深度。睫状肌改变晶状体形状，起到调焦作用，使眼睛能看清目标。传感器通过调焦使目标或目标边缘进入注视范围内，以此得到目标的深度信息。人类已根据这个原理制造出有自动聚焦控制功能的摄像设备。为了叙述方便，可以设想相机的焦距在某个范围内平稳变化。对应每个 f 值，得到的图像进行边缘检测。对于每个像素，保存产生清晰边缘的 f 值，并利用 f 值确定该像素对应的 3D 表面点的深度。很多图像的像素不是由 3D 中的反差邻域产生的，因此不会产生可用的清晰边缘值。短焦距镜头，如 $f < 8\text{mm}$，具有很好的景深（Depth of Field）。景深大意味着目标与相机的距离可以有较大的变化范围，在这个范围内都能够产生较好的聚焦效果。因此短焦距不利于确定焦点的准确距离，而采用长焦距对调焦测距比较有利。

这种方法虽然只采用了单台相机，但要求调焦机构和光学系统配合好，结构复杂；测距过程需要拍摄多幅图片，很耗时间，因此具有较大的局限性，只在特定的场景使用。

2.7.2　采用单目和透视缩放技术获取深度信息

在机器视觉中，获取深度信息的方法有很多，如双目（两台相机，类似人眼）、激光三角法（相机和线激光）、双目带结构光、飞行时间（Time of Flight，TOF）等。采用单目（单台相机）也能获取深度信息，这是本小节重点介绍的内容。典型的单目获取深度信息的方法基于透视缩放技术，前文介绍了透视缩放的定义，下面我们从面阵相机模型开始介绍透视缩放技术及其带来的好处。

1. 透视缩放技术

在图 2.64 中，点 P 是在世界坐标系（World Coordinate System，WCS）中的点，转换成相机坐标系（Camera Coordinate System，CCS）中的点。假设相机坐标系的 x 轴和 y 轴分别平行于图像的列轴和行轴，并且 z 轴垂直于图像平面。

从 WCS 到 CCS 的转换是刚性变换，可以通过姿态或者等价地由齐次变换矩阵 ^cH_w 来实现 $P^c=(x^c,y^c,z^c)^T$ 到 $P^w=(x^w,y^w,z^w)^T$ 的变换：

$$P^c = {}^cH_wP^w$$

$$P_1^c = \begin{pmatrix} x^c \\ y^c \\ z^c \\ 1 \end{pmatrix} = \begin{bmatrix} R & t \\ 000 & 1 \end{bmatrix} \cdot P_1^w$$

这个齐次变换矩阵 ^cH_w 中包含的参数一般被称为外部相机参数，它们决定了相机相对于世界的位置。图 2.64 所示为相机坐标系、图像坐标系、世界坐标系及其相互关系。

图 2.65 所示为面阵相机模型，投影是透视投影，描述为以下公式：

$$q^c = \begin{pmatrix} u \\ v \end{pmatrix} = \frac{f}{z^c}\begin{pmatrix} x^c \\ y^c \end{pmatrix}$$

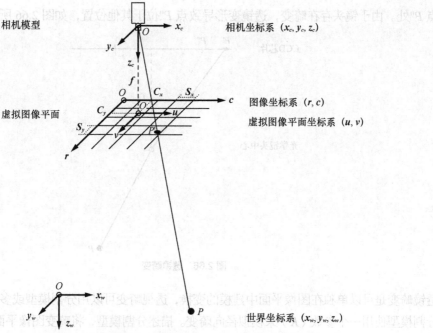

图 2.64　相机坐标系、图像坐标系、世界坐标系及其相互关系

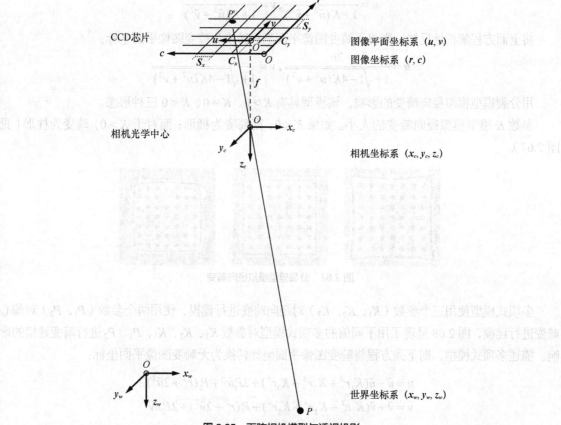

图 2.65　面阵相机模型与透视投影

在投影到图像平面后，如果没有透镜畸变，投影点将为 P 与光学中心连线的延长线与 CCD 像平

面的点 P'' 处。由于镜头存在畸变，透镜变形导致点 P'' 位于其他位置，如图 2.66 所示的 P'。

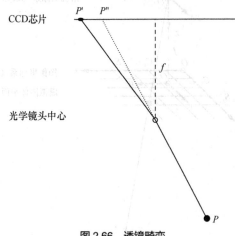

图 2.66　透镜畸变

透镜畸变是可以单独在图像平面中建模的变换，透视畸变可以用分割模型或多项式模型来模拟。

分割模型使用一个参数（K）来模拟径向畸变。描述分割模型，将畸变图像平面坐标转换为无畸变图像平面坐标，遵循下面方程：

$$u = \frac{\tilde{u}}{1 + K(\tilde{u}^2 + \tilde{v}^2)}, v = \frac{\tilde{v}}{1 + K(\tilde{u}^2 + \tilde{v}^2)}$$

将上面方程解析地反转，则将无畸变图像平面坐标转换为畸变图像平面坐标：

$$\tilde{u} = \frac{2u}{1 + \sqrt{1 - 4K(u^2 + v^2)}}, \tilde{v} = \frac{2v}{1 + \sqrt{1 - 4K(u^2 + v^2)}}$$

用分裂模型模拟径向畸变的影响，该模型具有 $K > 0$、$K = 0$、$K < 0$ 三种形态。

参数 K 模型模拟径向畸变的大小。如果 $K < 0$，则畸变为桶形；而对于 $K > 0$，畸变为枕形（见图 2.67）。

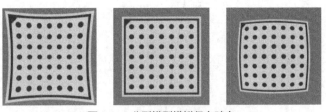

图 2.67　分裂模型模拟径向畸变

多项式模型使用三个参数（K_1，K_2，K_3）对径向畸变进行建模，使用两个参数（P_1，P_2）对偏心畸变进行建模，图 2.68 呈现了用不同值的多项式模型对参数 K_1、K_2、K_3、P_1、P_2 进行畸变建模的影响。描述多项式模型，则下列方程将畸变图像平面坐标转换为无畸变图像平面坐标：

$$u = \tilde{u} + \tilde{u}(K_1 r^2 + K_2 r^4 + K_3 r^6) + 2P_1\tilde{u}\tilde{v} + P_2(r^2 + 2\tilde{u}^2)$$
$$v = \tilde{v} + \tilde{v}(K_1 r^2 + K_2 r^4 + K_3 r^6) + P_1(r^2 + 2\tilde{v}^2) + 2P_2\tilde{u}\tilde{v}$$

$$r = \sqrt{\tilde{u}^2 + \tilde{v}^2}$$

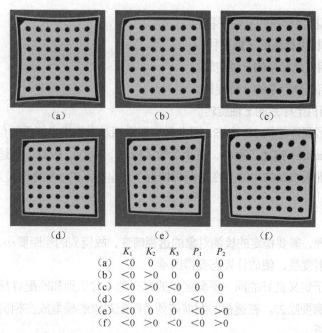

	K_1	K_2	K_3	P_1	P_2
(a)	<0	0	0	0	0
(b)	<0	>0	0	0	0
(c)	<0	>0	<0	0	0
(d)	<0	0	0	<0	0
(e)	<0	0	0	<0	>0
(f)	<0	>0	<0	<0	>0

图 2.68　用不同值的多项式模型对参数 K_1、K_2、K_3、P_1、P_2 进行畸变建模的影响

2. 基于透视缩放技术获取 3D 信息

（1）面阵相机模型及参数

图 2.69 所示为面阵相机模型。

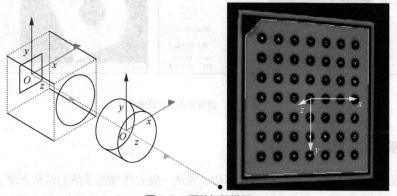

图 2.69　面阵相机模型

面阵相机的内参数：[Focus,Kappa,Sx,Sy,Cx,Cy,ImageWidth,ImageHeight]。

① Focus：焦距，初始值是所用透镜的标称焦距，远心透镜初始值是 0。

② Kappa：畸变系数，模拟透镜的径向畸变。

③ Sx，Sy：面阵相机芯片的成像单元水平和垂直尺寸。若相机成像时有采样处理，将影响该参数。

④ Cx，Cy：图像的行列正中心，主点中心（径向畸变的中心）。

⑤ ImageWidth，ImageHeight：图像的水平和竖直方向的像素个数。

面阵相机的外参数：[TransX,TransY,TransZ,RotX,RotY,RotZ]。

① TransX：沿相机坐标系的 x 轴平移。

② TransY：沿相机坐标系的 y 轴平移。

③ TransZ：沿相机坐标系的 z 轴平移。

④ RotX：围绕相机坐标系的 x 轴旋转。

⑤ RotY：围绕相机坐标系的 y 轴旋转。

⑥ RotZ：围绕相机坐标系的 z 轴旋转。

这 6 个参数描述了面阵相机 3D 姿态，即世界坐标系相对于相机坐标系的位置和方向。三个参数（TransX，TransY，TransZ）描述了平移，三个参数（RotX，RotY，RotZ）描述了旋转。使用标准校准板时，原点位于校准板表面的中间。在这两种情况下，坐标系的 z 轴指向校准板，x 轴指向右边，y 轴指向下方。

（2）透视匹配

利用透视变换原理，需要稳定的检测对象的透视畸变，故镜头的焦距要小，物体不可放置很远，避免投影变换变为仿射变换，使估计姿态变得困难。

透视匹配只适用于定义良好的同一平面区域的感兴趣（对识别和匹配有帮助的）轮廓组成，不在同一平面区域的轮廓要除去。在透视匹配前需要将匹配对象的模型放在相机视野范围内并采用示教姿态，建立匹配模板。

图 2.70（a）所示为编辑后的透视匹配模板，图 2.70（b）所示为基于透视匹配的定位结果。本书第 10 章机器人视觉引导就是以本小节理论为基础的。

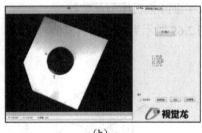

（a） （b）

图 2.70 透视匹配处理图像

2.7.3 3D 感知和匹配的理论基础

本小节介绍 3D 感知中的工程学和数学基础，先从一般立体视觉系统的结构入手，通过几何分析对问题进行简单说明，引导读者进阶学习，然后简单介绍工程实践中相机标定的注意事项。最后介绍 3D 数据获取和标定。

1. 一般立体视觉系统结构

图 2.71 所示为常见的立体视觉系统，两台相机同时观察同一个工作区。在机器视觉中，常常采用右手坐标系，z 轴的负方向由相机向外，这样距离相机较远的点，其深度坐标的负值就较大。两相机 C_1 和 C_2 观测相同的 3D 工作区。工件上的点 P 在第一幅图中的投影为 ^1P，在第二幅图中的投影为 ^2P。

在本章中，我们采用正深度坐标，但有时候使用另一套坐标系。图 2.71 所示的立体视觉结构，不需要对两台相机安装位置提出特殊要求。两台相机观察工作台上相同的工件区，这时工作台就是一个完整的 3D 世界，并且有自己的世界坐标系 W。可以直观地看到，工作区中 3D 点 $^WP = [^WP_x, ^WP_y, ^WP_z]$ 的位置，可通过两条投影线 $^WP^1O$ 和 $^WP^2O$ 的交点确定。计算交点的数学推导过程和计算方法不难，但测量误差会使问题变得复杂。

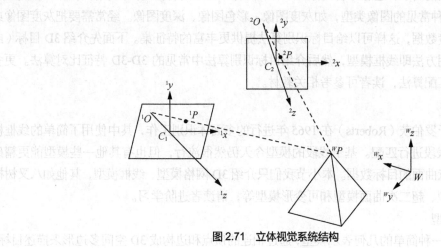

图 2.71　立体视觉系统结构

为了进行图 2.71 所示的立体视觉结构的计算，需要已知下列条件。

- 首先要知道相机 C_1 在工作区 W 中的位置，以及相机的一些内部参数，如焦距。这些信息用相机矩阵（Camera Matrix）来表示，对每一个图像点 ^1P 通过该矩阵确定了 3D 空间中的一条光线。利用相机标定过程可以得到这些信息。
- 同样要知道相机 C_2 在工作区 W 中的位置和它的内部参数，也就是需要它的相机矩阵。
- 要找出 3D 图像点与两个 2D 图像点 $(^WP, ^1P, ^2P)$ 之间的对应关系。
- 要有公式来计算两条投影线 $^WP^1O$ 和 $^WP^2O$ 的交点 ^WP。

图 2.71 中包含两台相机，它们在世界坐标系中的位置要进行标定。通过计算对应图像点的投影线的交点，得到 3D 图像点的坐标。

2. 相机标定技术

空间物体表面某点的三维几何位置与其在图像中对应点的相互关系是由相机成像的几何模型决定的，这些几何模型参数就是相机参数，为了得到这些参数而进行的实验与计算的过程称为相机标定，前文已介绍。

标定技术对机器视觉的重要性就如同刻度对于标尺的重要性一般，因而随着机器视觉技术的不断发展，标定技术的研究也被越来越多的人重视。它也从最初的对标定结果的低精度要求和对标定参照物的高精度要求，发展到现在对标定结果的较高精度要求和对参照物的相对低精度要求。

3. 3D 数据获取和标定

深度数据必须根据一系列物体表面的视图得到，一般 8～10 个视图就可以了，但对于复杂物体或者是精度要求严格的情况下，还必须要有更多的视图。但视图越多，计算量越大，因此视图并非越多越好。

深度数据可以采用市面上容易获得的 3D 相机获取，也可以采用两台及以上的普通工业相机，构成一个双目视觉系统。3D 相机一般提供了相机标定的方法和函数库。

2.7.4　3D 模板和匹配

本小节介绍如何建立 3D 标准模板（Model），并用它进行 3D 匹配。对于机器视觉来说，目标表示必须符合目标识别的要求,这意味着目标表示和从图像中抽取的特征之间必须有一定的对应关系。3D 目标识别中有几种常见的图像类型,如灰度图像、彩色图像、深度图像。经常需要把灰度图像或彩色图像匹配到深度数据,这样可以给目标识别算法提供更丰富的特征集。下面先介绍 3D 目标(或模板)表示的最常用方法即线框模型,然后介绍目标识别算法中常见的 3D-3D 特征比对算法。更多的模型表示方法和匹配算法,读者可参考相关教材。

1. 模板表示

机器视觉开始于罗伯茨(Roberts)在 1965 年进行的多面体识别工作,其中使用了简单的线框模型,与图像中的直线段进行匹配。基于线段的模型今天仍然很流行,但也有其他一些模型能更精确地表示曲面甚至任意曲面的目标数据。本小节我们只介绍 3D 网格模型、线框模型,其他如八叉树模型、广义圆柱体模型、超二次曲面模型和可变形模型等,请读者进阶学习。

(1) 3D 网格模型

3D 网格模型是一种简单的几何表示模型,通过相连的顶点和边构成 3D 空间多边形来描述目标。任意多边形可构成任意结构的网格。由类型相同的多边形构成的网格是规则网格(Regular Mesh),常用的三角形网格(Triangular Mesh)全部由三角形组成。网格可以用不同的分辨率表示目标物体,从粗略估算到很高的细节分辨均可。图 2.72 所示为同一条狗不同分辨率的三个网格模型。它们可用于图形绘制或者利用深度数据进行目标识别。当用于识别时,要定义特征抽取算子,目的是从用于匹配的深度数据中抽取特征。

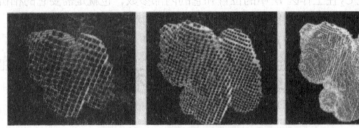

图 2.72 不同分辨率的小狗网格模型

(2) 线框模型

因为早期的 3D 视觉系统大多处理多边形目标,在识别或位姿估计中,边就是主要的局部特征。仅由目标的边和顶点组成的 3D 目标模型,称为线框(Wire-Frame)模型。线框模型中,假设目标表面是平面并且目标只含直线边。

线框模型广泛应用于机器视觉中,它的一个推广形式是"表面-边-顶点"模型。表面-边-顶点表示一个数据结构,包括目标的表面、边、顶点,通常还包括一些拓扑关系,说明表面在边的哪一侧、顶点在边的哪一端。当目标是多边形时,表面是平面,边是直线段。这个模型也可以推广到曲边和曲面。

图 2.73 举例说明了表面-边-顶点数据结构,它在 3D 目标识别系统中表示目标模型的数据库。这个数据结构是分层的,最高层是 world,然后不断向下到最底层的面和弧。图中的方框中带标记的字段[name,type,<entity>,transf],表示<entity>类集合中的元素。集合中的每个元素都有名字、类型、实体的指针和 3D 变换,对实体进行 3D 变换将产生一个旋转和平移实例。如世界有一个 objects 集合,在这个集合中命名了不同的 3D 目标模型实例。任何给出的目标模型都在自己的坐标系中进行了定义。通过变换可以单独确定实例在世界坐标系中的位置。

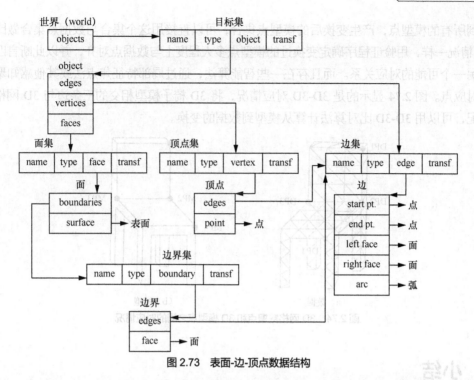

图 2.73 表面-边-顶点数据结构

每个目标模型都包括三个集合：边、顶点和面。顶点有一个相关的 3D 点和相交于此点的边的集合。边有起点、终点、左边的面、右边的面，如果不是直线边，还要有一条弧定义的形态。面有一个定义其形状的表面与包含其外边界和孔边界的边界集合。边界有一个相关的面和边的集合。这里没有定义最底层的实体-弧、表面和点。表面和弧的表示与应用背景以及所需的精度与平滑性有关。它们可以用公式表示，或者进一步分解为表面片和弧段。点仅是坐标为（x,y,z）的向量。

2. 3D 匹配

下面我们只讨论几何模型比对匹配中的 3D-3D 比对。关于其他匹配的方法，如 3D-2D 比对、关系模型匹配、功能模型匹配等，读者可阅读相关资料。

（1）3D 目标比对识别与 2D 几何特征匹配的原理相同。确定图像数据点集是否与 3D 目标模型匹配。

① 在模型点集和图像数据点集之间假设一个对应关系。

② 利用这个对应关系求模型到数据的变换。

③ 把这个变换应用到模型点上，产生变换后的模型点集。

④ 将变换后的模型点集和数据点集进行比较，以证实假设的正确性。

（2）3D-3D 比对。

假设 3D 模型是 3D 模型点特征的集合，或者 3D 模型可以转换为 3D 模型点特征的集合。如果是深度数据，那么匹配就需要相应的 3D 数据点特征。比对过程是寻找从三个选定模型点特征到三个对应数据点特征之间的对应关系。这个对应关系决定了包括 3D 旋转和 3D 平移的 3D 变换，把这个变换应用到前述的三个模型点就会得到对应的三个数据点。如果点的对应关系正确并且没有噪声，那么可以通过这三对匹配点求得正确的 3D 变换。实际上很少有这种理想情况。

所以一般用 10 组对应点以得到更稳健的结果。任何情况下，一旦算出可能的变换，就把这个变换应用到所有的模型点，产生变换后的模型点集合，可以直接用这个集合与数据点集合做比较。和 2D 中的情况一样，用验证程序确定变换过的模型点多大程度上与数据点对齐，并以此断言匹配成功或尝试另一个可能的对应关系。而且存在一些智能算法，通过局部特征焦点法或其他感知聚类技术来选择对应点。图 2.74 显示的是 3D-3D 对应情况，将 3D 椅子模型相交的三条边与 3D 网格数据集进行匹配，可以用 3D-3D 比对算法计算从模型到数据的变换。

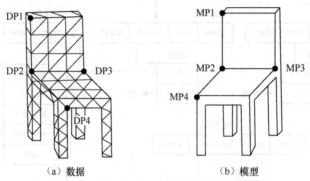

（a）数据　　　　　　　　　（b）模型

图 2.74　3D 网格数据点和 3D 模型点之间的对应情况

2.8　小结

本章简明地介绍了机器视觉里常见的视觉算法工具背后的算法基础，包括图像的生成和表示、图像的存储格式、图像处理及图像分析。图像处理包含了图像线性变换、形态学处理、空间域滤波、频率域滤波等。图像分析环节重点讲解 BLOB 分析、2D 定位、3D 识别等，基本涵盖了本书后续内容的算法基础。更高级的算法包括彩色视觉、机器人引导、深度学习等内容将用单独的章节结合视觉应用案例，在第 3 篇进行介绍。

习题与思考

1. 数字图像文件格式有哪些？请举例说明。

2. 本章中图像的基本变换有什么应用？请举例说明。

3. 阐述傅里叶变换在图像分析中的作用。

4. BLOB 分析有哪些应用场景？请举例说明。

5. 几何特征匹配相比相关性分析具有哪些优缺点？

6. 从 2D 图像中获取 3D 信息的方法有哪些？获取 3D 图像的方法有几种？

7. 简述 3D 识别的理论基础，它有哪些应用？

第 3 章　工业相机

第 2 篇

机器视觉系统核心部件

　　作为一种较复杂的光机电一体化系统，完整的机器视觉系统一般由包含相机、镜头、光源的光学成像单元，图像处理单元，图像分析软件，监视器，控制接口电路，通信输入/输出单元等主要部分组成。机器视觉发展到今天，新产品不断涌现，旧产品逐渐退出历史舞台，用户面临的问题是"Make or Buy"（做还是买）的决定。无论是买还是自制，用户都需要了解本篇介绍的视觉系统的几种常用器件，包括相机、镜头、光源、光源控制器。如果用户打算买一套视觉系统，除以上的知识外，还需要了解什么是智能相机、视觉传感器、三维视觉传感器等。标准的视觉系统呈现给用户的价值就是它把一些核心技术的底层算法全部打包在一个叫作智能相机或视觉传感器的设备里面，呈现给用户的是通用的用户界面。用户不需要编程序、也不需要写代码，在软件界面上通过功能选取和设置，就可以配置出一套可以有效运行的视觉系统，这使得机器视觉的实现变得非常简单。

　　本篇将详细讲解机器视觉系统各核心组成部分的基础理论知识和工作原理，既包含硬件部分，也包含软/硬件结合的内容，如视觉传感器、智能相机等。

相机是视觉系统的"眼睛",为视觉系统源源不断地提供关于应用场景的图像信息。相机在工业应用场景中被称为"工业相机",不同于普通相机的是,它是工业级的产品,每周 7 天、每天 24 小时工作,稳定性和可靠性高。如无特别说明,本书所讲的相机都指的是工业相机,配套用的镜头和光源指的也是工业相机的镜头和光源。本章将介绍工业相机的基础知识,着重介绍面阵相机、线阵相机、三维视觉传感器等产品。

如图 3.1 所示,工业相机是机器视觉系统中的一个关键组件,其本质就是将光信号转换为有序的电信号,形成图像后输出,以便软件处理。选择合适的相机是机器视觉系统设计中的重要环节。相机的选择不仅直接决定采集到的图像分辨率、图像质量,同时也与整个系统的运行模式相关。

图 3.1　工业相机

3.1　工业相机基础知识

本节将主要介绍工业相机基础知识,包括相机传感器芯片的对比、相机接口规格、触发模式及其部件性能和操作说明等。

3.1.1　CCD 和 CMOS 传感器芯片

工业相机传感器芯片又称为感光芯片,是相机的核心部件,其主要功能是将光信号转换成电信号,目前相机常用的传感器芯片有 CCD 和 CMOS。相机按照芯片类型可以分为 CCD 相机和 CMOS 相机。

1. CCD 传感器芯片

CCD 传感器芯片是一种光电转换器件,光电效应使半导体元件表面产生电荷,所有的电荷全部经过一个"放大器"进行电压转换,形成电信号。当对它施加特定时序的脉冲时,其存储的信号电荷便可在 CCD 内做定向传输而实现自扫描。它主要由光敏单元、输入结构及输出结构等组成。CCD 的三种常见结构如下。

（1）全帧转移

全帧转移（Full Frame Transfer）是指感光区和储存区在一起,感光单元也是电荷寄存器,如图 3.2 所示。它的优点是填充因子（Fill Factor）可达到 100%,传感器灵敏度高;缺点是由于传输和读出使用的时钟相同,

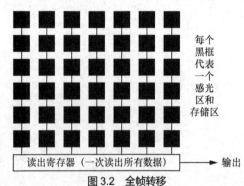

每个黑框代表一个感光区和存储区

读出寄存器（一次读出所有数据） → 输出

图 3.2　全帧转移

导致上方的感光元件曝光时间比下方的长，从而造成拖尾（Smear，也叫弥散）现象。通过使用机械快门、频闪光源，或者使曝光时间远远大于读出时间，可以尽量减少拖尾。

（2）帧传输

帧传输（Frame Transfer）是指感光区和存储区完全分开，且大小相等，如图 3.3 所示。它的优点是填充因子可达到 100%，在读出过程中，可对下一帧曝光。在曝光时间较长的情况下，帧传输的漏光现象比全帧转移少很多。其缺点是需要感光区和存储区两个独立装置，成本高。

（3）行转移

行转移（Interline Transfer）是指单个像素单元面积中包含了感光区（感光传感器）和存储区（垂直移位寄存器），如图 3.4 所示。它的优点是转移时间非常短，约为 1μs，因此不会出现拖尾现象，不需要使用机械快门或频闪光源；缺点是屏蔽区占用了传感器的部分面积，因此传感器填充因子只能为 20%~70%。添加微透镜可以增加填充因子。

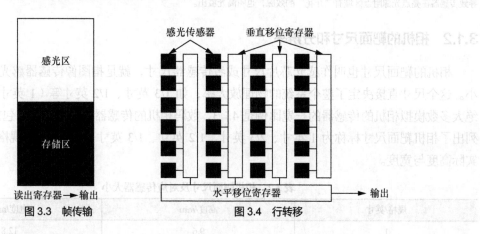

图 3.3　帧传输　　　　　　　　　　　　　图 3.4　行转移

2. CMOS 传感器芯片

如图 3.5 所示，CMOS 传感器芯片的每一个像素都有一个单独的放大器转换输出，因此 CMOS 传感器能够在短时间内处理大量数据。在每个像素单元中，除感光传感器部分外，还有放大器和读出电路部分。整个 CMOS 传感器还集成了读出寄存器、模/数转换器等。

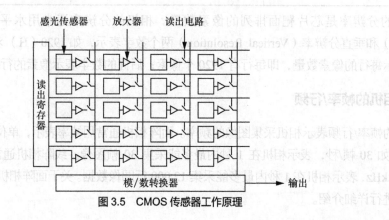

图 3.5　CMOS 传感器工作原理

3. CCD 与 CMOS 的对比

CCD 和 CMOS 是现在工业相机常用的传感器芯片，性能各有优劣，如表 3.1 所示。

表 3.1 CCD 与 CMOS 的对比

传感器芯片	优势	劣势
CCD	• 图像质量高，信噪比高； • 光灵敏度高； • 对比度高	• 有光晕现象； • 不能直接访问单个像素单元； • 无片上处理功能
CMOS	• 体积小，功耗低，帧率更高； • 片上数字化，含片上处理功能； • 没有光晕现象； • 可直接访问单个像素单元； • 高动态范围（120dB）	• 一致性较差； • 光灵敏度低； • 噪声大

注：光晕（Blooming）指当成像视野中存在亮度较高的点光源或亮区域时，由于 CCD 器件局部光电子饱和并向周围像素溢出，导致传感器在亮点光源附近区域有"开花"的效应，也叫高光溢出。

3.1.2 相机的靶面尺寸和分辨率

相机的靶面尺寸也叫作感光芯片尺寸或者传感器尺寸，就是指图像传感器感光区域的面积大小。这个尺寸直接决定了整个系统的物理放大率，如 1/3 英寸、1/2 英寸等（1 英寸=2.54 厘米）。绝大多数模拟相机的传感器的长宽比例是 4：3，数码相机的传感器的长宽比例则包括多种。表 3.2 列出了相机靶面尺寸标称为 1 英寸、2/3 英寸、1/2 英寸、1/3 英寸、1/4 英寸各规格对应的传感器实际高度与宽度。

表 3.2 相机靶面尺寸及对应传感器大小

规格/英寸	高度/mm	宽度/mm
1	9.6	12.8
2/3	6.6	8.8
1/2	4.8	6.4
1/3	3.6	4.8
1/4	2.7	3.6

相机的分辨率是芯片靶面排列的像素数量。相机的分辨率通常用水平分辨率（Horizontal Resolution）和垂直分辨率（Vertical Resolution）两个数字表示，如 1920（H）×1080（V）。其中前面数字表示每行的像素数量，即每行有 1920 个像素；后面的数字表示像素的行数，即 1080 行。

3.1.3 相机的帧率/行频

相机的帧率/行频表示相机采集图像的频率。面阵相机通常用帧率表示，单位为帧/秒（Frame Per Second）。如 30 帧/秒，表示相机在 1 秒内最多能采集 30 帧图像。线阵相机通常用行频表示，单位 kHz。如 12kHz，表示相机在 1 秒内最多能采集 12 000 行图像数据。关于面阵相机和线阵相机的内容，将在后面进行详细介绍。

3.1.4 相机的快门速度和曝光方式

相机的快门速度和曝光方式是决定图像亮度的重要参数。一般来说，快门速度越低，曝光时间越长，图像亮度越大。

1. 快门速度

CCD/CMOS 相机多采用电子快门，通过电信号脉冲的宽度来控制传感器的光积分（曝光）时间。一般性能的相机快门速度（Shutter Speed）可以达到 $10^{-5} \sim 10^{-4}$s。

（1）卷帘快门（Rolling Shutter）：是多数 CMOS 传感器上使用的快门，其特征是逐行曝光，行与行的曝光时间不同。

（2）全局快门（Global Shutter）：是 CCD 传感器和越来越多的 CMOS 传感器采用的快门，其特征是传感器上所有像素同时曝光。

2. 曝光方式

（1）行曝光（卷帘曝光）：同一行上的像素同时曝光，不同行的曝光起始时间不同。每行的曝光时长是相同的，行间的延迟不变，适用于拍摄静止的物体，拍摄运动物体时，图像会偏移。

（2）帧曝光（全局曝光）：传感器阵列中所有像素同时曝光，曝光周期由预先设定的快门时间确定，拍摄运动物体时，图像不会偏移，不会失真。

3.1.5　相机的增益和白平衡

相机的模拟信号可以被放大。当模拟信号过于弱小而导致成像质量很差时，可以放大其模拟信号进而改善图像成像质量。所谓的相机增益是指放大倍数，工业相机不同增益时图像的成像质量不一样。增益越小，噪点越少；增益越大，噪点越多，特别是暗处。

白平衡是一个很抽象的概念，通俗的理解就是让白色所成的像依然为白色。针对彩色相机，白平衡就是针对不同色温条件下，调整相机内部的色彩电路，使拍摄出来的影像抵消偏色，更接近人眼的视觉习惯。

3.1.6　相机的触发模式

相机支持两种输出模式：连续和触发。连续模式下，相机将输出动态图。触发是一种被动模式。触发模式下，相机进入准备状态，触发信号产生后，相机开始曝光，输出图像。相机的触发模式分两种，即硬件触发和软件触发。

1. 硬件触发

一般工业相机都内置了物理 I/O 接口，通过 I/O 接口触发相机拍照取图的方式叫作硬件触发。

2. 软件触发

通过取图软件或者视觉处理软件触发相机拍照取图的方式叫作软件触发。

3.1.7　相机的接口

相机接口指的是相机与计算机的通信接口。常见的相机接口有 USB、1394、GigE、CameraLink 等。选择相机接口主要根据信息的传输速率，还应考虑稳定性（工作环境对相机的影响）。表 3.3 所示为几种常见的相机接口性能比较。

表 3.3　常见的相机接口性能比较

接口	速度/(MB/s)	距离/m	优势	缺点
USB 2.0	48	5	易用，价格低，可以多相机接入	无标准协议；CPU 占用高；线长受限
1394A	32	4.5	易用，价格低，可以多相机接入；传输距离远，实际线缆可达到 17.5m，光纤传输可达 100m；有标准 DCAM 协议；CPU 占用率较低	长距离传输线缆价格稍贵
1394B	64	10		
CameraLink	600	10	带宽高；有带预处理功能的采集设备；抗干扰能力强	价格高；线缆中不带供电
GigE	100	100	易用，价格低，可以多相机接入；传输距离远；标准 GigE 控制协议	CPU 占用稍高；对主机配置要求高；有时存在丢包现象
USB 3.0	400	5	易用，价格低，可以多相机接入；传输速度快	线长受限

3.1.8　相机的取图协议

相机取图是指相机拍摄的图像传输到控制器，以便软件处理。根据相机不同接口，在通信上需要不同的协议，如 USB 通信协议和 IEEE 1394 通信协议等。目前市面上使用最多的是 GigE（千兆以太网）接口。

1. GigE 与标准千兆以太网的区别

GigE 也是千兆以太网，它与标准千兆以太网在硬件架构上基本一样，只是在底层的驱动软件上有所区别，对网卡的要求有微小区别。GigE 主要解决标准千兆以太网的两个问题。

（1）数据包小而导致的传输效率低。标准千兆以太网的数据包为 1440B，而 GigE 采用的 "Jumbo packet"（巨型包），其最大数据包可达 16224B。

（2）CPU 占用率过高。标准千兆以太网采用 TCP/IP，在部分使用 DMA 控制以提高传输效率的情况下，可做到传输速率 82MB/s 时 CPU 占用率为 15%。GigE 采用 UDP/IP，完全采用 DMA 控制，大大降低了 CPU 的占用率，在同等配置情况下可做到传输速率 108MB/s 时 CPU 占用率为 2%。

2. GigE 相关协议和技术

（1）GigE 控制协议（The GigE Vision Control Protocol，GVCP），该协议是 UDP 传输协议的应用层协议，定义如何控制和配置摄像头等兼容设备，还定义流通道，并且控制摄像头发送图像、传输数据到计算机。

（2）GigE 流协议（The GigE Vision Stream Protocol，GVSP），定义数据类型并且详细描述图像如何通过千兆以太网传输。

（3）GigE 设备发现机制（The GigE Device Discovery Mechanism，GDDM），定义工业摄像头或者其他兼容设备如何获取 IP 地址。

（4）GigE 标准是基于 GenICam 标准的 XML 描述文件，提供等效于计算机可以读取的数据表文件，实现工业摄像头控制和图像流获取。

3. GigE 的特点

（1）带宽可达到 1000Mbit/s，图像可以无损失实时传输。

（2）在图像无损失的情况下，最远可传输 100m，传输效率高。

（3）采用标准的网络连接器，线缆成本低。

（4）带宽易于升级，包括 10Mbit/s、100Mbit/s、1000Mbit/s、10000Mbit/s 等，在工业机器视觉中有较好的应用前景。

（5）通信控制方便，软硬件互换性强，可靠性高。

（6）GigE 标准委员会的主要成员都是国际上有影响力的图像系统软硬件提供商。

3.1.9　相机选型

相机选型将决定视觉项目的成败，本小节就以下几点介绍相机选型的基本方法，从而明确相机选型的步骤和要领。

1. 明确客户需求

首先确定相机用于动态检测还是静态检测，如果是动态检测，则需确定检测物体的运动速度，这可能会影响后续快门速度、曝光时间和光源的设计。还要确定相机观测的视野大小，确定检测产品的精度要求。

2. 根据客户需求确定硬件参数

硬件的相关参数是指相机的各个元器件的参数，如传感器芯片的型号、尺寸等会影响其性能。因此在确定硬件类型前要先确定其相关参数，如客户技术要求需要达到的精度、取图速度、视野、安装位置等都直接影响相机的选型。

3. 确定色彩要求

（1）工业相机分彩色与黑白两种，两者之间存在差异。一般来说彩色相机的清晰度相对较低，黑白相机的灵敏度相对较低。

（2）只有在需要检测颜色信息的场合，如医学电子目镜、彩色印刷品检测等，才需要使用彩色相机，其他如文字识别、尺寸测量等，一般选用黑白相机。

（3）特殊情况：有一些检测场合不需要检测颜色信息，但检测物体是彩色的，而且目标和背景的灰度级接近，这时使用黑白相机则对比度不强。如果采用彩色相机，可以通过设置不同的 RGB 增益，起到增强对比度的效果，因此这种情况要选择彩色相机。

4. 确定精度要求

相机的分辨率是指相机传感器芯片所含像素的多少和尺寸大小，如 130 万像素相机的分辨率为 1280×1024。为了达到客户对检测的精度的要求，就必须选择一种合适的分辨率的相机，因为检测的精度与相机分辨率、检测视野的大小是密切相关的。确定了视野和精度后可以根据以下公式来选择相机的分辨率：分辨率=视野/精度，精度=视野/分辨率。假设视野的 X 方向即水平方向，Y 方向即垂直方向。

① X 方向系统精度=X 方向视野范围尺寸/传感器芯片水平方向像素数量（X 方向）。

② Y 方向系统精度=Y 方向视野范围尺寸/传感器芯片垂直方向像素数量（Y 方向）。

5. 相机传感器芯片的选择

（1）同等分辨率的情况下，CCD 相机的成像效果要比 CMOS 相机好，价格也贵一些，分辨率越高的 CCD 相机价格越贵。因此在精度要求不太高的情况下，可选择 CMOS 相机，精度要求很高的情况才选用 CCD 相机。

（2）实际上近年来得益于技术的发展，CMOS 传感器芯片的性能也赶上了 CCD 传感器芯片。凭借高速（帧速率）、高分辨率（像素数）、低功耗、改良的噪声指数、动态范围、量子效率及色彩等各方面优势，CMOS 芯片逐渐在由 CCD 芯片占据的领域里取得了一席之地，所以在满足性能要求的前提下，考虑性价比优势，选用 CMOS 相机较为合适。

3.1.10 不同品牌相机介绍

本小节简介我国市场上比较有代表性的相机品牌。

1. 大恒图像水星相机

水星 MER-G-P 系列相机（见图 3.6）是由大恒图像自主研发的 GigE PoE 接口相机，支持以太网供电（Power over Ethernet，PoE），兼容 IEEE 802.3af 标准，安装、使用方便。该系列相机性能出色、外形小巧、性价比高，提供多种不同分辨率、帧率的型号，并配备各大制造商生产的 CCD 或 CMOS 传感器芯片供选择。MER-G-P 系列相机集成 I/O 接口，提供

图 3.6　水星相机

线缆锁紧装置，能稳定工作在各种恶劣环境下，是高可靠性、高性价比的工业相机产品，适用于工业检测、医疗、科研、教育及安防等领域。

2. 宝视纳 ace2 相机

宝视纳（Basler）ace2 相机如图 3.7 所示，在进口产品市场的占有率颇高。该系列不但具有卓越的品质和出色的性能，并且经济实惠。相机外形小巧，提供 29mm×29mm×44mm 和 30mm×44mm×44mm 两种外形尺寸。ace2 系列正是凭借这些优点跻身热卖相机的行列。ace2 系列有多种相机型号，是市面上产品线较丰富的工业图像处理相机系列之一。

3. 视觉龙 VDC 相机

视觉龙 VDC 相机如图 3.8 所示，具有很小的尺寸（29mm×29mm×29mm），支持曝光完成事件通知功能，可编程设置增益、曝光时间、白平衡，支持查找表。它可输出多种格式图像数据：MONO08、MONO12、BAYER RG8、BAYER RG1。它支持输出闪光灯同步信号，实现曝光和补光的精确同步。彩色相机提供颜色校正功能，提高采集图像的色彩还原度，可直接连接 Dragon Vision 等第三方软件。

图 3.7　ace2 相机

图 3.8　VDC 相机

3.1.11 相机文档/手册解读

一般相机文档/手册会提供不同型号相机对应的分辨率、像素、帧率、图像传感器的尺寸和类型

（CCD 还是 CMOS）、接口类型，以及是彩色相机还是黑白相机，这些都是选择工业相机的重要依据。相机选型时必须根据技术要求合理选型，以视觉龙 VDC 相机为例，如表 3.4 所示。相机尺寸如图 3.9 所示。读者也可通过扫描二维码了解更多相机选型。

相机选型

表 3.4 VDC 相机选型表

相机型号	分辨率	像素尺寸	帧率	传感器	光谱	数据接口
VDC-M030-A120-E	656（H）×492（V）	5.6μm×5.6μm	120 帧/秒	1/4 英寸 CCD	黑白	GigE
VDC-C030-A120-E	656（H）×492（V）	5.6μm×5.6μm	120 帧/秒	1/4 英寸 CCD	彩色	
VDC-M132-A030-E	1292（H）×964（V）	3.75μm×3.75μm	30 帧/秒	1/3 英寸 CMOS	黑白	
VDC-C132-A030-E	1292（H）×964（V）	3.75μm×3.75μm	30 帧/秒	1/3 英寸 CMOS	彩色	
VDC-M200-A14-E	1628（H）×1236（V）	4.4μm×4.4μm	14 帧/秒	1/1.8 英寸 CMOS	黑白	
VDC-C200-A14-E	1628（H）×1236（V）	4.4μm×4.4μm	14 帧/秒	1/1.8 英寸 CMOS	彩色	
VDC-M500-A14-E	2592（H）×1944（V）	2.2μm×2.2μm	14 帧/秒	1/2.5 英寸 CMOS	黑白	
VDC-C500-A14-E	2592（H）×1944（V）	2.2μm×2.2μm	14 帧/秒	1/2.5 英寸 CMOS	彩色	
VDC-M1070-A10-E	3840（H）×2748（V）	1.67μm×1.67μm	10 帧/秒	1/2.3 英寸 CMOS	黑白	
VDC-C1070-A10-E	3840（H）×2748（V）	1.67μm×1.67μm	10 帧/秒	1/2.3 英寸 CMOS	彩色	

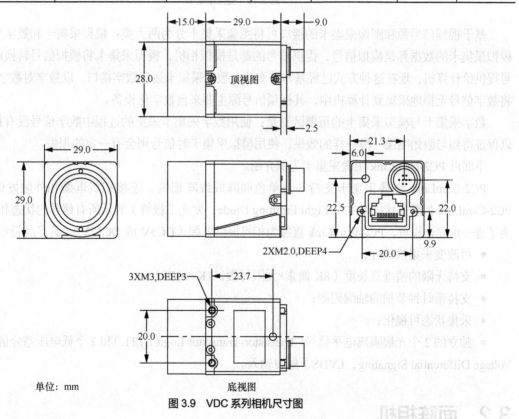

单位：mm

图 3.9 VDC 系列相机尺寸图

如 VDC-M030-A120-E 表示像素为 30 万、帧率为 120 帧/秒、传感器感光芯片为 1/4 英寸 CCD 芯片、GigE 接口、支持网卡供电的黑白相机。

3.1.12 图像采集卡

图像采集卡（Frame Grabber，FG）是将模拟相机的信号经过模/数转换，或将数码相机的输出信号，通过计算机总线传输到计算机内存或显存，使计算机能对相机拍摄到的现场图像进行实时处理、存储和显示的硬件设备，如图 3.10 所示。

图 3.10　图像采集卡

基于视频信号源和图像采集卡的接口可将图像采集卡分为两大类：模拟采集卡和数字采集卡。模拟采集卡的数据源是模拟信号，提供信号的都是模拟相机，模拟采集卡将模拟信号转换成数字信号提供给计算机，现在这种方式已经基本被淘汰。数字采集卡通过数字接口，以数字对数字的方式，将数字信号无损地采集到计算机中，其视频信号源主要来自数字化设备。

数字采集卡与模拟采集卡的重要区别是：使用数字采集卡采集的过程中数字信号没有损失，可以保证得到与原始图像一模一样的效果，使用模拟采集卡时信号则会有一定的损失。

下面以 PC2-CamLink 图像采集卡为例介绍。

PC2-CamLink 图像采集卡支持一台单色面阵或线阵相机。连接相机电缆和外触发信号后，PC2-CamLink 板载的状态 LED（Light Emitting Diode，发光二极管）显示所有信号的状态和活跃度。为了进一步简化设置，PC2-CamLink 直接为相机提供电源（DC5V 或 DC12V）。其产品特点如下：

- 可改变采集帧长度；
- 支持无限的帧垂直长度（8K 像素×无限行数，1K=1024）；
- 支持带时钟节拍的轴编码器；
- 采集状态可视化；
- 独立的 2 个光耦隔离电平信号（Transistor-Transistor Logic，TTL）和 2 个低电压差分信号（Low Voltage Differential Signaling，LVDS）触发输入。

3.2　面阵相机

面阵相机是机器视觉项目应用最广泛的一种相机，本节将从工作原理、特点、应用领域和主要参数等几个方面介绍。

3.2.1 面阵相机概述

面阵相机是以矩阵面为单位来进行图像采集的，每次采集的都是一幅矩阵图。一般情况下，相机按照分辨率大小可以分为普通产品和高端产品，2000 万像素以下为普通产品，2000 万像素以上为高端产品。面阵相机应用面较广，可用于面积、形状、尺寸、位置等的测量。

3.2.2 面阵相机基础知识

像元是传感器芯片上光敏元件的代称，是传感器芯片组成的基本单元，也可以理解为像素，它也是分辨率的重要指标，一般说的单反相机或者手机相机的多少万像素都是指这个单元。面阵相机按像元阵列排列，可以实现像素矩阵拍摄。阵列中的每个像元对应一个像素，被拍摄的目标的一个面成像。相机拍摄目标时，目标与相机之间可以是静止的，也可以是相对运动的。面阵相机可以在短时间内曝光，并一次性获取完整的目标图像，具有测量图像直观的优势，常应用于测量目标物体的形状、尺寸等信息。面阵相机工作原理如图 3.11 所示。

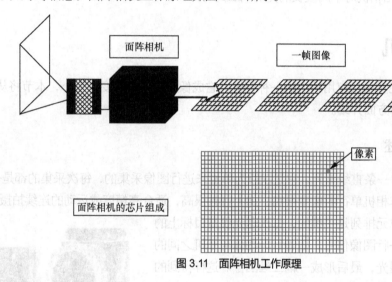

图 3.11 面阵相机工作原理

1. 面阵相机的特点

（1）灵活的精度选择。相机分辨率可以选择 30 万～4300 万像素或更高，根据不同项目技术要求，芯片可以是 CCD 和 CMOS，曝光方式可以是帧曝光、行曝光等。

（2）数据传输接口的通用和便利性。相机和处理器连接一般采用 GigE、USB 3.0、USB 2.0、IEEE 1394 等通用接口，不像线阵相机需要专门的图像采集卡。

（3）成本低廉。近年来我国面阵相机产业发展很快，相机成本大幅度降低。

2. 面阵相机的应用领域

（1）定位：机器人定位引导，计算机数控（Computer Numerical Control，CNC）加工定位引导，手机贴装引导等。

（2）检测：检测产品的点、线、面、字符、位置等与标准品的差异。

（3）测量：精确测量被测物体的边缘尺寸（包括直径、长度、宽度等）。

3. 面阵相机的主要参数

（1）传感器尺寸：指传感器芯片的尺寸，一般有 1 英寸、2/3 英寸、1/2 英寸、1/3 英寸、1/4 英寸等规格。

（2）分辨率：指传感器行和列像素排列的数量。

（3）帧率：指相机每秒采集多少幅图像，单位为帧/秒。

（4）像素尺寸：指传感器芯片像素的实际物理尺寸。

（5）像素深度：指像素灰度的等级，一般来说深度为 8 位的灰度等级范围为 0～255，10 位深度的灰度等级范围为 0～1023。

（6）触发方式：指控制相机采集图像的方式，一般有软件触发和硬件触发。

（7）镜头接口：指接驳镜头的规格，一般有 C 口、CS 口、F 口等。

（8）数据传输接口：指数据传输的硬件接口，一般有 GigE、USB、IEEE 1394 等。

（9）动态范围：指相机探测光信号的强度范围。

（10）光谱响应：指相机对不同波长的光的响应能力。

3.3 线阵相机

线阵相机是高端视觉项目应用较广的一种相机，它成像质量好，畸变非常小，本节将从工作原理、特点、应用领域等方面介绍。

3.3.1 线阵相机概述

线阵相机的像素呈一条直线排列，它是以线为单位来进行图像采集的，每次采集的都是一条线，再合成一幅图像。线阵相机单行的像素很高，加上行频很高，适合高精度或运动的连续拍摄。

线阵相机的感光单元排列是一维的，每次曝光仅是目标上的一条线被成像，形成一行图像信号。随着目标物体与相机之间的相对运动，相机连续曝光，最后形成一幅二维图像。这样得到的二维图像幅面宽，像素尺寸较灵活，行频高。线阵相机常应用于二维动态目标的在线检测，如需要极大的视野、极高的精度或被测视野为细长的带状，多用于滚筒上产品的检测问题。线阵相机外形如图 3.12 所示。

图 3.12 线阵相机

3.3.2 线阵相机的应用

线阵相机检测系统主要由线阵相机、运动工作台、控制电路及线光源等组成。线阵相机工作原理如图 3.13 所示。检测对象放置于运动工作台上，随工作台一起以速度 v 向右方行进。检测对象未进入相机视野时，线光源发射的光线直接通过光学成像系统成为一帧灰度值较高的背景图像。当检测对象进入相机视野时，检测对象遮挡光线使采集图像含有检测对象轮廓信息，将所有输出图像按采集的先后关系进行拼接，即可得到完整的高分辨率检测对象图像。

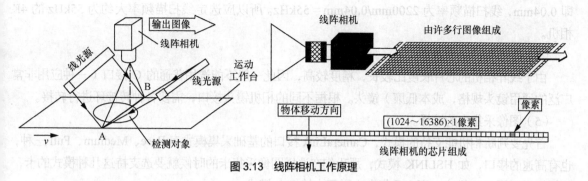

图3.13 线阵相机工作原理

1. 线阵相机的特点

（1）数据传输速率高：线阵相机在对高速运动物体进行拍摄的时候，需要实现单条像素图像输出，并不需要通过附加额外的快门，因此线阵相机具有更高的数据传输速率，更适合高速检测的应用，也能够更好地满足现在工业生产流水线上的物体测量、监控、检测的需求。

（2）高分辨率：线阵相机可以拥有多个单位像素，所以分辨率非常高，非常适用于高精度测量应用，其测量精度可以精确到微米级；同时还适用于连续运动物体成像的应用，克服了面阵相机图像的运动模糊问题。

此外，线阵相机动态范围非常大，灵敏度也非常高，适合工业检测项目中需要大幅面视野的情况。

2. 线阵相机的应用领域

线阵相机的应用领域有：印刷制品检查、大型玻璃检查、粮食色选、LCD 面板检查、PCB 检查、钢铁检查，以及烟草行业、纺织行业等。其共同的生产特点是：幅面较宽、速度快、精度高、流水线上连续性高。

3. 构建线阵相机检测系统

（1）线阵相机检测系统组成。

- 硬件：控制器（如工控机）、线阵相机、线阵相机镜头、图像采集卡、线光源、编码器和触发装置等。

- 软件：视觉控制软件可以接入相机图像数据及对数据进行处理等，如视觉龙的 Dragon Vision 系统，可以接入市面上主流的线阵相机并对采集到的图像进行处理。

（2）工控机选型。

由于线阵扫描信息量大，因此需要一台高性能的工控机，配置大容量的内存和硬盘。

（3）线阵相机选型。

- 第一步：计算分辨率。被检物体宽度（与运动方向垂直）除以最小检测精度得出每行需要的像素值。

- 第二步：计算实际精度。根据第一步像素值选择相机，然后用被检物体宽度除以像素数得出实际检测精度。

- 第三步：计算每秒扫描行数，也就是线扫描速率。运动速度除以精度得出每秒的扫描行数。

如被检物体宽度为 200mm、精度为 0.1mm、运动速度为 2200mm/s，相机分辨率为 200/0.1×2（一般视觉检测精度为单像素精度×2），即 4000 像素。先选择 4K 相机，实际精度为 200mm/4096，即 0.04mm，线扫描频率为 2200mm/0.04mm = 55kHz。所以应选定线扫描频率大约为 55kHz 的 4K 相机。

（4）线阵相机镜头选型。

由于线阵相机的芯片长度比较长，精度较高，因此一般不能选用普通的 C 接口（一种应用非常广泛的通用镜头规格，成本低廉）镜头。根据不同的相机镜头接口，需要各种转接环进行转接。

（5）图像采集卡的选择。

首先要判断相机能支持的模式，CameraLink 接口的基础采集模式有 Base、Medium、Full 三种，也有高速的接口，如 HSLINK 模式，那我们在选择图像采集卡的时候就要选支持这几种模式的卡，如相机需要用 Full 模式，那么采集卡也需要支持 Full 模式。

- Base：单口，最多支持 3 个通道，1.8Gbit/s。
- Medium：双口，最多支持 6 个通道，3.6Gbit/s。
- Full：双口，最多支持 8 个通道，4.8Gbit/s。

（6）线阵相机光源选型。

线阵相机相关项目中，常用的光源有卤素灯、高频荧光灯、LED 光源。

① 卤素灯也叫光纤光源，特点是亮度特别高，但缺点也很明显，寿命短，只有 1000~2000 小时，需要经常更换灯泡。其发光源是卤素灯泡，通过一个专门的光学透镜和分光系统，最后通过光纤输出，光源功率很大，可达 250W。卤素灯还有一个名字叫冷光源，因为通过光纤传输之后，出光的部分是不热的，且色温稳定，适用于对环境温度比较敏感的场合，如二次元测量仪的照明。用于线阵的卤素灯常常在出光口加上玻璃聚光镜头，进一步聚焦提高光源亮度。对于较长的线光源，还可用几组卤素光源同时为一根光纤提供照明。

② 高频荧光灯的发光原理和日光灯类似。它是工业级产品，适合大面积照明，亮度较高，成本低。但其最大的缺点是有闪烁、衰减速度快。荧光灯一定需要高频电源，也就是光源闪烁的频率远高于相机采集图像的频率（对线阵相机来说就是行扫描频率），以消除图像的闪烁。专用的高频光源闪烁频率可达 60kHz。

③ LED 光源是目前主流的机器视觉光源，特点如下。

- 专业的 LED 光源寿命非常长（如大多数光源的寿命 5 万小时亮度不小于 50%）。
- 直流供电，无频闪。亮度非常高，接近卤素灯的亮度，随着 LED 光源工艺的不断改善，目前一般线光源亮度高达 90 000lux，且稳定性好，功耗非常小。
- 可以灵活地设计不同结构的线光源，如直射、带聚光透镜、背光、同轴及类似碗状的漫反射线光源。
- 有多种色光可选，包括红光、绿光、蓝光、白光，还有红外光、紫外光。针对不同被测物体的表面特征和材质，可选用不同颜色（不同波长）的光源，以获得更佳的图像。

（7）编码器信号和触发信号。

线阵相机的成像原理是相机与被拍摄的物体之间有相对匀速的运动，因此在相机固定的情况下，对运动的工作台的匀速性要求很高。目前来看，能达到相机采集精度的工作台并不是很多，这就要采用编码器触发的方式。编码器的作用是在工作台的运动过程中出现不匀速的情况下，使相机拍摄的图像不会拉伸或者压缩。硬触发信号有效时，相机才采图并输出；硬触发信号不出现时，相机不拍摄图像。

3.4　三维视觉传感器

三维视觉传感器（又称 3D 相机）有着广泛的用途，如机器人视觉导航、汽车自动驾驶、生物医学影像分析、虚拟现实、监控、工业检测、天文观察、海洋自主导航、科学仪器等，3D 影像技术在工业控制、汽车自主导航中具有广泛的应用。三维视觉传感器主要应用于三维空间的产品 3D 定位和 3D 测量等，从结构上区分有单目、双目、线激光、TOF 等，国内外视觉厂商都有市售产品，如视觉龙的 VD300 系列、LMI 的 Gocator 系列等。

3.4.1　三维视觉传感器的分类

本小节介绍三维视觉传感器的分类和各种类型的使用特点。

1. 单目视觉传感器

单目视觉传感器指仅利用一台工业相机完成三维定位工作，通过畸变矫正算法计算出待测物体的方向和位置，引导机器人抓取。此种方案性价比高，定位速度快，适合比较扁平化的工件或产品。

2. 双目视觉传感器

双目视觉传感器一般由双相机运用视差原理，并利用成像设备从不同的位置获取被测物体的两幅图像，通过计算图像对应点间的位置偏差，来获取物体三维几何信息。双目视觉传感器具有效率高、精度合适、系统结构简单等优点。

双目视觉传感器使用两台相机，在理想情况下，两台相机分开较短的距离，并几乎平行安装，如图 3.14 所示。

测量前需要对双相机进行标定，得到两台相机的内外参数、对应矩阵。根据标定结果校正原始图像，校正后的两幅图像位于同一平面且互相平行。对校正后的两幅图像进行像素匹配。根据匹配结果计算每个像素的深度，从而获得深度图。

图 3.14　双目视觉传感器

3. 线激光视觉传感器

线激光视觉传感器主要由激光发生器和相机构成，通过激光发生器发出线性激光光束投射到工件表面，利用激光在相机上的成像，通过三角关系计算出表面物体的高度，从而得出物体的三维信息。

工作原理：视觉传感器和被测物体做相对运动，视觉传感器里的相机从一个角度观察目标上的激光扫描线，并捕获从目标上反射回来的激光。相机每次曝光可捕获一个三维轮廓，从某种意义上说是一个切片。激光反射回相机的不同位置，具体取决于目标与视觉传感器之间的距离。视觉传感器的激光发生器、相机、目标构成一个三角形。使用激光发生器与相机之间的已知距离和两个已知角度（其中一个角度取决于相机上激光的位置）来计算视觉传感器与目标之间的距离，该距离可转换为目标的高度。这种计算距离的方法称为激光三角测量，如图 3.15 所示。

4. TOF 视觉传感器

TOF 是 Time of Flight 的简写，直译为飞行时间。TOF 视觉传感器即所谓的飞行时间法 3D 成像，通过给目标连续发送光脉冲，然后用传感器接收从物体返回的光，最后通过探测光脉冲的飞行（往返）时间来得到目标物距离。

TOF 视觉传感器和线激光视觉传感器的原理基本类似，只不过线激光视觉传感器是逐行扫描，而 TOF 视觉传感器则是同时得到整幅图像的深度信息。TOF 视觉传感器与普通机器视觉的成像过程也有类似之处，它们都由光源、光学部件、传感器、控制电路及处理电路等组成。与同属于非侵入式三维探测、适用领域非常类似的双目视觉传感器相比，TOF 视觉传感器具有不同的 3D 成像原理。双目视觉传感器通过左右立体像对匹配后，再经过三角测量法来进行立体探测；TOF 视觉传感器通过入射光、反射光探测获取的目标距离来实现 3D 成像，如图 3.16 所示。

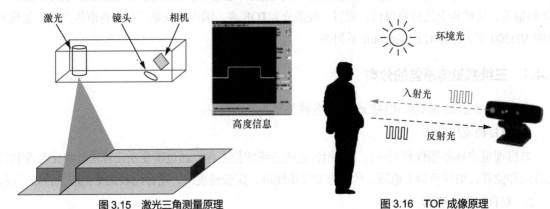

图 3.15 激光三角测量原理　　　　　　　　　　图 3.16 TOF 成像原理

TOF 视觉传感器体积小巧，与一般相机大小类似，非常适合于一些需要轻便、小体积相机的场合。TOF 视觉传感器能够实时快速的计算深度信息，达到每秒几十帧甚至上百帧。而双目视觉传感器需要用到复杂的相关性算法，处理速度较慢。TOF 视觉传感器的深度计算不受物体表面灰度和特征影响，可以非常准确地进行三维探测。而双目视觉传感器则需要目标具有良好的特征变化，否则无法进行深度计算。TOF 传感器的深度计算精度不随距离变化而变化，基本能稳定在厘米级，这对于一些大范围运动的应用场合非常有意义。在工业应用中，TOF 视觉传感器的精度不够高是其不足之处。

3.4.2　三维视觉传感器产品介绍

当前的三维视觉传感器在自动化项目中已经应用比较广泛，下面选择国外和国内企业的三维视觉传感器各一款详细介绍。

1. Gocator 三维视觉传感器

Gocator 是加拿大 LMI 公司的一款三维视觉传感器，如图 3.17 所示。下面将从三维数据采集和数据生成与处理两方面介绍这款传感器。

（1）三维数据采集

在 Gocator 系统设置完毕并运行后，即可开始采集三维数据。Gocator 三维视觉传感器将激光谱线投射到目标上，如图 3.18 所示。

目标物体通常在传送带或其他运输装置（安装于传感器下方）上移动。传感器也可以安装在机器人手臂上，在目标上方移动。在这两种情况下，可以按照移动固定距离（通过编码器）或者按照固定时序（时间）触发传感器捕获一系列三维轮廓，从而建立对目标的完整扫描，完成数据采集。

（2）数据生成与处理

扫描目标后，Gocator 三维视觉传感器可对扫描数据进行处理，具体内容如下。

图 3.17　Gocator 三维传感器

图 3.18　采集三维数据

① 生成表面。

Gocator 三维视觉传感器每次曝光都会创建一个轮廓。该传感器可采集在其下方移动的目标的一系列轮廓，并将这些轮廓组合在一起，生成整个目标的高度图或表面。

② 零部件检测。

Gocator 三维视觉传感器将单次曝光产生的轮廓整合成更多数据段以生成表面，之后，固件可将所生成表面上分散的各个零部件分隔成单独的扫描图，以代表这些零部件。随后，Gocator 三维视觉传感器对这些独立的零部件进行检测。

③ 形成截面。

在表面模式下，Gocator 三维视觉传感器还可使用用户在表面或零部件上定义的线，从该表面或零部件提取轮廓，得到的轮廓称为"截面"，如图 3.19 所示。截面在表面上的方向可以是任意的，但其轮廓与 z 轴平行。

④ 数据处理。

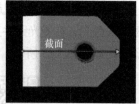

图 3.19　形成截面

Gocator 三维视觉传感器扫描目标或者进一步处理数据后，即可随时对扫描数据进行测量。Gocator 三维视觉传感器提供多种测量工具，每种工具均可进行独立的测量，因此有多种测量工具可供各类应用选择。配置的测量首先会返回通过/未通过的判断结果及实际测量值，然后，这些测量值通过使能输出通道发送到 PLC 等控制设备，控制设备运转并利用这些值控制剔除或分选装置。

2. VD300 系列三维视觉传感器

视觉龙公司的 VD300 系列三维视觉传感器如图 3.20 所示。它具有高分辨率和高重复性，可用于微小部件和电子元件的高精度检测。它与 Gocator 三维视觉传感器的测量原理相同，但 VD300 系列三维视觉传感器获取的三维信息（或点云，点云是某个坐标系下的点的数据集。点包含了丰富的信息，包括三维坐标 x、y、z，颜色，分类值，强度值，时间等）经转换为伪彩图后，可由图像处理单元进行数据处理，直接输出检测结果。其在线自动三维检测方案，可实现 1μm 的检测精度，而且工业级设计确保其有更长的使用寿命。图 3.21 所示为 VD300 系列三维视觉传感器得到的 3D 检测效果。

图 3.20　VD300 系列三维视觉传感器

图 3.21　3D 检测效果

（1）三维高度标定：将像素值转换为高度值，需要一组不同高度的标定块来标定，中间值采用插补法，最终形成一个标定转换公式，如图 3.22 所示。

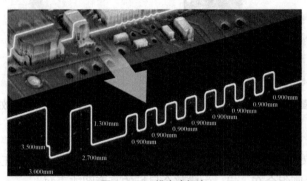

图 3.22　三维高度标定

（2）三维伪彩图：利用相机所拍摄的结构光得到一个测量值，转换为颜色（伪彩色）以区分不同高度，如图 3.23 所示。读者可扫描二维码查看彩色图像。

（3）基面校正：选择被测量物的某个面为基面来进行基面校正，如图 3.24 所示。

（4）蓝色激光：实现超高速 3D 测量的算法，测量所用光源为蓝色激光。通过极限聚焦 405nm 短波长激光，在受光元件上清晰成像。这样可提高激光的光密度，生成稳定的高精度轮廓。红光与蓝光比较如图 3.25 所示。

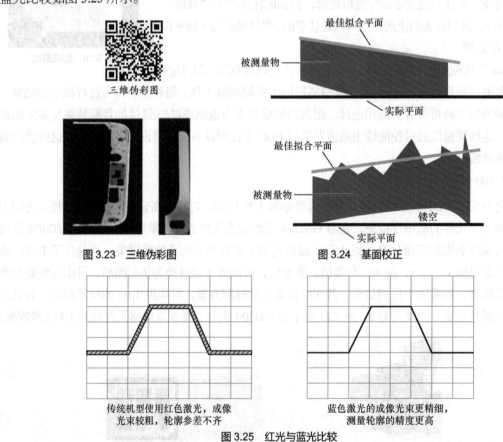

三维伪彩图

图 3.23　三维伪彩图

图 3.24　基面校正

传统机型使用红色激光，成像
光束较粗，轮廓参差不齐

蓝色激光的成像光束更精细，
测量轮廓的精度更高

图 3.25　红光与蓝光比较

3.5　小结

本章主要介绍了工业相机的构成和性能参数，包括靶面尺寸、分辨率、帧率、快门速度、曝光方式、接口、协议等基础知识，还重点介绍了面阵相机、线阵相机、三维视觉传感器，包括它们的原理、分类、选型、应用。通过本章的学习，读者应了解机器视觉系统的关键部件工业相机的组成、分类、参数，这些是机器视觉系统设计的重要基础。

习题与思考

1. CCD 和 CMOS 传感器芯片的区别是什么？
2. 线阵相机有哪些应用领域？
3. 简述三维视觉传感器的种类和应用场景。
4. 相机选型需要考虑哪些内容？

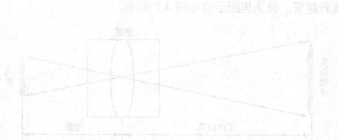

04 第4章 工业镜头

工业镜头（下面简称为镜头）是机器视觉系统的重要组成部分。它由多个镜片、光圈和调焦装置构成。根据监视画面进行光圈调整和调焦，可以得到"明亮、清晰"的图像。为了拍摄出视野适宜、整体聚焦良好、目标和背景对比度俱佳的清晰图像，必须了解镜头选择的基础知识。本章将重点讲解镜头基础知识、产品种类等。

4.1 镜头的基础知识

镜头一般由光学系统和机械装置组成，部分镜头具有自动调光圈、自动调焦或感测光强度等功能。

按不同领域或不同性质可将镜头分为不同类型：按焦距大小可以分为长焦镜头、标准镜头、广角镜头等；按用途通常可以分为安防镜头（Closed Circuit Television Lens，CCTV Lens）、工业自动化镜头（Factory Automation Lens，FA Lens）、广播镜头（Broadcast Lens）、高清镜头（High Definition Lens，HD Lens）等；而机器视觉行业内通常分为定倍镜头（Fixed-mag Lens）、变焦镜头（Zoom Lens）、远心镜头（Telecentric Lens）、线阵相机镜头（Line Scan Camera Lens）等。当然，这些分类并没有严格的划分界线。

镜头的基本参数包括焦距、光圈、景深、工作距离和视野等。下面进行详细介绍。

4.1.1 镜头的焦距

镜头主焦点到透镜光心的距离，称为焦距。焦距是镜头的重要参数之一。视觉系统中常用的镜头焦距有 8mm、12mm、16mm、25mm、35mm、50mm、75mm 等。焦距决定了成像和实际物体的比例。同样的工作距离，焦距越小，同样大小的物体的成像越大，视野越广；焦距越大，同样大小的物体的成像越小，视野越窄。镜头焦距示意如图 4.1 所示。

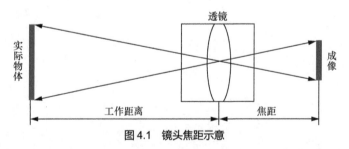

图 4.1 镜头焦距示意

4.1.2 镜头的光圈

简单来说，光圈就是控制镜头通光孔径大小的部件。F 值表示光圈的大小，光圈 F 值=镜头焦距/镜头通光孔直径。通光孔直径越大，F 值越小，通光量越大；通光孔直径越小，F 值越大，通光量越小，如图 4.2 所示。

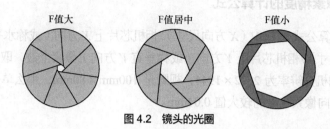

图 4.2　镜头的光圈

4.1.3　镜头的景深

在聚焦后，在焦点前后范围内都能形成清晰的图像，这一前一后的范围，就是景深（Depth of Field，DOF）。景深大小与镜头光圈和镜头焦距有关。光圈越大，景深越小；光圈越小，景深越大。焦距越长，景深越小；焦距越短，景深越大，如图 4.3 所示。

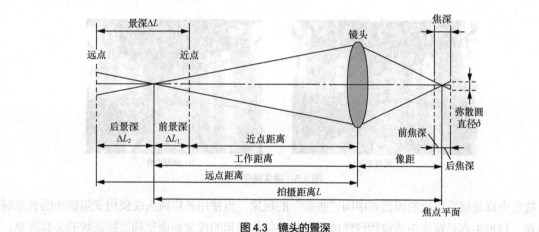

图 4.3　镜头的景深

4.1.4　镜头的工作距离和视野

工作距离（Working Distance，WD）：清晰对焦后，镜头到被检测物体的距离。

视野（FOV）：清晰对焦后，相机能拍摄到的场景范围，如图 4.4 所示。

图 4.4　镜头的工作距离和视野

4.1.5 视觉检测像素精度的计算公式

单像素精度的计算公式为 FOV（X 方向尺寸）/相机芯片上 X 方向（或称水平 H 方向）像素个数或者 FOV（Y 方向尺寸）/相机芯片上 Y 方向（或称垂直 V 方向）像素个数，取二者计算的较大值。

如 500 万像素相机分辨率为 2592×1944，视野是 100mm×80mm，那么单个像素对应的精度就取水平方向与垂直方向像素精度的较大值 0.04mm。

4.1.6 镜头的畸变及畸变校正

畸变是光学透镜固有的透视失真的总称，也就是因为透视造成的失真。第 2 章已经从算法的角度介绍过图像畸变的校正，这里从硬件的角度介绍镜头出现畸变的物理形态和校正方法。这种畸变由透镜的固有特性造成（凸透镜汇聚光线、凹透镜发散光线），所以镜头本身无法消除，只能改善，典型的镜头畸变是枕形失真和桶形失真，如图 4.5 所示。

（a）枕型失真 （b）桶型失真

图 4.5　镜头畸变

枕形失真是镜头引起的画面向中间"收缩"的现象，当使用长焦镜头或使用变焦镜头的长焦端时出现。桶形失真是镜头中透镜物理性能和镜片组结构引起的成像画面呈桶形膨胀状的失真现象，当使用广角镜头或使用变焦镜头的广角端时出现，可以通过标定来进行畸变矫正。

4.1.7 镜头接口

工业相机接口主要分螺口和卡口。螺口主要有 C 接口、CS 接口和特殊型接口，卡口主要有 F 接口，如图 4.6 所示。一般情况下，C 接口镜头可以接 C 接口相机，CS 接口镜头可以接 CS 接口相机，当 C 接口镜头要接 CS 接口相机时需要外加 5mm 接圈。

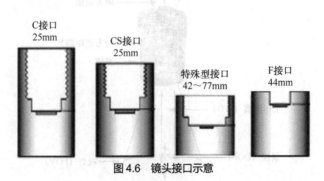

图 4.6　镜头接口示意

4.1.8 镜头选型

在选择镜头时，视野、焦距、焦点、畸变等都是需要考虑的因素。镜头可支持的相机传感器芯片尺寸应大于或等于选配相机的芯片尺寸，与镜头焦距、视野范围、工作距离和光学倍率彼此之间的关系估算如下：

$$FOV(V\text{或}H)=WD\times\frac{\text{芯片尺寸}(V\text{或}H)}{f}$$

$$\beta=\frac{\text{芯片尺寸}(V\text{或}H)}{FOV(V\text{或}H)}$$

$$\text{相机像素}(V\text{或}H)=\frac{FOV(V\text{或}H)}{\text{精度}}$$

其中：f 代表镜头焦距，WD 代表工作距离，FOV 代表视野范围，V 代表传感器芯片或视野垂直方向的尺寸，H 代表传感器芯片或视野水平方向的尺寸，β 代表光学倍率。

例如，视野 FOV 要求 40mm×30mm，精度 0.02mm，WD 为 50mm，可以选择 500 万像素、分辨率 2592×1944 的相机，芯片尺寸 5.7mm×4.2mm，据公式可知 f=6mm，即选择焦距 6mm 的镜头。

4.1.9 镜头对照表

一般用户选择镜头时都会对照产品目录，选择技术参数能够满足项目要求的镜头。产品目录都会提供镜头的接口类型、焦距、倍率、工作距离等。下面以视觉龙 VDLF 系列镜头为例介绍，表 4.1 列出了 VDLF 系列镜头各型号的参数。

表 4.1　VDLF 系列镜头参数

型号	焦距/mm	光圈	畸变	物高/mm
VDLF-C0614-4	6	1.8~16	<1.8%	1 英寸：111.2×83.5。2/3 英寸：76.6×57.4。1/2 英寸：55×41
VDLF-C0814-4	8	1.4~16	<3%	1 英寸：199.2×149.4。2/3 英寸：136.9×102.7。1/2 英寸：99×74
VDLF-C1214-4	12	1.4~16	<0.1%	1 英寸：117.3×87.96。2/3 英寸：80.6×60.46。1/2 英寸：58.64×44
VDLF-C1614-4	16	1.4~16	<0.3%	1 英寸：93.94×70.44。2/3 英寸：64.6×48.4。1/2 英寸：47×35.2
VDLF-C2514-4	25	1.4~16	<0.1%	1 英寸：47.28×35.46。2/3 英寸：32.5×24.38。1/2 英寸：23.64×17.72
VDLF-C3514-4	35	1.4~16	<0.1%	1 英寸：53.2×39.72。2/3 英寸：36.38×27.22.2。1/2 英寸：26.4×19.78
VDLF-C5014-4	50	1.6~16	<0.1%	1 英寸：64.4×51.76。2/3 英寸：44.28×33.2。1/2 英寸：32×24
VDLF-C7514-4	75	1.8~16	<0.05%	1 英寸：111.2×83.5。2/3 英寸：76.6×57.4。1/2 英寸：55.6×41.8
VDLF-C0814-2	8	1.4~16	<0.5%	2/3 英寸：123×91。1/2 英寸：88×65.5
VDLF-C1214-2	12	1.4~16	<−0.2%	2/3 英寸：231.4×173。1/2 英寸：167.7×125.5
VDLF-C1614-2	16	1.4~16	<0.2%	2/3 英寸：170.4×127.6。1/2 英寸：123.7×92.7
VDLF-C2514-2	25	1.4~16	<0.2%	2/3 英寸：108×82。1/2 英寸：79.4×59.4
VDLF-C3514-2	35	1.4~16	<−0.2%	2/3 英寸：81×60。1/2 英寸：43.6×32.7
VDLF-C5014-2	50	1.4~16	<0.2%	2/3 英寸：124×92.9。1/2 英寸：67.6×50

表 4.2 所示为镜头选型解读的对照关系。

例如镜头型号VDLF-C0614-4,其中的VDLF代表镜头系列,C0614 代表 C 接口、6mm 焦距、最大光圈1.4。

下面举例介绍镜头型号的参数和实际尺寸。

（1）1.1 英寸千万像素定焦 VD 镜头

该系列镜头的成像质量较好,支持 1000 万像素相机,低照度,大通光孔径,TV 畸变小于1%,聚焦范围从 0.1m 到无穷远,高相对照度,如 VDLF-C0614-4（见图 4.7）。

（2）2/3 英寸定焦 VD 镜头

该系列镜头成像质量较好,支持 500 万像素相机,低照度,大通光孔径,TV 畸变小于 1%,聚焦范围从 0.1m 到无穷远,高相对照度,如 VDLF-C0814-2（见图 4.8）。读者若需要详细的镜头选型资料可扫描二维码。

镜头选型资料

表 4.2　镜头选型解读的对照关系

编号	项目	符号	规格
1	镜头接口	C	C 接口镜头
		CS	CS 接口镜头
		F	F 接口镜头
		EF	EF 接口镜头
		M72	M72 接口镜头
2	焦距/倍率	06	6mm 焦距 FA 镜头
		08	8mm 焦距 FA 镜头
		12	12mm 焦距 FA 镜头
		16	16mm 焦距 FA 镜头
		25	25mm 焦距 FA 镜头
		35	35mm 焦距 FA 镜头
		50	50mm 焦距 FA 镜头
		75	75mm 焦距 FA 镜头
3	光圈/工作距离	14	最大光圈 F=1.4 的 FA 镜头
		18	最大光圈 F=1.8 的 FA 镜头
		20	最大光圈 F=2.0 的 FA 镜头
		28	最大光圈 F=3.8 的 FA 镜头
		65	工作距离为 65mm 的远心镜头
		110	工作距离为 110mm 的远心镜头

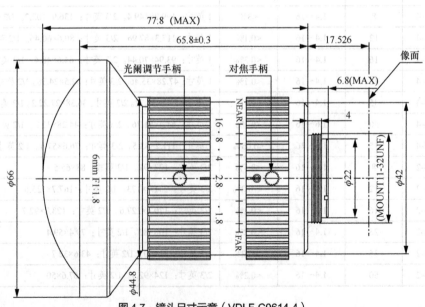

图 4.7　镜头尺寸示意（VDLF-C0614-4）

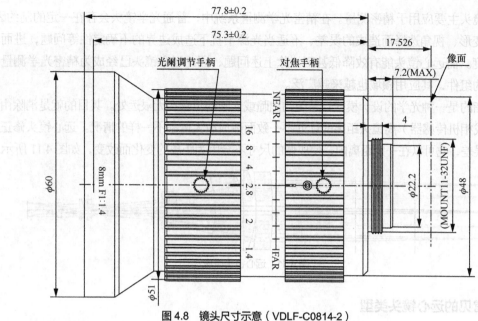

图 4.8　镜头尺寸示意（VDLF-C0814-2）

4.2　FA 镜头

FA 镜头是工业自动化标配镜头，也是机器视觉系统的常用镜头，如图 4.9 所示。例如 FA 1 英寸镜头，是典型的定焦镜头，成像质量较好，固定光圈或手动光圈可选，畸变小于 1%，设计紧凑，体积小，便于工业级客户部署安装。FA 镜头有多种不同焦距可供选择。

光圈（亮度）调整

调焦

图 4.9　FA 镜头

4.3　远心镜头

远心镜头主要为纠正传统工业镜头视差而设计，如图 4.10 所示。它可以在一定的物距范围内，使得到的图像放大倍率不会变化，当被测物体不在同一物面上时，这一特点非常重要。远心镜头由于其特有的平行光路设计，非常适合用在对镜头畸变要求很高的机器视觉应用场合。

图 4.10　远心镜头

远心镜头主要应用于精密测量。在精密光学测量系统中，普通光学镜头会存在一定的制约因素，如影像的变形、视角选择而造成的误差、不适当光源干扰下造成边界的不确定性等问题，进而影响测量的精度。而远心镜头能有效降低甚至消除上述问题，因此远心镜头已经成为精密光学测量系统中决定性的组件，其应用领域也越来越广泛。

远心指的是一种光学的设计模式：系统的出瞳或入瞳的位置在无限远处。其目的就是消除由于被测物体（或相机传感器）离镜头距离的远近不一致而造成放大倍率不一样的情况。远心镜头修正了传统镜头的误差，它可以在一定距离内，使成像的尺寸不会因为距离的变化而改变，如图 4.11 所示。

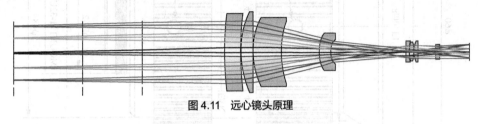

图 4.11　远心镜头原理

4.3.1　常见的远心镜头类型

1. 物方远心镜头

物方远心镜头原理如图 4.12 所示。入瞳（限制入射光束的有效孔径）位于无穷远，物方主光线（即通过入瞳中心的光线）平行于主光轴。其目的是消除透视畸变，可以消除或减小由于调焦不准引起的测量误差。

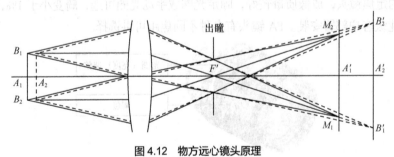

图 4.12　物方远心镜头原理

2. 像方远心镜头

像方远心镜头原理如图 4.13 所示。出瞳（限制出射光束的有效孔径）位于无穷远，像方主光线（即通过出瞳中心的光线）平行于主光轴。其目的是获得更好的像面照度均匀性，可以消除或减少因靶面与系统像面不重合带来的测量误差。

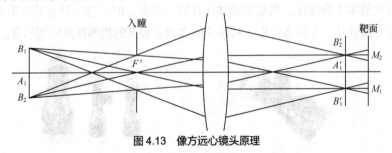

图 4.13　像方远心镜头原理

3. 双远心镜头

双远心镜头原理如图 4.14 所示。综合物方与像方远心镜头的结构特点，系统的出瞳与入瞳的位置都在无限远处。其目的是消除或减小测量误差。

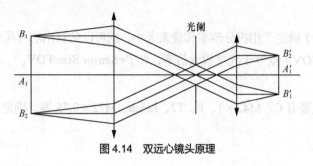

图 4.14　双远心镜头原理

4.3.2　远心镜头的应用

1. 选择远心镜头的应用场景

在选择远心镜头时，首先应明白在什么时候需要选择远心镜头。根据远心镜头原理、特征及独特优势，当检测物体时遇到以下 6 种情况，最好选用远心镜头。

（1）当需要检测有厚度的物体时（厚度大于 FOV 直径的 1/10）。

（2）当需要检测不在同一平面的物体时。

（3）当不清楚物体到镜头的距离究竟是多少时。

（4）当需要检测带孔径、三维的物体时。

（5）当需要低畸变、图像亮度效果几乎完全一致时。

（6）当缺陷只在同一方向平行照明下才能检测到时。

2. 普通镜头与远心镜头的优缺点

（1）普通镜头的优点：成本低，实用，用途广。普通镜头的缺点：放大倍率会有变化，有视差。

（2）远心镜头的优点：放大倍数恒定，不随景深变化而变化，无视差。远心镜头的缺点：成本高，尺寸大，重量大。

4.4　线阵相机镜头

线阵相机镜头专为高分辨率扫描应用设计，它具有如下特点：目前可以支持最高达 16K 分辨率的线阵相机；最大兼容成像相机传感器靶面尺寸长度为 90mm，支持高分辨率，最小像素尺寸可达 5μm；低畸变；放大倍率 0.2～2.0。

一般线阵相机镜头都采用固定光圈，在每个放大倍率范围内均可保持最优的景深、图像分辨率、亮度，能满足视觉系统的典型要求，如图 4.15 所示。

为什么在选相机时要考虑镜头的选型呢？目前常见的线阵相机分辨率有 1K、2K、4K、6K、7K、8K、12K，像素尺寸有 5μm、7μm、10μm、14μm。一般像素尺寸是指像素的物理边长（像素通常为正方形）的尺寸，这样传感器芯片的长度有 10.240mm（1K×10μm）和 86.016mm（12K×7μm）等。很显然，C 接口远远不

图 4.15　线阵相机镜头

能满足要求，因为 C 接口最大只能接 22mm 的芯片，也就是 1.3 英寸。还有其他相机接口，如 F 接口、M42×1 接口、M72×0.75 接口等，不同的镜头接口对应不同的后背焦，也就表示了镜头的工作距离不一样。

1. 光学放大倍率

光学放大倍率（β）确定了相机分辨率和像素大小，就可以估算出芯片尺寸（Sensor Size），芯片尺寸除以视野范围（FOV）就等于光学放大倍率，即 β=Sensor Size/FOV。

2. 接口

接口（Mount）主要有 C、M42×1、F、T2、Leica、M72×0.75 等。确定了接口之后，就可知道对应接口的尺寸了。

3. 后背焦

后背焦（Flange Distance）指相机接口平面到芯片的距离，是一个非常重要的参数，由相机厂家根据自己的光路设计确定。不同厂家的相机，哪怕是接口一样，也可能有不同的后背焦。

有了光学放大倍率、接口、后背焦，就能计算出工作距离和接圈长度。选好这些之后，还有一个重要的环节，就是看调制传递函数（Modulation Transfer Function，MTF）值是否足够好。可能很多人不太了解 MTF，对高端镜头来说，必须用 MTF 来衡量光学品质。MTF 涵盖了对比度、分辨率、空间频率、色差等相当丰富的信息，并且非常详细地表达了镜头中心和边缘各处的光学质量。如果只是工作距离、视野范围需要满足要求，而边缘的对比度不够好，就要重新考虑是否选择更高分辨率的镜头。

4.5 特种镜头

特种镜头是指适合在特殊情况下使用的镜头，有红外（包括短波红外、长波红外）镜头、微距镜头、360°镜头、内侧360°镜头等。如红外镜头，可以超越可见光范围，横跨所有红外光谱波段，具备大视野和低畸变等特点，主要应用于国防、安全监控、工业、医疗等多种行业，包括跟踪瞄准系统预测性维护、高温作业过程监控、热成像、火焰检测以及类似特殊环境下的产品质量控制和检查等场合。

4.5.1 短波红外镜头

短波红外（Short-Wave Infrared，SWIR）镜头（见图 4.16）的特别之处是可在较深的阴影中提取图像细节，并能穿透窗户玻璃成像，这是其他技术无法比拟的。其光学镜片经过特殊处理，能在 SWIR 波长提供更好的成像效果，如图 4.17 所示。镜头生成高分辨率图像，在 700~1900nm 波长范围的透射率达到 75%或更高。砷化铟镓（InGaAs）传感器是在 SWIR 中使用的主要传感器，可覆盖典型的 SWIR 频带，且可扩展至 550~2500nm。

短波红外镜头的具体应用包括：夜晚/白天安全设备、半导体和晶片检查、周边环境监测、医疗、生物识别、航拍、食品分拣等，尤其适合暗处或晚上使用。

图 4.16　短波红外镜头

图 4.17　普通镜头和短波红外镜头液位检测效果

4.5.2　长波红外镜头

长波红外镜头如图 4.18 所示，其光谱范围为 3～5μm，可以用于电路板检测（见图 4.19）、热成像、汽车行业、火灾监测、地质勘查、矿物分类、国防安全、气体检测等。

图 4.18　长波红外镜头

图 4.19　电路板检测

4.5.3　微距镜头

微距镜头可极为高效地执行近距离检测任务，在分辨率和畸变控制方面有极佳的光学性能，图 4.20 所示为零畸变微距镜头的成像效果。

零畸变微距镜头适用于无远心度要求的任何测量应用，是针对微距配置专门设计的；也适用于光学组件部署空间狭小的情况，如拍摄小尺寸物体，可提供极高的分辨率并使畸变近乎为零。零畸变微距镜头是一款体积小、性价比高、可提供极高图像分辨率的光学器件。

图 4.20　零畸变微距镜头的成像效果

4.5.4　360° 镜头

许多机器视觉应用需要完整查看物体表面，原因在于有些待检测特征位于物体一侧，并非顶部。

一般柱状体（如瓶子、容器）和很多机械零件均需要检测表面，以便发现划痕和杂质、读取条码或确保商标正确印刷。在这些情况下，常用的方法是使用多台（通常 3 台或 4 台）相机，以便获得待测物体的若干侧视图和顶视图。由于电路或软件必须同时处理来自不同相机的图像，这一方法不仅增加系统成本，通常还会造成系统性能瓶颈。一般情况下，视觉工程师会优先选择线阵相机扫描外表面。这一方法也体现出多项技术和成本劣势：物体必须机械旋转，这同样会影响检测速度；线阵相机需要亮度非常高的照明；大尺寸的传感器增加了系统的光学放大倍率，从而使景深减小。

360°镜头可以对柱状物体表面进行无盲区的拍摄，图4.21所示为OPTO公司出品的360°镜头。图4.22的上部所示为该镜头的原理和配合面阵相机拍摄的效果，图的下部是该镜头配合线阵相机拍摄的效果，柱状的产品的表面一览无余。当然这种镜头也会造成图像不同程度的畸变，是否采用这种镜头取决于项目的具体技术要求，尤其要注意能否接受这种变形。

图4.21　360°镜头

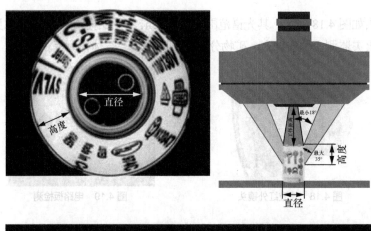

图4.22　360°镜头原理及拍摄效果

4.5.5　内侧360°镜头

内侧360°镜头（见图4.23）能完美测量孔槽物体、空腔物体及其他容器。普通镜头或所谓的"针孔相机"只能拍摄视野平面，而有内侧360°镜头的内孔测量仪则不同，它可同时拍摄内孔底部与垂直的侧面。超广角（大于82°）与革新光学设计，使镜头兼容各种直径与厚度的物体。内侧360°镜头是检测各种筒状、锥孔、小孔、小瓶及螺纹物体的最佳选择，其原理和效果如图4.24所示。

内侧360°镜头特点如下。

图4.23　内侧360°镜头

① 内孔对焦好：内孔的侧面与底面图像都有超高分辨率。

② 内孔外部检测：无须进入小孔内部。

③ 景深好：同一镜头可拍摄不同形状、不同大小的物体。

④ 视角宽：只需一个视角，镜头可将整个内孔"展为平面"。

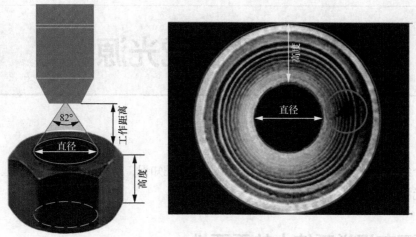

图 4.24　内侧 360°镜头原理及效果

4.6　小结

　　本章主要介绍了镜头的焦距、光圈、景深、工作距离、视野、像素精度计算、畸变、接口、选型等方面的基础知识，还分别介绍了 FA 镜头、远心镜头、线阵相机镜头、特种镜头的基础知识、选型、应用。通过本章的学习，读者应了解什么是工业镜头，熟悉工业镜头的分类、参数定义、应用。

习题与思考

1. 简述镜头的选型和视野的关系。
2. 常用的镜头焦距有哪些？
3. 远心镜头如何选型？

第5章 机器视觉光源

本章将介绍机器视觉光源（下面简称为光源）的基础知识，着重介绍光反射原理、常用光源的类型和定制光源的特点。

5.1 光源在视觉系统中的重要性

光源是机器视觉的重要组成部分之一，选择到一个好的光源对一套机器视觉系统来说已经成功了一半，好的光源能使我们得到一幅好的图像，图像分析和处理的效果也会更好。在机器视觉中，光源能保证照亮目标，好的光源会把需要显示的特征变成前景，不需要显示的特征变成背景甚至消失，凸显需要的特征的同时，抑制不需要的特征，形成最有利的图像效果，保证图像的稳定性。为确保机器视觉系统执行任务的一致性与可靠性，根据具体应用选择合适的照明组件尤为重要。

合理的光源选择，必须考虑多个不同参数或特性，其中包括照明几何尺寸、光源类型、波长、待检测或待测量材料的表面特性（如颜色、反射率）、物件形状、物件速度（生产线或线下应用）、机械限制、环保考量及成本等。

选择光源需考虑的因素诸多，致使选择起来往往比较困难。一方面，明智的做法是对不同类型的光源进行可行性研究与实验，以显示感兴趣的特征。另一方面，许多简单原则和良好措施可以帮助我们选择合适的光源并提高图像质量，选择光源时也要考虑待测物品和实际场景的多样性。

对于每一个应用，光源设计的主要宗旨如下。

（1）最大限度增加需要显示的特征的对比度。

（2）最大限度降低不需要显示的特征的对比度。

（3）消除环境光线和与检测任务无关的物件之间的差异引起的不利变化。

5.2 光源的基础知识

光源的发光材料一般有 LED 光源、荧光灯及卤素灯等。LED 光源在体积、亮度、效率方面具有很多优点，因此它在光源制造领域占据大部分的市场，接下来我们主要介绍 LED 光源。

5.2.1 LED 光源特点

LED 光源（见图 5.1）具有体积小、寿命长、效率高等优点。LED 可制成各种形状、尺寸，可设置各种照射角度；可根据需要制成各种颜色，并可以随时调节亮度；通过散热装置，散热效果更好，光亮度更稳定；使用寿命长（约 3 万小时，间断使用寿命更长）；反应快捷，可在 10μs 或更短的时间内达到最大亮度；运行成本低，可根据客户的需要特殊定制。

LED 光源主要分为正面照明和背面照明两大类。正面照明按结构分为环形光源、条形光源、同轴光源、面光源等。其中环形光源使用最多，其又可以分为直射环形光源、漫反射环形光源、DOME 光源（又叫球积分光源）。背面照明主要是背光源，包括漫射背光源和平行背光源。

特殊 LED 光源有点光源、线光源等。

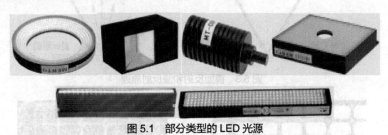

图 5.1 部分类型的 LED 光源

5.2.2 直射光和漫射光

选择不同的光源，控制和调节照射到物体上的入射光线的方向，是机器视觉系统设计的基本需求。它取决于光源的类型和相对于物体放置的位置，一般来说有两种：直射光和漫射光。如图 5.2 所示，直射光明亮，射角窄，会有光点；漫射光较暗，射角宽，无光点，光斑均匀。

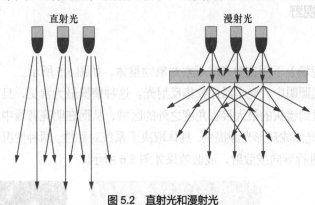

图 5.2 直射光和漫射光

5.2.3 镜面反射和漫反射

镜面反射：光线的反射角等于入射角，一般表现在物体表面比较光滑的应用场景。成像特点：明亮，与照射距离无关，与角度有关。大多数情况下应避免镜面反射。

漫反射：照射到物体上的光线从各个方向漫射出去，一般表现在物体表面比较粗糙的应用场景。成像特点：较暗，与照射距离有关，与角度无关。

镜面反射和漫反射原理如图 5.3 所示。

案例观察：镜面反射与漫反射效果如图 5.4 所示。在光源亮度一样的情况下，由于物品表面光洁度不一样，呈现的图像明暗也有很大区别。

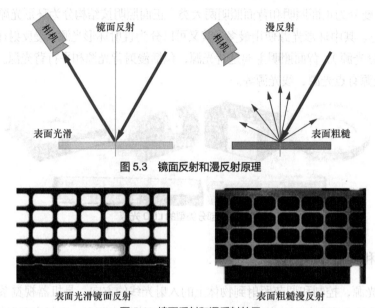

图 5.3　镜面反射和漫反射原理

表面光滑镜面反射　　　　　　　　　表面粗糙漫反射

图 5.4　镜面反射和漫反射效果

5.2.4　明视野和暗视野

1. 明视野

明视野（或称明视场）下用直射光来观察对象物整体，如图 5.5 所示。

在明视野、前照式照明中，光学器件收集反射光。这种情况最为常见，且非平面特征（如缺陷、划痕等）可将光线散射到镜头的最大接收角度之外的区域，从而在明亮背景中显示暗特征。明视野、前照光可由 LED 条形光源或环形光源提供，具体取决于系统对称性。两种情况下（高角度、中角度），LED 光源可通过介质进行导向或散射，成像效果如图 5.6 所示。

图 5.5　明视野

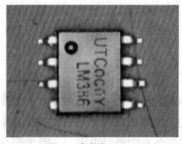

高角度

中角度

图 5.6　高角度、中角度明视野成像效果

2. 暗视野

暗视野（或称暗视场）下用直射光来观察对象物整体，如图 5.7 所示。

在暗视野、前照式照明中，光学器件不收集反射光。在这种情况下，只能捕获到散射光，从而使表面的非平面特征在暗背景上增强显示为较亮特征。此外，此效果通常由低角度环形光源产生，可以把物品的边缘轮廓表现出来，如图 5.8 所示。图 5.9 所示为同样的检测对象在明、暗视野照明情况下成像效果的不同。

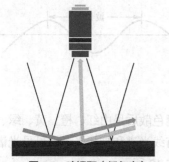

图 5.7 暗视野（低角度）

图 5.8 暗视野（低角度）效果

明视野（高角度）

明视野（中角度）

暗视野（中角度）

暗视野（低角度）

图 5.9 明、暗视野效果对比

5.2.5 色彩的互补色和增强色

世界上所有的颜色都由三原色［即红（Red）、绿（Green）、蓝（Blue），简称 RGB］按不同的比例组合而成。三原色光模式，又称 RGB 颜色模型或红绿蓝颜色模型，是一种加色模型，将三原色的色光以不同的比例混合，以产生多种多样的色光，如图 5.10 所示。

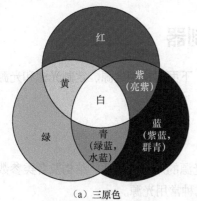

（a）三原色

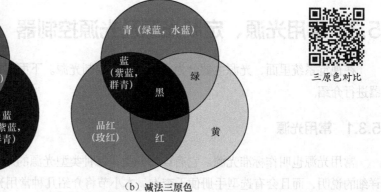

（b）减法三原色

三原色对比

图 5.10 三原色对比

可见光通常指波长范围为 380～780nm 的电磁波。可见光透过三棱镜可以呈现出红、橙、黄、绿、青、蓝、紫 7 种色光组成的光谱。其中，红色光波长最长，650～780nm；紫色光波长最短，380～420nm，光的颜色和波长如图 5.11 所示。

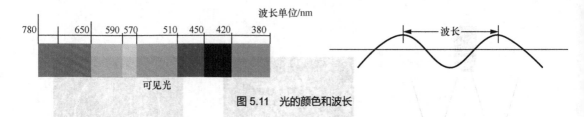

图 5.11　光的颜色和波长

可见光谱是人的视觉可以感受的光谱。如白光经棱镜或光栅色散后呈由红、橙、黄、绿、青、蓝、紫色光组成的彩带，即为可见连续光谱。在可见光区域也有线光谱和带状光谱。可见光谱是整个电磁波谱中极小的一个区域。常见 LED 光源的光谱构成如图 5.12 所示。

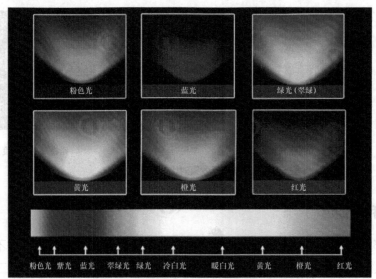

常见 LED 光源的
光谱构成

图 5.12　常见 LED 光源的光谱构成

5.3　常用光源、定制光源及光源控制器

在视觉系统里面，光源主要分为常用光源和定制光源。下面对常用光源、定制光源和光源控制器进行介绍。

5.3.1　常用光源

常用光源也叫作标准光源。它有详细分类，每种类型光源的用途、尺寸、结构及各类参数都有详细的说明，而且会有选型手册便于查询。本小节将介绍几种常用光源。

1. 环形光源

环形光源一般为高密度 LED 阵列，高亮度照射；多为紧凑设计，节省安装空间；多角度照射，适合不同产品照明。LED 阵列成圆锥状以斜角照射在被测物体表面，通过漫反射照亮一小片区域。例如某款低角度环形光源工作距离在 10～15mm 时，该光源可以突出显示被测物体边缘和高度的变化，突出原本难以看清的部分，是边缘检测、金属表面的刻字和损伤检测的理想选择。环形光源有多种尺寸和角度选择，如 0°、30°、60°、90°等。用户可根据不同的应用场景和需求灵活选择，如图 5.13 所示。

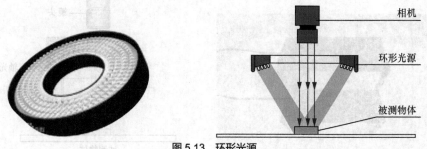

图 5.13 环形光源

2. 条形光源

条形光源和环形光源的设计理念基本相同，功能和应用场景有些差异。条形光源的 LED 灯珠排布成长条形。该光源多用于单边或多边以一定角度照射物体；突出物体的边缘特征，可根据实际情况多条自由组合，照射角度与安装距离都有较好的自由度；适用于较大结构的被测物体，如图 5.14 所示。其应用场景包括电子元件缝隙检测、圆柱体表面缺陷检测、包装盒印刷检测、药水袋轮廓检测等。

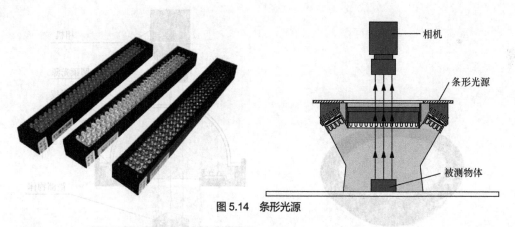

图 5.14 条形光源

3. 同轴光源

同轴光源一般采用特殊涂层，抑制反光，消除图像重影；顶部采用光学玻璃保护，防止灰尘侵入；采用特殊光路设计，使光亮更强；使用分光镜减少光损，成像更清晰，采用面光源的设计方法增加了分光镜设计，如图 5.15 所示。该光源适用于粗糙程度不同、反光强或不平整的表面区域，可检测雕刻图案、裂缝、划伤、低反光与高反光区域分离、消除阴影等。

需要注意的是，同轴光源经过分光设计有一定的光损失，需要考虑亮度问题，并且不适用于大面积照射。其应用场景包括玻璃、塑料膜轮廓和定位检测，IC 芯片表面字符检测，晶片表面杂质和划痕检测等。

111

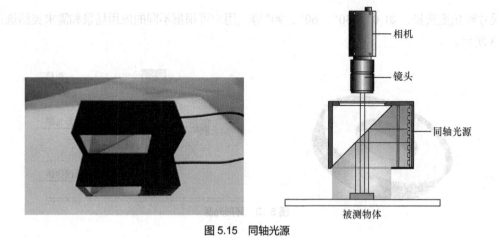

图 5.15　同轴光源

4. 圆顶光源

图 5.16 所示为圆顶光源，其特殊的漫反射光路设计，可实现多方向、多面照明；其光扩散面大，极适合波浪形表面及强反光的物体。LED 灯珠安装在底部，通过半球内壁反射涂层漫反射均匀照射物体，图像整体的照度十分均匀，适用于反光较强的金属、玻璃的凹凸表面和弧形表面检测。其应用场景包括仪表盘刻度检测、金属罐字符喷码检测、芯片金线检测、电子元件印刷检测等。

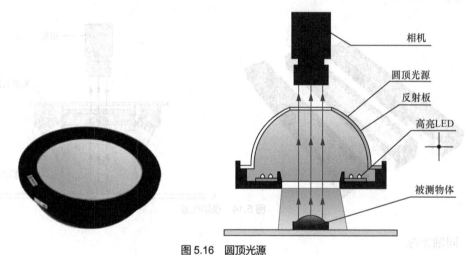

图 5.16　圆顶光源

5. 背光源

背光源（见图 5.17）的特点是高密度 LED 阵列，高亮度照射；采用漫反射导光，光线均匀性好。LED 灯珠排布成一个面（底面发光）或者从光源四周排布一圈（侧面发光）。该光源常用于突出物体的外形轮廓特征，适用于大面积照射，背光一般放置于物体底部，需要考虑机构是否适合安装，在较高的检测精度下，通过增强光平行性来提升检测精度。其应用场景包括机械零件尺寸和边缘缺陷的检测、饮料液位和杂质检测、手机屏漏光检测、印刷海报缺陷检测、塑料膜边缘接缝检测等。

6. 点光源

点光源（见图 5.18）的特点是体积小、散热性强、使用寿命长；采用高亮 LED，发光强度高，多配合远心镜头使用；非直接同轴光源，检测视野较小。其应用场景包括手机内屏隐形电路检测、标记点定位、玻璃表面划痕检测、液晶玻璃底基校正检测等。

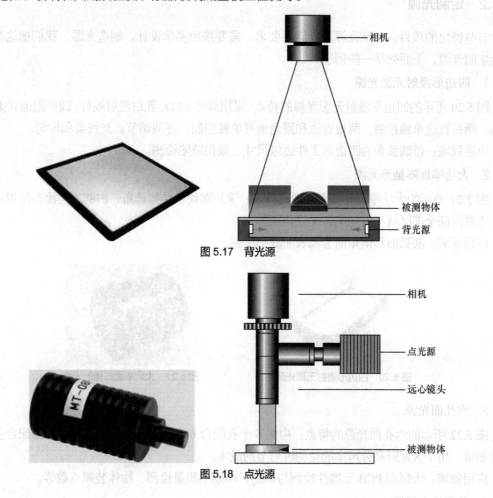

图 5.17 背光源

图 5.18 点光源

7. 线光源

线光源（见图 5.19）的特点是采用特殊光学聚镜使照明更均匀，主要配套线阵相机采集图像；发光源采用高亮 LED，并使用导光柱聚光，光线呈一条亮带。该光源通常用于线阵相机照明，采用侧向照射或底部照射。线光源可以不使用聚光透镜，让光线发散，增加照射面积，也可在前段添加分光镜，转换为同轴线光源。其应用场景包括液晶屏表面灰尘检测、玻璃划痕检测及内部裂纹检测、布匹纺织均匀检测等。

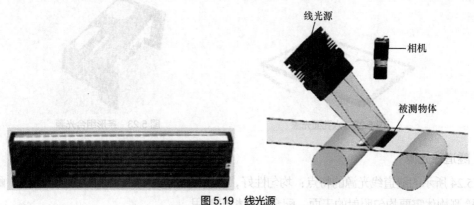

图 5.19 线光源

5.3.2 定制光源

有些特定的项目,标准光源难以满足要求,需要按照要求设计、制造光源,我们把这类光源统称为定制光源,下面列举一些例子。

1. 四边形漫射无影光源

图 5.20 所示的四边形漫射无影光源的特点:采用高亮 LED,乳白漫射板材,圆形跑道式柔性 PCB 结构;两长直边单独控制,两短直边和圆角也可单独控制,方便调节;光线柔和均匀。

应用领域:带圆弧角的四边形工件边缘尺寸、划伤缺陷检测。

2. 大功率面阵桶形光源

图 5.21 所示的大功率面阵桶形光源的特点:采用圆筒状结构排布,内壁均匀涂布反射涂料,保证了光源内部全部区域亮度均匀,无死角阴影。

应用领域:圆弧面和倒角面金属表面缺陷检测。

图 5.20　四边形漫射无影光源　　　　图 5.21　大功率面阵桶形光源

3. 六孔面光源

图 5.22 所示的六孔面光源的特点:中间 6 个孔配合 6 台相机使用,实现一个光源配合多台相机同时拍摄,用于大视野高分辨率的检测时可节约成本。

应用领域:大幅面 PCB 元器件检测与识别、印刷品质量检测、物体装箱点数等。

4. 条形组合光源

图 5.23 所示的条形组合光源的特点:条形光源组合,外壳灯罩拱状设计,内部选用高亮 LED,有效隔绝外部环境光干扰。

应用领域:适用于流水线生产方式、散装料杂物检测。

图 5.22　六孔面光源　　　　图 5.23　条形组合光源

5. 隧道线光源

图 5.24 所示的隧道线光源的特点:均匀性好,内部选用高亮 LED;结构紧凑、稳固、耐用。常用于被检测物体需要均匀照射的表面,配合线阵相机使用。

6. 多角度环形光源

图 5.25 所示的多角度环形光源的特点：采用多角度、高密度、多阵列、高亮 LED，每个角度可独立控制亮度，还可以多角度组合使用。

应用领域：手机标志检测、玻璃缺陷检测等。

图 5.24　隧道线光源

图 5.25　多角度环形光源

5.3.3 光源控制器

光源控制器是光源控制的核心部分，它负责光源的亮度、电流、电压、光源发光逻辑的控制，分为模拟控制器和数字控制器。

（1）模拟控制器的控制电压有 5V、12V、24V 等，其特点：光源亮度在运行中不能调节，需要事先调节好光源亮度；外部触发输入，与相机同步；可以使用频闪照明，延长光源寿命；只能手动调节亮度，如图 5.26 所示。

（2）数字控制器的控制电压有 5V、12V、24V 等，其特点：0～255 级亮度可控制；计算机或外部触发输入，与相机同步；可以使用频闪照明，延长光源寿命；可用手动和计算机控制两种方式调节亮度；计算机与光源控制器通过串口或网口连接，方便集成，如图 5.27 所示。

图 5.26　模拟控制器

图 5.27　数字控制器

读者如果需要详细了解标准光源和控制器的具体型号及参数，我们以视觉龙公司的 VDLS 系列标准光源和 VDLSC 系列标准光源控制器为例进行介绍，读者可扫描二维码查看。

VDLS 系列标准光源

VDLSC 系列标准光源控制器选型

5.4　光源选型和照明方式

选择合适的光源，一般用观察试验法和科学分析法，通过尝试使用不同类型光源在不同位置、不同角度照射物体，通过相机观察图像或者分析成像，综合考虑环境及客户需求，推荐解决方法。

5.4.1 现场需求

1. 环境需求分析

根据系统结构及运行的要求，确定相机、光源、被测物体的空间结构关系。需确定的参数有视野（FOV）、工作距离（WD）、精度等；空间结构有直射、侧射、背部照射。

2. 物体表面纹理及颜色分析

需要确认的相关问题包括：物体表面是曲面还是平面？是否光滑？反光是否很强？物体透光性如何？背景（不需要检测）是什么颜色？前景（需要检测）是什么颜色？前景颜色是否多样？这些都取决于光源的选择。

5.4.2 实物测试

通过上文所述方法，我们可以初步选定一款光源开始测试。下面是可能遇到的问题与对策。如前景亮度不够，前景颜色是什么？可建议换成与前景颜色相同的光源测试；如整个图像亮度不够，建议将光源靠近物体一些，或者采用频闪，或者换波长短一些的光源；如图像泛白，建议降低光源亮度，或将光圈减小。

1. 漫射背光

如图 5.28 和图 5.29 所示，漫射背光主要用于边缘提取，透明体内部检测，贯穿型缺陷检测，狭缝、通孔内杂质检测。

图 5.28　漫射背光照明方式　　　　图 5.29　漫射背光效果

2. 平行背光

如图 5.30 和图 5.31 所示，平行背光主要用于圆柱状、带倒角、带圆角物件边缘定位和尺寸测量等，可以避免杂散光造成的边缘发虚现象，也可用于透明体内气泡检测。其与漫射背光的区别在于，平行背光的成像效果边缘更清晰。

3. 低角度直射光

低角度直射光主要用于表面粗糙程度不同的区域的区分，边缘有倒角、圆角的物体轮廓提取，冲压、浇铸、浮雕图案的识别与检测，光滑表面划伤，裂痕检测等，如图 5.32 和图 5.33 所示。

图 5.30　平行背光照明方式

图 5.31　平行背光效果

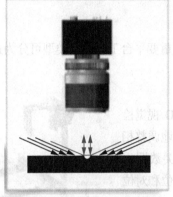

图 5.32　低角度直射光照明方式

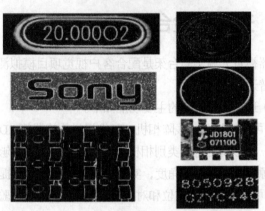

图 5.33　低角度直射光效果

4. 同轴光

同轴光主要用于被检测物体表面粗糙程度不同的区域的区分、物体边缘或内部有垂直断差的区分、物体表面有比较陡峭（超过 60°）的边缘的检测或测量、物体光滑表面雕刻图案的检测、物体表面裂缝的检测、物体表面划伤的检测、物体表面低反光与高反光区域的分离等，如图 5.34 和图 5.35 所示。

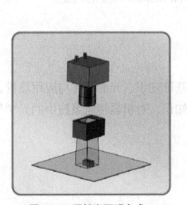

图 5.34　同轴光照明方式

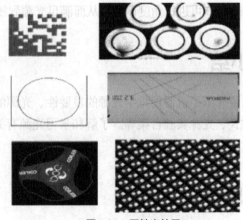

图 5.35　同轴光效果

5. 无影光

无影光由多个角度的光组成，可以避免弯曲表面导致的不均匀，如图 5.36 和图 5.37 所示。它避免了反光造成的干扰。

图 5.36　无影光照明方式

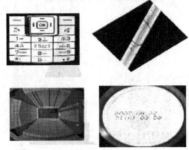

图 5.37　无影光效果

5.5　光源实验台架

机器视觉光源实验台架是配合客户视觉项目模拟测试的重要平台工具，按类型可分为运动实验平台和普通实验台架。

（1）运动实验平台的主要功能如下。

① 可以模拟测试线阵相机、三维视觉传感器等 2D 和 3D 视觉检测项目，能够满足这种类别相机和光源的接入，还能够方便地调整相机、光源的安装高度和角度，实现运动中拍摄图片和提取相关数据。

② 可以模拟测试定位和对位引导项目中的效果，验证定位和对位引导数据的准确性。

（2）普通实验台架（见图 5.38）的主要功能如下。

① 可以测试非运动状态下的视觉项目，如读码、检测、尺寸测量等。

② 适用于各类相机和光源的安装与调整。相机有单独的安装支架，图中部件 1 可以上下移动相机调整物距。光源有单独的安装支架，图中部件 2 可进行上下调整，部件 3 可进行前后调整，部件 4 可进行左右调整，部件 5 可进行角度调整，从而满足光源到物体的距离和角度的调整。

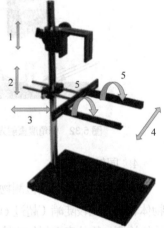

图 5.38　普通实验台架

5.6　小结

本章主要介绍了机器视觉中光源的重要性、光源的基础知识、光源种类与应用场景、光源的选型与照明方式、光源实验台架等。了解和学习光源有关知识，对机器视觉系统中的光学与照明优化设计至关重要。

习题与思考

1. 明视野和暗视野的区别是什么？
2. 直射光和漫射光的区别是什么？
3. 常用的光源种类有哪些？
4. 光源选型需要注意的问题是什么？

第6章　视觉传感器

第 1 篇简单介绍过视觉传感器。本章将介绍它的定义、功能、应用场景及其配套软件。视觉传感器操作比较简单，用户界面友好，使用方便，与其他光电传感器比较类似，其外观如图 6.1 所示。

图 6.1　视觉传感器外观

在当代科技飞速发展的带动下，视觉传感器以高速度和高精度的优势广泛应用于各个领域，特别是在现代工业自动化生产中，它不仅提高了生产效率和质量，还大大降低了劳动成本。视觉传感器的具体应用场景有以下几个。

1. 防呆

视觉传感器可以实现自动化装配的过程中对零件正/反的判断，判断某个局部特征的有/无。上述功能可以用该传感器的模板匹配检测工具实现。

2. 读码

视觉传感器可以实现条码（包括一维码、二维码）的识别和读取，读取数据上传给上位机。上述功能可以用该传感器的读码工具实现。

3. 测量

视觉传感器可以实现产品的尺寸测量，测量数据上传给上位机。上述功能可以用该传感器的宽度测量工具实现。

4. 位置定位

视觉传感器可以实现产品的位置定位，定位数据包括产品中心点的坐标、角度数据，通过标定后可以转换成物理尺寸上传给上位机，引导机械装置的搬运、加工等。上述功能可以用该传感器的边缘检测工具、360 度轮廓匹配工具实现。

此外，视觉传感器特别适用于检测指标单一且控制逻辑相对简单的自动化应用场合。

6.1　视觉传感器概述

视觉传感器是一种高度集成化的微小型嵌入式视觉处理系统。它集图像采集、处理与通信功能于一体，从而提供了多功能、模块化、高可靠性、易于实现的机器视觉解决方案，工作时不需要使用工控机。视觉传感器能够实现特征识别、定位、检测等多种机器视觉的应用需求。视觉传感器架构如图 6.2 所示。

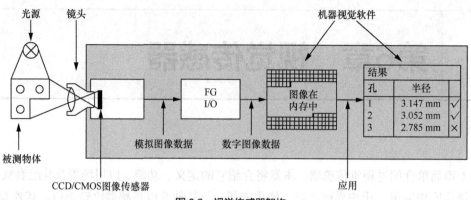

图 6.2　视觉传感器架构

6.1.1　视觉传感器的组成和工作原理

1. 视觉传感器的组成

视觉传感器主要由三部分组成。

（1）取图单元

取图单元主要是指传感器芯片，一般有 30 万像素、130 万像素和 500 万像素分辨率的型号可以选择，镜头需要另外配置。

（2）图像处理单元

图像处理单元主要包括软件框架和视觉检测工具，功能是对图像进行处理、分析，并生成判断结果。

（3）输入/输出单元

输入/输出单元主要包括物理 I/O 接口和通信接口，其主要功能是将取图的逻辑控制和检测结果上传给其他的控制系统，可以通过物理 I/O 接口和串口或者网口通信。

2. 视觉传感器的工作原理

在自动化逻辑的控制下，视觉传感器首先完成取图，在捕获图像之后，视觉传感器将其与内存中存储的基准图像模板进行比较，以做出分析。例如，若视觉传感器模板图像的匹配度被设定为 95%，实际图像视觉检测没有达到匹配度会被系统判断为错误，并通过 I/O 接口或者通信接口上传给其他的自动化系统。

本章以深圳视觉龙公司开发的视觉传感器产品 VDSR（Vision Dragon Sensor）为例对视觉传感器进行详细的阐述。

6.1.2　VDSR 视觉传感器介绍

VDSR 视觉传感器内置摄像头、处理器、网络连接、I/O 接口等，所有这些元件都集成于一个体积小巧、可适应狭窄空间的工业外壳中。

VDSR 视觉传感器提供了具有针对性的视觉工具，实际应用中可以当作定位、检测、读码传感器。生产厂家提供了配套的 VDSR 软件，可通过计算机或者平板电脑进行配置，配置完成后可以脱机运行。VDSR 不提供镜头和光源，需要客户根据项目要求自行选配。厂家提供函数库供客户二次开发以满足复杂的项目需求。它可以被看作一款简单的智能相机。

6.1.3 VDSR视觉传感器的功能特点

（1）以太网方式连接。视觉传感器和上位机通过以太网连接，数据交互方便。

（2）高度集成、一体化的函数库。取图和处理都集成在传感器内部，并提供了一体化的函数库。

（3）无须编程，配置简单。视觉传感器应对项目时，无须编程，只需简单配置，既降低了技术难度，又缩短了开发周期。

（4）结构简单小巧，方便安装定位。

（5）可达微米级的定位精度。

6.1.4 VDSR视觉传感器的参数

VDSR视觉传感器的参数如下。

（1）32位DSP+CPU。

（2）LAN以太网：100Mbit/s。

（3）I/O接口：2个输入/4个输出，每个输出电流最高可达400mA。

（4）像素：640×480（30万像素）、1280×1024（130万像素）。

（5）供电电压：直流12～24V（±20%），最大工作电流300mA。

（6）工作环境：温度0～55℃，相对湿度0～80%，无冷凝。

（7）保存环境：温度-20～60℃，相对湿度0～80%，无冷凝。

（8）最大帧率：60帧/秒。

（9）功耗：约1.5W。

6.1.5 VDSR视觉传感器接口介绍

1. 接口

VDSR视觉传感器有两个物理接口（见图6.3），可通过专用线缆与外部连接。电源和I/O接口的主要作用是为VDSR视觉传感器提供电源和通信用物理I/O接口，电源需提供直流12～24V。以太网接口可以实现上位机软件与VDSR视觉传感器本体通信，也可以与第三方设备用以太网交换数据。

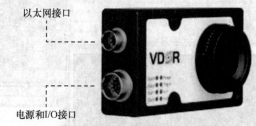

图6.3 VDSR视觉传感器接口

2. VDSR视觉传感器与计算机及各通信端的连接

VDSR视觉传感器通过唯一的以太网接口与外界连接，因而对于需要频繁切换通信端的应用场合，建议配合路由器使用。VDSR的固定IP地址为192.168.0.xxx，则路由器的LAN口或计算机的IP地址应配置为同一网段，网关统一为255.255.255.0；对于仅有串口的通信端，可使用网口转串口设备进行转接。计算机端 IP 地址配置示例见图 6.4。

图 6.4　计算机端 IP 地址配置

6.2　视觉传感器软件介绍

VDSR 视觉传感器的软件由两部分组成，一部分是集成在视觉传感器硬件内部的底层软件，可实现图像采集、图像运算、结果输出的功能；另一部分是配置与监控软件，主要作用是可以设置各种检测工具的参数和监控 VDSR 视觉传感器的运行。本节将介绍 VDSR 视觉传感器软件的界面、检测工具的功能及应用。

6.2.1　VDSR 视觉传感器软件主界面

VDSR 视觉传感器软件主界面如图 6.5 所示，分为 6 个显示区域，作用是显示图像、选择视觉工具、参数设置、结果显示等。本小节将详细介绍这 6 个显示区域的功能和特点。

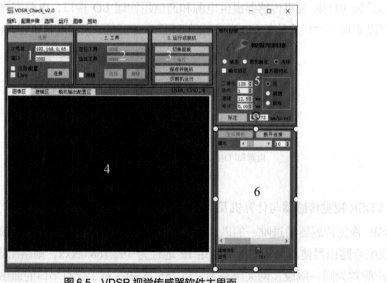

图 6.5　VDSR 视觉传感器软件主界面

1. 1 区介绍

该区为连接配置区，只要单击"1.连接"按钮，1 区便被激活。默认已填写了正确的 IP 地址和端口号，用户无须更改。若计算机设置就绪并连接好 VDSR，便可单击"连接"按钮以连接相机。

当前 IP 地址为 192.168.0.65，端口号为 2002。

读取配置：选择后直接运行上一次已经保存好的检测方案。

2. 2 区介绍

该区为工具选择区，只要单击"2.工具"按钮，2 区便被激活。通过下拉菜单可选择工具，单击"选择"按钮便可调出工具；定位工具的功能是在图像中找到模板图像，在选择"跟随"后，其他工具可跟随定位工具移动。可选择的工具有 8 种，在后文中将会有详细的介绍和说明。选中某一个工具后单击"删除"按钮便可删除工具。

3. 3 区介绍

该区为运行选择区，当 2 区中工具选择完毕，通过单击"3.运行或脱机"按钮激活 3 区，单击"运行"按钮便可看到各个工具的运行效果。每个工具对应一个配置面板，所有的配置面板都在 5 区中显示，且一次只能显示一个面板，单击"切换面板"按钮，可切换不同工具的配置面板，如果要脱机运行，则单击"保存并脱机"或"仅脱机运行"按钮。至此，计算机端检测方案配置完毕。

4. 4 区介绍

该区为图像显示区（逻辑区、脱机输出配置区将在后文加以说明），程序运行时，此区可看到实时的影像。右上角显示的是鼠标指针所在的像素的位置和该点的灰度值。

5. 5 区介绍

该区为工具设定配置区，通过 3 区的"切换面板"按钮，可切换不同工具的配置面板。每增加一个工具，5 区都会自动添加该工具的配置面板，没有添加任何工具时只会显示主面板。

6. 6 区介绍

该区为结果显示区，所有被调用的工具的识别结果、VDSR 的连接状态、VDSR 的型号及 ID 都会在此显示出来；在使用 360 度轮廓匹配工具或者模板匹配工具时，单击本区的"生成模板"按钮生成模板图像；单击"断开连接"按钮，可断开上位机与 VDSR 的连接。此外，还可以拖曳滑动条或直接输入数字来调节 VDSR 的曝光时间（单位为 ms）。

6.2.2 检测工具介绍

VDSR 视觉传感器的检测工具有 8 种，可以完成边缘检测、平均亮度、平均偏差、宽度测量、模板匹配、一维码检测、二维码检测、360 度轮廓匹配等检测功能。下面将介绍各工具的功能特点和检测原理。

1. 边缘检测工具

（1）功能特点

边缘检测工具界面如图 6.6 所示。该工具可找到选择框（选择框可自由拖曳、旋转、放大、缩小）内从左到右的第一条边缘线（直线或曲线），找到坐标为边缘线最左边的点的 x 坐标及选择框的中点的 y 坐标，计算结果为从选择框的左边缘到边缘线最左边的点的 x 坐标的直线像素距离。一旦找到符合条件的边缘（在期待值内），选择框内就会变绿以示状态。

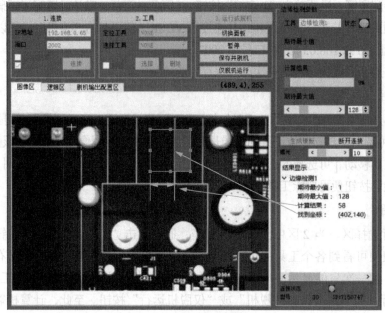

图 6.6　边缘检测工具界面

（2）检测原理

边缘检测算法的基本步骤如下。

① 滤波：边缘检测算法主要基于图像强度的一阶和二阶导数，但导数的计算对噪声很敏感，因此必须使用滤波器来改善与噪声有关的边缘检测器的性能。为什么对图像进行求导很重要呢？假设我们需要检测图像中的边缘，在物体边缘处，像素值明显改变。导数可以用来表示这一像素值的改变。梯度值的变化预示着图像中内容的变化。

② 增强：增强边缘的基础是确定图像各点邻域强度的变化值。增强算法可以将邻域（或局部）强度值有显著变化的点突显出来。

③ 检测：在图像中有许多点的梯度幅值比较大，而这些点在特定的应用领域中并不都是边缘，所以应该用某种方法来确定哪些点是边缘点。通常采用梯度幅值来确定。

④ 定位：通过步骤③检测确定边缘像素，也就确定了像素坐标，通过该工具的算法公式可以得到该工具需要给出的数据。

2. 平均亮度工具

（1）功能特点

如图 6.7 所示，平均亮度工具可检测出选择框内整个区域的平均亮度（灰度平均值），灰度范围为 0～255。用户可拖动"平均亮度参数"面板上的滑动条或者直接输入数值来调节期待值。如果符合期待条件，选择框内将会变绿。

（2）检测原理

使用黑白相机拍照，得到一个通道的图像数据，表示每一个像素的感光强度，将最强和最弱的感光强度分成 0～255，共 256 个级别，则为 8bit 的灰度值，也有其他的灰度深度 10bit、12bit、16bit，位数越多图像越清晰，所包含的信息量也越大。本传感器使用的是 8bit，即一个像素灰度值占一个字节。图 6.8 所示的白色区域灰度值为 253；图 6.9 所示的黑色区域灰度值为 18。

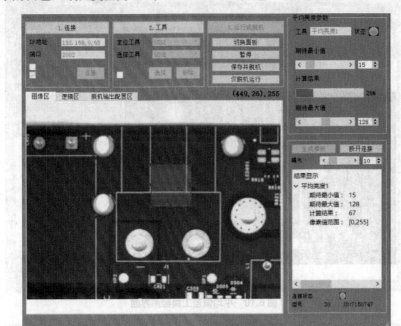

图 6.7　平均亮度工具检测界面

图 6.8　白色区域灰度值

图 6.9　黑色区域灰度值

3．平均偏差工具

（1）功能特点

平均偏差工具的概念与平均亮度相似，可检测出选择框内整个区域灰度的平均偏差，偏差范围为 0～128。它通过与期待值比较求出平均偏差。

（2）检测原理

平均偏差工具主要应用于表面检测，如图 6.10 所示，用户可拖动"平均偏差参数"面板上的滑动条或者直接输入数值来调节期待值。如果符合期待条件，选择框内将会变绿。

4．宽度测量工具

（1）功能特点

如图 6.11 所示，宽度测量工具可检测出选择框（选择框可自由拖动、放大、缩小）内黑色目标或白色目标的宽度，返回结果为以像素为单位（标定后以 mm 为单位）的目标宽度。用户可拖动"宽度测量参数"面板上的滑动条或者直接输入数值来调节期待值和二值化的阈值，还可根据要求选择测量黑色或者白色的目标。如果选择框内有符合设定的阈值（灰度差别绝对值）灰度差的部分，这个区域会变绿，同时会显示宽度结果。

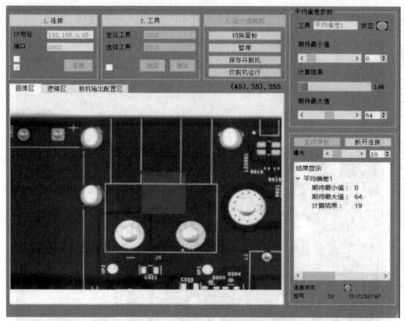

图 6.10　平均偏差工具检测界面

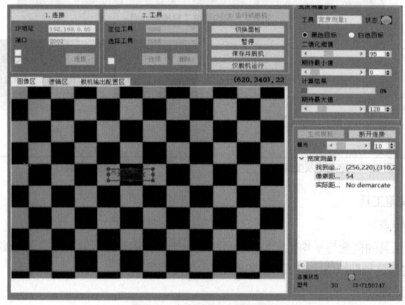

图 6.11　宽度测量工具检测界面

（2）检测原理

① 投影处理。

如图 6.12 所示，投影处理是指对测量区域内的图像相对于检查方向进行垂直扫描，然后计算各投影线的平均灰度。投影线平均灰度波形被称为投影波形。

计算投影方向的平均灰度，可以减少区域内的噪点造成的检查错误，如图 6.13 所示。

② 微分值。

根据投影波形进行微分处理（即边缘感度），如图 6.14 所示。可能成为边缘的、浓淡变化较大的部位，其微分值也较大。计算浓淡（级）变化量的处理过程，可以消除区域内灰度绝对值的变化导致的影响。

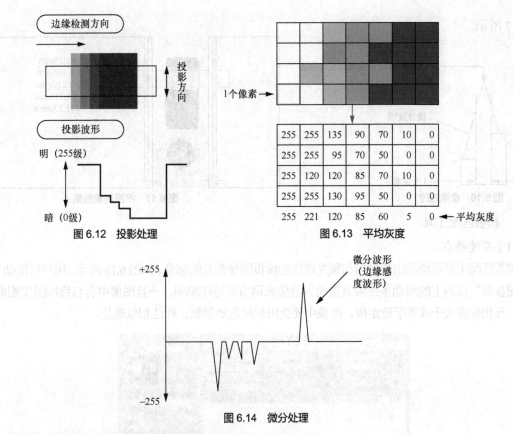

图 6.12　投影处理　　　　　　　　图 6.13　平均灰度

图 6.14　微分处理

例如，没有浓淡变化的部位的微分值是 0。

白色（255）→黑色（0）时的微分值是 -255。通过校正使微分最大值达到 100%。

在实际生产应用中，为了使边缘调整到稳定的状态，通常会进行适当的调整以使微分绝对值达到 100%，这将超过预先设置的"边缘感度（%）"的微分波形的峰值作为边缘位置。根据浓淡变化峰值的检测原理，在照明度经常发生变化的生产线上也可以稳定地检测出边缘，如图 6.15 所示。

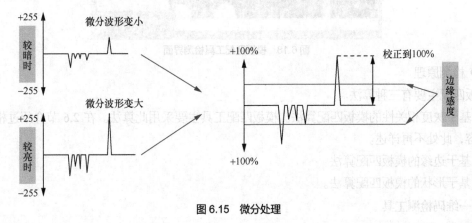

图 6.15　微分处理

③ 像素处理。

对于微分波形中最大部分的中心附近的 3 个像素，根据这 3 个像素形成的波形，进行修正演算，如图 6.16 所示。以 1/100 像素为单位测算边界位置（亚像素处理）。

利用该工具，可检测金属板的宽度、孔径（不是绝对圆）的 x 方向尺寸和 y 方向尺寸等，如

图 6.17 所示。

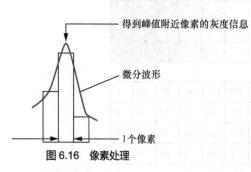

图 6.16 像素处理

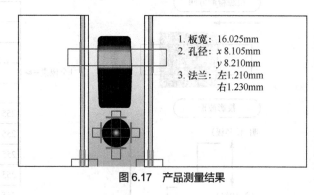

1. 板宽：16.025mm
2. 孔径：x 8.105mm
   y 8.210mm
3. 法兰：左1.210mm
   右1.230mm

图 6.17 产品测量结果

5. 模板匹配工具

（1）功能特点

模板匹配工具可检测出视野内与预先设定的模板图像相似的部分，如图 6.18 所示。用户可拖动"模板匹配参数"面板上的滑动条或者直接输入数值来调节期待匹配率，一旦图像中有与目标图像相似的区域，且相似度大于或等于设定值，图像中便会出现绿色矩形框，标注相似部分。

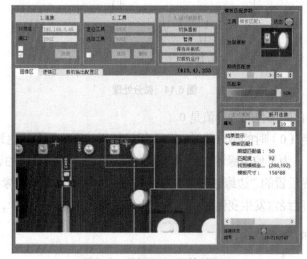

图 6.18 模板匹配工具检测界面

（2）检测原理

模板匹配主要有三种算法。

① 基于灰度相关性的模板匹配算法。模板匹配工具主要采用此算法。在 2.6 节介绍过相关性分析的内容，此处不再详述。

② 基于边缘的模板匹配算法。

③ 基于形状的模板匹配算法。

6. 一维码检测工具

（1）功能特点

一维码检测工具可检测出选择框内一维码的数据，如图 6.19 所示。用户可随时移动选择框并改变选择框的大小，其支持的格式有 Code-25 码、Code-39 码、Code-128 码、EAN-13 码、EAN-128 码等。

（2）检测原理

一维码由宽度不同、反射率不同的条（黑色）和空（白色）组成。它是依照特定的编码规则编制，用来表达一组数字、字母信息的图形标识符。EAN（European Article Number，欧洲商品编号）码是模块组合型一维码。EAN-13 码是 EAN 码的一种，用 13 个字符表示信息，是我国主要采取的编码标准。EAN-13 码包括商品的名称、型号、生产厂商、国家地区等信息。

图 6.20 所示为一维码的一个字符。C_1、C_2、C_3、C_4 表示该字符中 4 个相邻的条（黑）或空（白）的宽度。T 是一个字符的宽度。$C_1+C_2+C_3+C_4=7$（模块），用 n 表示一个模块的宽度，$n=T/7$。由 $m_i=C_i/n(i=1,2,3,4)$，便能够得到编码。若 $m_1=1$、$m_2=3$、$m_3=1$、$m_4=2$，且条码排列为条—空—条—空，则当前字符二进制编码为 1000100，按照 EAN-13 编码规则，即为字符"7"。

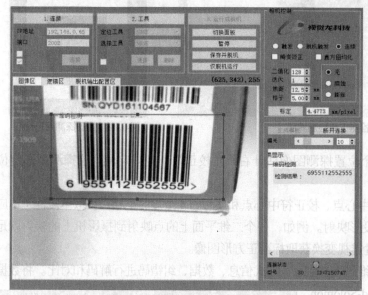

图 6.19　一维码检测工具检测界面

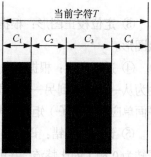

图 6.20　一维码的一个字符

7．二维码检测工具

（1）功能特点

二维码检测工具可检测出选择框内二维码的数据，如图 6.21 所示，用户可随时移动选择框及改变选择框的大小。VDSR 能识别 DM（Data Matrix，数据矩阵）码，不能识别 QR（Quick Response，快速响应）码，下面提到的二维码均为 DM 码。

（2）检测原理

二维码是由黑白相间的两种颜色组成的图形，每一个相同大小的黑色或白色方格称为一个数据单位。二维码由寻边区和数据区组成，寻边区对二维码的边界进行识别，数据区则是二维码的数据编码部分。二维码识别的过程主要有图像预处理、位置探测图形特征、定位校正图形、透视变换、译码、纠错。

① 图像预处理：灰度化、去噪、畸变矫正及二值化等。

② 位置探测图形特征如图 6.22 所示，通过位置探测图形 1∶1∶3∶1∶1 的特征查找，允许容差 0.5，水平和垂直方向扫描该特征，多次穿透即为候选位置探测图像。通过一些筛选策略剔除假位置探测图形，确定真图形，再根据 3 个该图形之间的距离和旋转角度，确定它们的方位，分别为左上角、右上角、左下角。

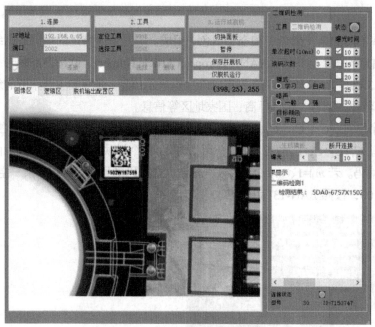

图 6.21　二维码检测工具检测界面

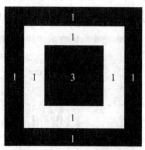

图 6.22　位置探测图形特征

③ 定位校正图形：根据 3 个位置探测图像估计右下角校正符，类似定位位置探测图形定位该图形。

④ 透视变换：根据 3 个定位中心点、校正符中心点和理想的 4 个点的坐标，获取单应性（单应性为从一个平面到另一个平面的投影映射。例如，一个二维平面上的点映射到摄影机上的映射就是平面单应性的例子）矩阵，再通过透视变换获取标准正方形图像。

⑤ 译码和纠错：译码是对二维码版本信息、格式信息、数据、纠错码进行解码和对比。将数据区转为 0 和 1 的比特流，并用 Reed-Solomon 纠错算法对比特流校验和纠错。判断二维码编码格式后译码，这样便得到了二维码包含的数据。

8. 360 度轮廓匹配工具

360 度轮廓匹配工具与模板匹配工具相比，不仅可找到设定好的模板图像，还可以计算出图像的旋转角、缩放倍率等，如图 6.23 所示。

其中角度范围（−180°～180°）、角度步进（寻找目标时每次对图像旋转多少度）、比例范围（−50%～50%，即 0.5～1.5 的缩放倍率）、比例步进（寻找目标时每次对图像缩放的倍率）、期待值、匹配度、目标数（最多 20 个）等，可由用户设定。单击"切换数据显示"按钮，可切换显示所找到的不同目标的特征。

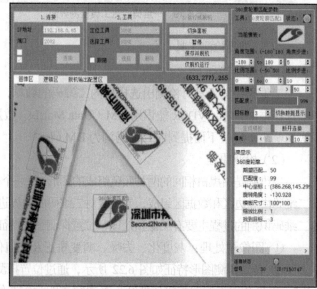

图 6.23　360 度轮廓匹配工具检测界面

360 度轮廓匹配是基于图像几何特征的定位算法，其主要优点在于该算法在面对存在严重遮挡、对比度突变、背景复杂或者非线性光照变化的场景时，具有非常高的识别率。本书 2.6.3 节详细介绍了几何特征匹配的应用。

6.3 视觉传感器软件的多工具联合使用方法

在多工具联合使用时，只需要调取不同的工具并明确这些工具之间的数据传递关系，下面重点说明多工具联合使用的方法。

VDSR 视觉传感器支持多工具联合使用，当放入同一产品时，产品的位置可能发生了变动，各个检测区域也需要随之变动。此时先调用 "360 度轮廓匹配 1" 工具，然后调用其他工具。在调整好位置之后，勾选 2 区的 "跟随"，其他检测工具便会随着 "360 度轮廓匹配 1" 工具而动，即使重新放入的产品发生了很大的位置变动，对于检测结果依然没有影响，如图 6.24 所示。VDSR 视觉传感器软件会依据模板的位置动态调整各个工具的位置，保证检测区域的准确性。

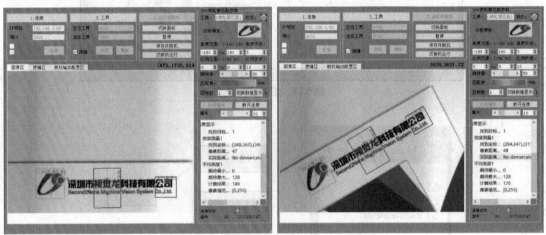

图 6.24　VDSR 视觉传感器多工具使用界面

6.3.1 VDSR 视觉传感器软件的逻辑工具

VDSR 视觉传感器软件支持对各工具运算结果进行逻辑运算和输出的功能。在 4 区里单击 "逻辑区"。然后单击右上角的 "I/O 输出配置" 按钮，5 区面板将切换至逻辑工具面板，此面板可直接配置 4 个硬件 I/O 的输出条件。如图 6.25 所示，只要在逻辑工具面板 "Out0" 下选中某一个工具，该工具便自动连接至 Out0。Out1、Out2、Out3 采用同样的操作。

在 "I/O 输出配置" 条件下，可输入 I/O 状态的持续时间（取值范围为 0～65535），0 表示一直持续，如果输入 10，则 I/O 状态在持续 10ms 之后便自动清零（全部变为低电平），不建议设置时间过长。

此外，在 "逻辑区" 内可单击 "逻辑选择" 按钮调出逻辑工具。逻辑工具有 4 种，逻辑与（AND）、逻辑或（OR）、逻辑非（NOT）、逻辑异或（XOR）。每种逻辑工具可以最多选择 5 个视觉工具。通过下拉列表框可以选择逻辑工具的种类。同样，通过 "逻辑删除" 按钮上的下拉列表框可以选择删除逻辑工具。这几个工具的运算作用不难理解，这里不再详述。下面将演示逻辑工具的使用，如图 6.26 所示。

单击 "逻辑选择" 按钮（按钮上方下拉列表框的选项为 AND 时），将生成 AND_1 逻辑工具（单击多次将生成 AND_2、AND_3 等），工具面板将切换至 AND_1 配置面板下。我们可以选择任何已经调出的工具，被选择的工具将连接至 AND_1。然后，再按照配置 I/O 输出的方法将 AND_1 连接至任何输出。

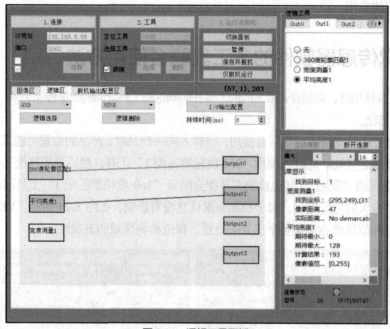

图 6.25   逻辑工具面板

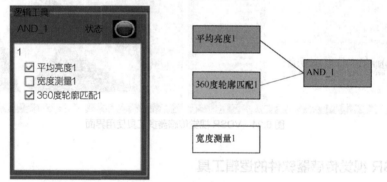

图 6.26   逻辑工具的使用

6.3.2   VDSR 视觉传感器软件脱机配置输出

VDSR 视觉传感器软件支持连续模式下的脱机运行和触发模式下的脱机运行。当建立好了检测方案，单击"保存并脱机"按钮时，VDSR 视觉传感器软件先保存检测方案，然后进入脱机状态；单击"仅脱机运行"按钮时，VDSR 视觉传感器软件直接进入脱机状态。当用户想用第三方设备（用户的软件、PLC 设备、机器人设备等）连接脱机状态下的 VDSR 视觉传感器软件时，必须单击"保存并脱机"按钮进入脱机状态，然后才能用第三方设备对其进行连接。

第三方设备通过网口连接 VDSR 视觉传感器，IP 地址应设定为与 VDSR 视觉传感器同一个网段：192.168.0.xxx，网关为 255.255.255.0。此时的 VDSR 视觉传感器为服务端。若第三方设备只有串口无网口，可以使用串口转网口模块，只要把模块设定为客户端模式，IP 地址设定为 192.168.0.xxx 网段，网关为 255.255.255.0，目标地址和端口号设定为 VDSR 视觉传感器的 IP 地址和端口号即可。

6.3.3　VDSR 视觉传感器通信

VDSR 视觉传感器与上位机通信的数据结果分为两种：uchar 型和 int 型。uchar 型数据，占 1B 空间；int 型 32 位的数据，占 4B 空间。

VDSR 视觉传感器内存模式为小端模式，若其向外发送一个 int 型数据，将从字节的低位开始发送。如发送 0x12345678，那么第三方设备接收到的 4B 的数据的顺序是 0x78（byte0）、0x56（byte1）、0x34（byte2）、0x12（byte3）。那么第三方设备应做的处理为 int = byte0 +(byte1<<8)+(byte2<<16)+(byte3<<24)，这样便可还原数据。反之，第三方设备向 VDSR 视觉传感器发送数据亦如此。工具的数据格式如下。

字符串头："position:"。

单个工具结果字符数：1 uchar status。

格式：1B。

解释：有无边缘，有= 255，无= 0。

例如：选择了"字符串头"及边缘检测 1、2、3，检测工具 2 检测到了边缘，工具 1 和 3 没有检测到边缘。另外，数据附加头部为默认的 0x02，尾部为 0x0a。则 VDSR 视觉传感器将发送 0x02+"position:" +0x00+0xff+0x00+0x0a。十六进制显示为：

0x02 0x70 0x6F 0x73 0x69 0x74 0x69 0x6F 0x6E 0x3A 0x00 0xFF 0x00 0x0A

若只勾选了边缘检测 1、2、3，检测工具 2 检测到了边缘，工具 1 和 3 没有检测到边缘。则 VDSR 视觉传感器将发送 0x02+0x00+0xff+0x00+0x0a。十六进制显示为：

0x02 0x00 0xFF 0x00 0x0A

6.4　小结

本章主要介绍了视觉传感器及其软件工具和应用场合。通过本章的学习，读者可以了解什么是视觉传感器，明确视觉传感器的功能及各视觉传感器软件工具的使用方法。

习题与思考

1. 视觉传感器软件的模板匹配、宽度测量、二维码检测等工具的检测原理是什么？其主要应用场景有哪些？

2. 视觉传感器软件的工具如何联合使用来完成视觉项目的实施？举例说明。

3. 视觉传感器的 I/O 与外部设备如何通信？数据有哪几类？

07 第7章 智能相机

智能相机是近年发展起来的一种工业视觉系统，它具有模块化、标准化、可配置组态、硬件可选配等特点，适合的应用场景有如下几种。

1. 多相机、多工位协同检测的工作场景

自动化应用需要多台相机和多个工位协同工作，可以一个工位一台相机，也可以一个工位数台相机。在智能相机系统里都是可以配置支持的，工作的模式可以多个工位并行工作，也可以串行工作。

2. 多个坐标系转换的工作场景

有些应用需要在多个坐标系里面转换，智能相机也可以配置支持。这类应用场景多采用两个产品或者多个产品定位，支持多个运动平台或者机器人引导。

3. 2D 和 3D 都需要检测的工作场景

实际应用中有同时需要 2D 和 3D 都检测的项目，智能相机系统通过配置可以在一个系统内实现，2D 和 3D 的数据可以在一个系统内处理、运算。

4. 多功能、多任务综合应用的工作场景

在工业应用中有时需要同时实现多种视觉功能，如测量、定位、缺陷、颜色识别等，可以通过对智能相机进行配置完成。

智能相机主要分为基于 PC-based 系统的智能相机和基于嵌入式系统的智能相机两种，本书仅介绍应用较广泛的基于 PC-based 系统的智能相机。

下面将以龙睿智能相机为例进行详细的介绍。

7.1　智能相机的系统组成

智能相机是一套可配置任务的综合视觉处理系统，主要分为软件和硬件两部分。软件部分由基于视觉底层算法开发的视觉检测工具、逻辑工具、通信工具等组成。硬件部分由控制器、相机、镜头、光源等组成。

1. 控制器及操作系统

智能相机硬件的控制器是指操作系统为 Windows 的工控机。市面上大部分品牌的工控机都适合作为智能相机的控制器，例如研华、研祥和凌华等；操作系统支持 32 位和 64 位的 Windows 7、Windows 10 等系统。智能相机的控制器硬件配置一般最低要求为 CPU 单核 2.8GHz、内存 4GB、硬盘 128GB，配置也会根据项目要求有所不同。

2. 相机

智能相机系统可支持面阵相机、线阵相机、三维视觉传感器等，系统已经预装了这些相机的驱

动程序和相机取图协议等。

3. 视觉软件

智能相机系统软件处理平台是一套可配置任务的综合视觉处理软件，支持多种相机，可自由配置检测任务，支持多任务多工位的检测；工具包覆盖定位、2D 测量、读码、3D 测量、查找、斑块检测、颜色识别、逻辑判断等工具，并支持图像预处理等辅助工具。

4. 系统连接

智能相机可以把相机、镜头、光源、视觉控制器、上位机等连接在一起，整合成一个有效的机器视觉系统。

7.2　功能特点和系列介绍

7.2.1　功能特点

龙睿智能相机是一套基于 Windows 7 和 Windows 10 操作系统的工业视觉应用系统，应用领域包括 2D 定位、2D 检测、2D 测量、3D 定位、3D 检测、3D 测量、读码与识别等，支持多种类型相机接入和数据上传云端、大数据处理等，如图 7.1 所示；支持多工位、多任务同时运行，最多可同时接入 10 台相机，各种应用工具可自由配置，视觉工程项目开发无须编程，支持工控行业大部分标准通信协议，并自带 16 路 I/O，专用版可支持运动控制。

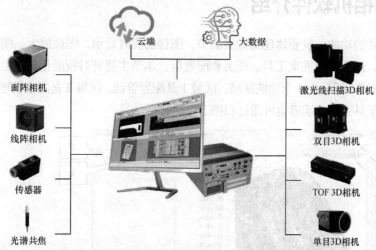

图 7.1　智能相机多相机接入及数据上传云端和大数据处理

智能相机应用领域广阔，下面列举出主要应用场景。

（1）目标定位：亚像素精度的图像几何轮廓定位处理。

（2）缺陷检测：检测各种外观缺陷。

（3）几何测量：实现高精度尺寸测量。

（4）3D 检测：接入可输出 3D 点云相机，测量物体的高度差异或共度面等。

（5）识别检测：支持多种类型的一维码和二维码识别。

（6）颜色识别与判断：彩色图片的色差检测和色度测量。

（7）多种定位对位：智能装备定位、对位的绝对位置运动控制。

（8）机器人引导：各种机器人标定、通信、引导。

（9）深度学习检测：支持外观检测和分类卷积神经网络。

（10）边缘计算平台：支持各类硬件，包括面阵相机、线阵相机、三维视觉传感器、光谱共焦相机及各类传感器等。

（11）大数据云计算：提供大数据统计等功能，可上传云服务器。

7.2.2 智能相机系列介绍

智能相机是一类产品的统称。以龙睿智能相机为例，根据不同的项目技术需求和项目成本，开发了智能相机系列产品，如表 7.1 所示。

表 7.1　智能相机系列产品介绍

产品类型	功能
经济型	入门型，有无检测，位置检测，尺寸测量，定位
专用型	在经济型基础上增加对位贴合、机器人引导
标准型	在专用型基础上增加外观检测，1D、2D 读码，字符识别
高端型	在标准型基础上增加彩色定位、色差分析、彩色识别、3D 高度差测量、3D 机器人定位
旗舰型	在高端型基础上增加深度学习检测/分类/ID 识别、线扫描检测、色度亮度测量/补偿分析、3D 缺陷检测

7.3　智能相机软件介绍

智能相机软件的功能一般要体现图像的细节，图像的实时显示，图像放大、缩小以及通过图像判断是否对焦等，还要展现视觉工具、任务和配置等。本节主要针对智能相机的主界面各个区域的功能进行介绍，图 7.2 所示为 4 个功能区域，区域 1 是配置管理、区域 2 是图像管理、区域 3 是任务管理、区域 4 是工具管理。读者也可通过扫描二维码进行学习。

智能相机软件

图 7.2　智能相机软件主界面

7.3.1 配置管理

如图 7.3 所示，一个项目可以理解为一个配置，选项 1 可设置加载保存好的配置文件，选项 2 新增加配置文件，选项 3 设置路径保存配置文件，如图 7.3 所示。

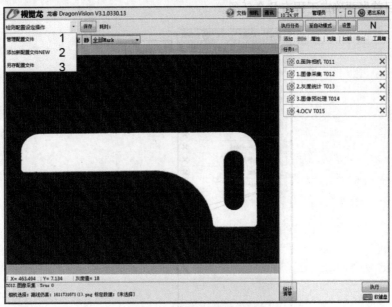

图 7.3　智能相机配置管理界面

7.3.2　图像管理

图 7.2 所示的区域 2 可设置显示界面的图像来源，显示界面可以在多个图像源中间选择，一般会将最重要的信息和判断结果显示在界面上，如图 7.4 所示。

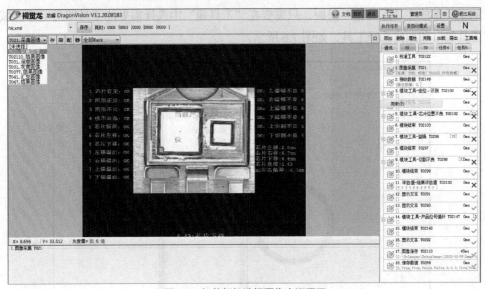

图 7.4　智能相机选择图像来源界面

7.3.3　任务管理

图 7.2 所示的区域 3 可以设置添加或删除任务，任务可以理解为一组工具在指定逻辑下运行，一

个检测项目可以只有一个任务，也可以同时并行多个任务。本区域可设置添加和删除任务，如图 7.5 所示。一个项目首先要确定工程有几个任务。

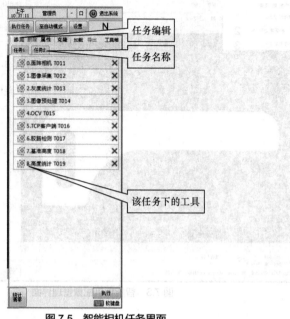

图 7.5　智能相机任务界面

7.3.4　工具管理

图 7.2 所示的区域 4 工具管理，有了任务就必须在里面设置相应的工具。软件提供一个工具箱，把所有的工具都放在"工具箱"里面，只需要在"工具箱"中选择需要的工具即可。本区域可设置显示"工具箱"和如何选择工具，如图 7.6 所示。

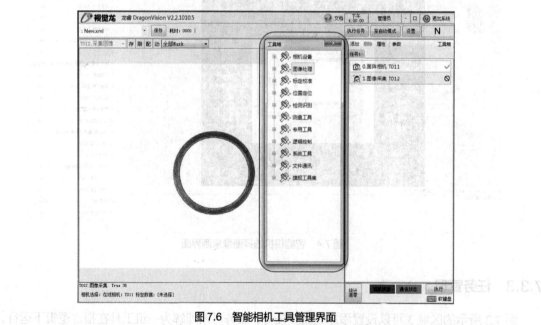

图 7.6　智能相机工具管理界面

7.4　相机工具

工业相机的种类繁多，目前应用于工业的有面阵相机、线阵相机、3D 相机。在了解视觉工具之前，需要先了解智能相机软件对应相机取图的应用工具，下面以常用的面阵相机工具为例进行讲解。

7.4.1　相机设置工具

相机设置工具主要完成相机的参数设置，包括系统接入相机的类型、个数、IP 地址、安装方式等（见图 7.7）。

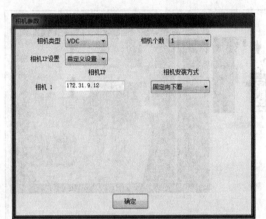

图 7.7　智能相机设置界面

相机设置工具

7.4.2　图像保存工具

图像保存工具主要完成图像保存功能，其界面如图 7.8 所示。

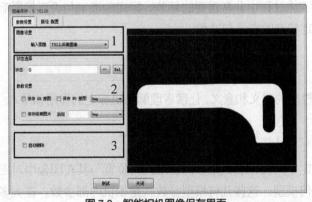

图 7.8　智能相机图像保存界面

图像保存工具

（1）输入图像：设置保存的图像来源，在多相机的时候注意选择对应的相机。

（2）设置保存图像的条件，具体如下。

① 状态选择：保存图像的条件，当左侧工具的当前判定值等于右侧的设定值时，进行图像保存。

② 参数设置："保存 OK 原图"表示当满足上述状态选择条件时，保存判定合格的图像；"保存 NG

原图"表示当满足上述状态选择条件时,保存判定不合格的图像,"NG"即"Not Good";"保存结果图片"表示当满足上述状态选择条件时,保存工具处理之后的图片,而不是相机采集的原图。

(3)自动删除:勾选后可以删除一定时间之前的图片,时间可以设定以天或小时为单位(当硬盘空间较小时,若要用到图像保存,推荐勾选自动删除)。

7.4.3 预处理工具

图像预处理工具主要完成对图像的预处理,能预先对图像进行腐蚀、膨胀等操作(使灰度特征更加明显),再由其他工具进行处理(见图7.9)。相关理论基础详见2.3和2.4节。

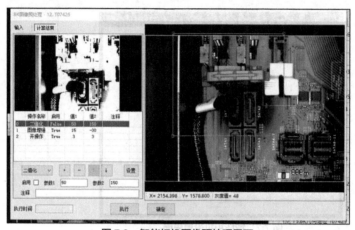

图7.9 智能相机图像预处理界面

7.5 标定校准

标定校准是工业视觉项目实施过程中非常重要的环节,标定的准确与否直接影响项目的成败,本节将重点讨论和介绍相机标定校准的方法与过程。

7.5.1 相机标定校准

本小节主要介绍相机标定校准的定义和意义,让读者理解相机标定的作用和基本方法。

标定校准

1. **相机标定校准的定义**

在机器视觉应用中,为确定空间物体表面某点的三维几何位置与其在图像中对应点之间的相互关系,必须建立相机成像的几何模型,这些几何模型参数就是相机内部参数。在大多数条件下这些参数必须通过实验与计算才能得到,这个求解参数的过程就被称为相机标定。

以运动控制及应用为例,相机标定可解决下面3个问题。

(1)将相机像素单位转换成距离单位(mm)。

(2)将相机坐标和运动平台坐标统一(修正相机和运动平台安装夹角)。

(3)确定相机中心点在运动平台坐标的位置。

2. 相机标定校准的意义

（1）相机标定后可以解决相机镜头畸变带来的误差，特别是消除对测量和定位精度带来不利影响的误差。

（2）相机标定后可以建立绝对坐标系（即世界坐标系）和相对坐标系，从而简化运动控制的计算，简化逻辑和流程。

3. 相机标定校准的方法

相机标定校准的方法有传统相机标定法、自动视觉相机标定法。

（1）传统相机标定法：需要使用尺寸已知的标定物，通过建立标定物上坐标已知的点与其图像点之间的对应关系，利用一定的算法获得相机模型的内外参数。根据标定物的不同可分为三维标定物和平面型标定物。

（2）自动视觉相机标定法：利用相机或者标定物移动到已知的坐标系位置，通过标定算法计算出相机的标定数据，一般分为两点标定和多点标定。

7.5.2　标定校准工具

标定校准工具主要完成相机标定，提供多点标定方法，可以标定绝对坐标和相对坐标。多点标定可以设置为两点-X、两点-Y、三点标定、四点标定、五点标定、九点标定、自由点，标定方法划分依据获取世界坐标和图像坐标的点个数。图 7.10 所示为采用九点标定法的标定界面。

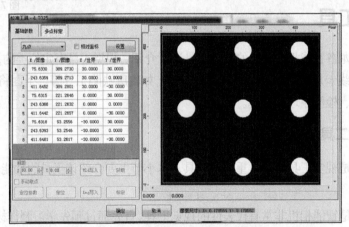

图 7.10　采用九点标定法的标定界面

1. 项目应用

标定校准工具主要应用于对相机内的图像坐标进行转换，将视觉软件检测的图像坐标值转换为实际世界坐标值。其常用于定位项目或者尺寸检测项目，转换之后直接输出世界坐标值或尺寸值，方便客户读取，其标定可以使用标定块或运动机构完成。

2. 校准原理

校准工具内有多点校准等校准方式，其原理都大致相同。运动控制项目中常用的为九点校正，其校正区域较大，可最大化降低由于相机倾斜造成的比例系数影响，如图 7.11 所示。

通过九点校正，将图像中的检测点间距对应实际坐标系中的移动间距，计算出像素与世界坐标系中的对应比例系数，之后将该比例系数应用于定位或尺寸检测工具中。

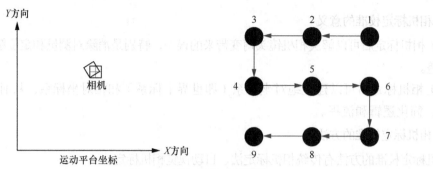

图 7.11 相机对应运动坐标系

3. 校正说明

通过图 7.11 中所示的箭头路径完成九点校正（校正路径不一定需要按照图中所示顺序），每个圆心间距对应实际世界坐标值与像素值的比值即为比例系数。校正时若机构允许，尽量调大运动间距。标定校正后也可以用图 7.12 所示的标定块验证标定结果，图中的黑白格和 9 个十字点都有精确的尺寸标注，在视觉软件校正工具里面可以测量该标定块的尺寸与标注尺寸对比。越接近标注尺寸，校正的误差越小，一般误差要小于 0.01mm。

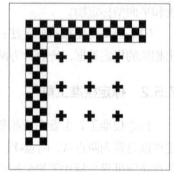

图 7.12 标定块

7.6 视觉工具

本节主要针对龙睿智能相机软件的视觉工具进行介绍。视觉工具有定位类的，如几何定位工具；有测量类的，如直线卡尺工具；还有缺陷检测类的，如轮廓缺陷工具等。下面将详细介绍这些工具的功能、项目应用、检测原理及案例。

7.6.1 几何定位工具

几何定位工具是视觉工具中非常重要的工具，本小节主要介绍该工具的功能和应用场景等。

1. 工具功能

几何定位工具是智能相机非常有代表性的视觉工具。首先通过预先学习制作标准模板，检测当前相机视野内与模板相似度达到设定值的对象，对其进行识别，即使后续检测对象角度、位置及大小发生差异，通过内部参数设置也能达到稳定检测的目的；

几何定位

检测完成之后，本工具能对被测物体当前匹配度、位置坐标 X 和 Y 及角度值、当前匹配模板名称等参数进行输出。该工具有以下几点需要注意。

（1）模板制作：该工具提供诸多参数来实现标准的轮廓模型（见图 7.13）。

① 阈值：提取模板所需的几何轮廓线条时的阈值设定，有 4 个模式：低敏感度、中敏感度、高敏感度、固定值。其中固定值是具体设定的阈值，其他模式则设定阈值的级别，将依据整体图像的灰度值等级而设定三个级别，依据输入图片的灰度值特征分布动态设置三个等级的数值。默认中敏感度。高敏感度对应的对比度阈值更低，将会生成更多的轮廓线条。低敏感度对应的对比度阈值更高，并忽略对比度较低的轮廓线条，如由噪声和阴影引起的轮廓。固定值指手动设置对比度阈值，

用 0~255 的灰度值表示。较高的值对应低的敏感度，轮廓线条较少。相反，较低的值对应高的敏感度，而轮廓线条较多。固定值对于处理灰度差高于预定义阈值的轮廓的应用非常有用。选择固定值时，阈值可编辑；其他三种模式，阈值不可编辑，但指示当前阈值。

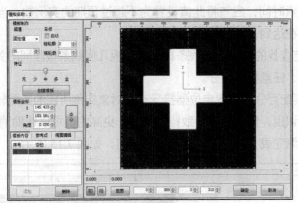

图 7.13　几何定位模板制作界面

② 采样：提取轮廓线条时，轮廓在像素级别的直线插值等级，数值指示轮廓最小直线段的像素个数。有粗轮廓和精轮廓两个等级。几何定位工具使用精轮廓来确认对象实例的标识，并细化其在图像中的位置。设置值越低（最小值 1），轮廓的分辨率越精细。精轮廓值始终低于或等于粗轮廓的值。粗轮廓提供比精轮廓更粗糙的轮廓级别，使用轮廓来快速识别和粗略定位对象的潜在实例。粗轮廓设置值越高（最大值 16），轮廓的分辨率越粗糙。粗轮廓值只能高于或等于精轮廓的值。默认为自动设置，推荐数值为粗轮廓 4~6，精轮廓 2。

③ 特征：通过设定对比度阈值后，模板图像生成的全部轮廓，将被选取作为模板的等级，共 5 个等级：无、少、中、多、全。选取为模板的轮廓显示粉红色或绿色，未选中的轮廓显示为蓝色。

④ 创建模板：启动创建模板，清除当前模型，使用新设置重新检测轮廓，并根据特征设定选取轮廓等级，从轮廓集合中选取新模板的轮廓。

（2）搜索参数：系统收集到的图像工具提供诸多参数来设置搜索目标（见图 7.14）。

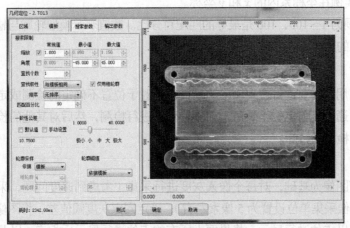

图 7.14　几何定位搜索参数界面

① 缩放：约束定位工具将搜索的模板的比例范围。当使用常规值缩放搜索时，定位工具不计算实例的实际比例，而是使用常规值（默认的常规值为 1）缩放定位实例；使用比例因子进行缩放搜索

时，需要计算其实际比例。

② 角度：约束定位工具将搜索的旋转范围。

③ 查找个数：定位工具根据查找个数来搜索定位，默认情况下，可以找到的实例数在理论上是无限的。考虑要优化搜索时间，应该将此值设置为不超过预期的实例数。当实例数超过"要查找的实例"值时，定位工具在达到设置值后停止。

④ 查找极性：设定查找的对象几何线条极性和模板几何线条极性间的关系。有与模板相同、与模板相反、相同或相反、任意极性之分。

⑤ 匹配百分比：匹配百分比设置定位器接受有效对象实例所需的匹配轮廓的最小量。降低此参数可增加对遮挡实例的识别，但也可能导致错误识别。更高的值可以帮助消除对象重叠的实例。

（3）输出参数：检测完成，可以提供多种参数输出，如图 7.15 所示。

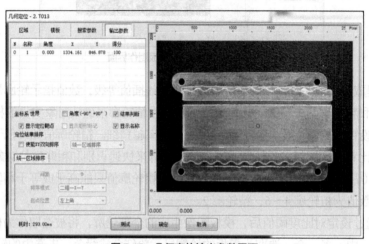

图 7.15　几何定位输出参数界面

① 名称：指定位查找到的实例所匹配的模板名称。

② 角度：按逆时针计算，对象实例坐标系的 x 轴与输入图像的世界坐标系的 x 轴之间的夹角大小。

③ X 和 Y 是实例在坐标系内的 x 和 y 坐标。

④ 得分：范围为 $1\sim100$，100 是最好的匹配百分比。数值表示模型轮廓与输入图像中检测到的实际轮廓成功匹配的百分比。

2. 项目应用

本工具主要应用于需要进行位置输出的项目中，对于位置不确定的检测或定位项目，都需要用到几何定位工具，通过几何定位工具对当前物料位置进行检测，然后对其他的检测工具检测位置进行补偿，达到稳定检测的目的。

3. 检测原理

以当前的灰度图像为基础，对每个像素灰度进行采集（考虑到速度问题，采集点的数量可以设置为多点，建议图像采集单位设置为 5 像素左右）；设定固定灰度阈值差，将图像界面灰度差异超过设定阈值差的部分以点位进行显示；将界面上所有的点位进行显示后相连，以此显示为当前检测轮廓（见图 7.16），最后将当前标准模板进行注册。后续检测时以灰度阈值差形成的轮廓图与注册模板时候的轮廓图进行对比，得出其匹配百分比，匹配百分比低于设定值的判定为检测失败。

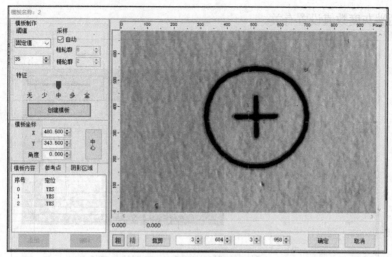

图 7.16　当前检测轮廓

4. 案例

铝型材中孔定位（见图 7.17），对来料的铝型材进行识别，检测铝型材中间镂空区域的中心位置并输出给上位机，通过几何定位工具对标准模板进行建模。该图对比度好，系统软件经过边缘提前可以得到两个主要的轮廓，而检测镂空区域中间位置只需选定镂空区域轮廓之后设置检测其中心位即可。

图 7.17　铝型材中孔定位

7.6.2　斑块定位工具

斑块定位工具类似几何定位工具，只是几何定位有固定的比对模板，斑块定位则是依据面积、像素灰度设定值等参数来判断。斑块定位工具就是第 1 篇介绍的 BLOB 工具。本小节主要介绍该工具的功能和应用场景等。"斑块"即之前所说的"斑点"，本小节主要使用"斑块"一词进行介绍。

1. 工具功能

该工具是智能相机内常用的定位工具，通过设定固定阈值，将当前图像灰度等级通过算法处理由 256 个变为 0 与 1 两个。经过处理后的图像相对简单，数据量减少，故该工具的检测时间相对较快，考虑到成像的时候图像表面可能存在细小斑块干扰，设定最小检测面积对图像中的细小干扰斑块进行过滤；若只需要检测小斑块，也可通过设定最大检测面积来排除大斑块干扰。检测完成之后，对被测物体当前圆形度、位置坐标 X 和 Y 值（斑块检测也可以有角度，详见 2.5 节）、斑块个数进行输出。该工具有以下一些参数。

斑块定位

（1）搜索参数：系统收集到的图像工具提供诸多参数来设置搜索目标，如图 7.18 所示。

① 阈值分割：阈值用于将图像分割成两种像素，即斑块像素和背景像素。根据所选择的分割模式，可以使用一个或两个阈值。

② 模式：阈值分割的模式分为白斑块、黑斑块、中间灰度、两端灰度。可选取任一模板，来判断图像阈值，如图 7.19 所示。

③ 判断阈值：根据所选的阈值分割模式，判断阈值范围，仅限白斑块和黑斑块。

④ 阈值上限：根据阈值分割模式的选择，用于限制斑块分析对斑块区域的搜索范围的上限，仅

限中间灰度和两端灰度数值设置有关。

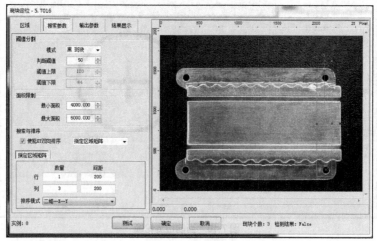

图 7.18　搜索参数

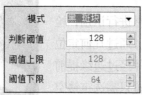

图 7.19　模式

⑤ 阈值下限：根据阈值分割模式的选择，用于限制斑块分析对斑块区域的搜索范围的下限，仅限中间灰度和两端灰度数值设置有关。

⑥ 面积限制：设置区域约束（最小值和最大值），用于限制斑块分析对斑块的搜索。斑块区域是斑块中所有像素的面积之和。

⑦ 最小面积：根据区域分割模式，设置斑块检测的最小面积，测试得出结果。

⑧ 最大面积：根据区域分割模式，设置斑块检测的最大面积，测试得出结果。

⑨ 搜索与排序：可选择"使能 XY 双向排序"，并在下拉框中选择所需项目。

⑩ 指定区域矩阵：结果输出按用户指定的矩阵区域排序。包括行、列、排序模式等内容，如图使用指定区域矩阵斑块定位。

⑪ 间距：两斑块间的距离。

⑫ 排序模式：设置统一区域排序的排序方式，包括面积、X 单方向、Y 单方向等。

⑬ 行、列：行和列的数量及间距大小可根据用户需求自由设定。

⑭ 指定区域矩阵：设置指定区域矩阵的排序方式（见图7.20），包括沿二维单向、S 路径。

（2）输出参数：这里讨论斑块定位工具（见图 7.21）的输出参数设置，影响结果显示的情况。

① 判断条件：通过选择"使用判断"单选框，决定是否使用

图 7.20　斑块定位搜索参数界面

判断条件。当选择"使用判断"后，则通过选择面积、个数、X、Y、形态洞数、灰度最大值、灰度均值、灰度值方差来实现判断条件。通过条件判断设置上下限来剔除不在范围之内的结果。

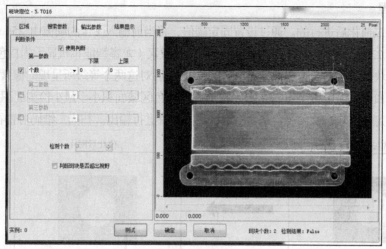

图 7.21　输出参数

② 检测个数：限制检测斑块的个数。

（3）结果显示：检测完成后提供以下参数输出（见图 7.22）。

① 序号：查找的斑块序号。X、Y 是斑块的区域中心坐标，当前所属坐标系在结果列表下面坐标系统中显示，不可选择。

② 面积：根据检测对象大小计算出的斑块面积。

③ 坐标系统：指示当前结果列表中坐标数据所属的坐标系。

④ 耗时：显示斑块定位处理和输出结果所需的总时间。

⑤ 显示斑块图像：启用会在图像显示中显示斑块区域的图像。

⑥ 斑块定位结果：在右下角显示斑块个数和检测结果，成功显示 True，失败显示 False。

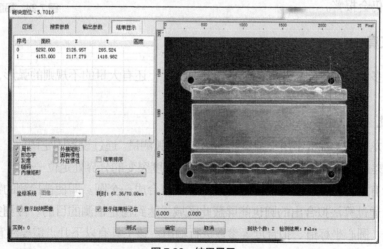

图 7.22　结果显示

2. 项目应用

本工具主要应用于检测表面轮廓不规则的物体的重心位置，可对斑块的大小、斑块明暗度、斑块个数等进行检测，可用于简单粗定位、计数、有无辨别等项目。

3. 检测原理

斑块定位是二值化后进行的。通过设置固定阈值，将当前输入图像的阈值由 256 个等级划分为两个等级（见图 7.23）。低于指定阈值的像素会变成背景像素（龙睿智能相机显示为白色），高于指定值的像素会变为斑块像素（龙睿智能相机显示为红色），随后对这两个等级所呈现的像素数进行识别（检测红色区域或者白色区域），检测出来的红色区域或者白色区域面积小于最小检测面积及大于最大检测面积将不会被判定为斑块，检测符合条件的斑块重心位置进行输出。扫描二维码可查看彩色图片。

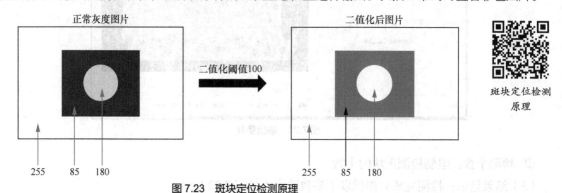

图 7.23　斑块定位检测原理

图 7.23 中矩形框区域为斑块定位的搜索范围。

4. 案例

铝型材中孔定位（见图 7.24）首先对来料物体表面的斑块进行计数，当计数值等于 4 的时候开始执行定位。若黑色区域个数小于 4，输出错误信号，不执行后面的定位动作；当黑色孔位面积过小时，通过设定最小面积检测过滤不符合面积规格的孔位，此时计数不满足等于 4 的条件仍会报警。

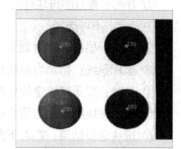

图 7.24　铝型材中孔定位

7.6.3　圆弧工具

物体的形状多种多样，除去规则的矩形、三角形外，还有大量的不规则的弧形，本小节主要介绍圆弧工具。

1. 工具功能

圆弧工具在龙睿智能相机中用于圆检测、定位及圆弧测量。通过设置固定阈值，检测图像内灰度差超出固定阈值的分界处。每个产生灰度突变的分界处定位一个点位，之后连接所有的点位，以容纳最多特征点的连线拟合成一个圆。即使被检测的物体圆周处有局部凸起、凹陷，通过算法拟合出的圆也能屏蔽此区域，达到稳定检测的目的。检测完成之后，能够对被检测圆半径、圆心坐标值、拟合度等参数进行输出。该工具有以下几点需要注意。

（1）搜索参数：系统收集到的图像工具提供诸多参数来设置搜索目标（见图 7.25）。

① 极性：指在沿着搜索区域框 X 轴的正方向希望查找的边界极性，图 7.26 所示为设置极性。注意，极性的界定总是以 X 轴的正方向为准，而不是以搜索方向为准。

② 搜索模式：指在搜索区域内，搜索直线位置的设定。最靠近向导线，指在距向导线偏移值最近的符合条件的直线（条件包括极性、对比度、公差、角度、匹配度等）。最佳匹配线，指搜索区域

内，符合条件的且匹配度最高的直线。X 轴正向，指沿着 X 轴正方向，查找符合条件的直线。X 轴负向，指沿着 X 轴负方向，查找符合条件的直线。默认为最靠近向导线（见图 7.27）。

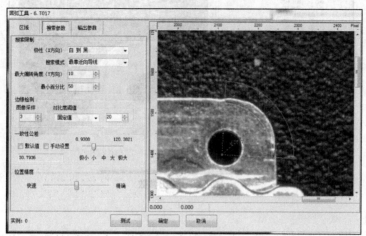

图 7.25　搜索参数

图 7.26　极性选项

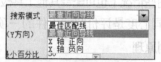

图 7.27　搜索模式选项

③ 最大偏转角度：指在搜索框内，搜索直线的角度与搜索框 Y 轴的最大夹角。默认为 10°，最大值为 20°。

④ 最小百分比：按照查找条件，查找的直线段和拟合直线的匹配百分比。默认值为 50。

⑤ 边缘检测：采样和对比度，决定图像原始提取几何线条的特征和分布。

⑥ 图像采样：设置提取几何线条的最小像素级别。默认为 1，最大值为 8。采样后，将设置级别的像素插值为一个像素，可以有效过滤噪点，但随着数值的增大，图像的几何线条的失真会加剧。

⑦ 对比度阈值：提取几何线条时的阈值设定，有 4 个模式：低敏感度、中敏感度、高敏感度、固定值。其中固定值是具体设定阈值的数值，其他模式则设定阈值的级别，将依据整体图像的灰度值等级而设定三个级别，级别是动态的，不同输入图片的数值不同。默认为中敏感度。

⑧ 一致性公差：指匹配拟合线条时，拟合原始几何线条的公差，与定位工具的一致性公差概念相同。越大越容易找到直线，同时精度越低。具体数值范围会依据不同输入图片变化，故设定时，将依据具体的数值范围划分 5 个等级：极小、小、中、大、极大。默认为极小。

⑨ 位置精度：指搜索时，速度和精度的一个权衡。默认为中间值。

（2）输出参数：检测完成后提供以下参数输出（见图 7.28）。

① 中心 X、中心 Y：圆弧中心点的坐标。

② 半径：找到圆弧的半径。

③ 拟合度：计算出的弧线和与找到的弧线匹配的实际边缘之间的平均误差。取值范围为 0～1，值越大表示拟合程度越好。

④ 对比度：找到的弧线两边的亮和暗像素之间的平均灰度对比度。

⑤ 起始角、终止角：圆弧半径在找到的弧线起始点和终点处的角度。

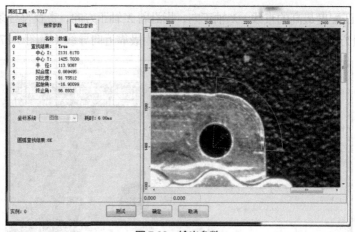

图 7.28　输出参数

2. 项目应用

圆弧工具主要应用于检测圆心位置、测量圆弧半径和圆度等，由于可以检测圆心位置，故其常用于螺丝机等应用。有些情况下也可配合其他工具检测零件的同心度，通过判断两圆圆心位置来完成同心度的检测。

注意：同心度是评价圆柱工件的一项重要指标，常用外圆到内圆的圆心距来表示。

3. 检测原理

圆弧工具通过设定阈值，在检测图像上设置搜索区域框。检测搜索区域框内灰度突变超过设定阈值的像素变化区域，将产生变化的分界点以最近的方式进行连接。然后通过内部算法拟合，形成拟合圆后排除超出拟合圆的点（如图中红色虚线所示区域）。最后得出拟合圆的半径和圆形度（图中蓝色拟合圆由边缘轮廓上选取多个点拟合而成），如图 7.29 所示。扫描二维码可查看彩色图片。

圆弧工具检测原理

4. 案例

电子元器件内孔检测（见图 7.30），此项检测所需要的圆内孔直径数据为实际值，而视觉系统未标定时检测值为像素值，故在检测之前先使用标定板进行标定，得出比例系数，调用比例系数之后，检测输出值即为实际值；之后调用圆弧测量工具检测内孔尺寸，由于产品来料位置不一定，故在检测之前需添加几何定位工具以确保尺寸能够稳定检测。

■ 黑色表示被测圆形物体

■ 蓝色表示工具检测后拟合的内圆

图 7.29　圆弧工具检测原理　　　　　　　　图 7.30　电子元器件内孔检测

7.6.4　直线工具

物体的形状由线段组成，对直线的判断是视觉检测的基础，本小节主要介绍直线工具。

直线工具

1. 工具功能

直线工具在龙睿智能相机中主要用于直线检测定位。通过设置固定阈值，检测图像内灰度差超出设定阈值的分界处，每个产生灰度突变的分界处定位一个点位，之后连接所有的点位，以容纳最多特征点的连线拟合成一条直线。即使被检测的物体表面有局部凸起、凹陷，通过算法拟合出的线也能屏蔽此区域，达到稳定检测的目的。检测完成之后，能够对被检测物体的角度等参数进行输出。该工具有以下几点需要注意。

（1）搜索参数：系统内置的图像工具提供诸多参数来设置搜索目标（见图 7.31）。

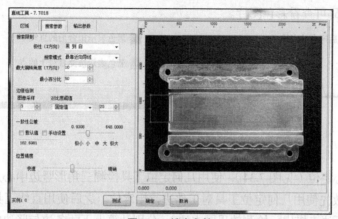

图 7.31　搜索参数

直线工具中各参数的设置与圆弧工具基本相同，在此不再介绍。

（2）输出参数：检测完成后提供以下参数输出（见图 7.32）。

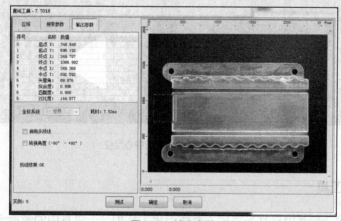

图 7.32　输出参数

① 坐标系统：指输出数据的坐标系。只显示，不可修改。

② 转换角度：默认输出的直线角度范围为（−180°，+180°）。若选取转换，则转换直线为相应的角度（−90°，+90°）。

其他参数的输出可参见图 7.32，在此不再赘述。

2. 项目应用

直线工具主要应用于检测直线倾斜角度，但高精度项目中可利用多条直线工具计算交点（此项方法常用于手机屏幕贴合等高精度贴合项目中）。由于要求精度较高，使用几何定位无法达到定位精度，此时可以通过直线工具用交点连线方式达到提升精度的目的。

3. 检测原理

直线工具通过设定阈值，在检测图像上设置搜索区域框，检测搜索区域框内灰度突变超过设定阈值的像素变化区域，将产生变化的分界点以最近的方式进行连接。最后通过内部算法拟合，形成拟合直线。部分情况下可能物料表面并无法做到完全平整，即使出现部分毛刺等干扰点，也能够依据内部算法进行干扰排除（如图中红色虚线所示区域），最后得出当前直线与水平线形成的角度（见图 7.33）。扫描二维码可查看彩色图片。

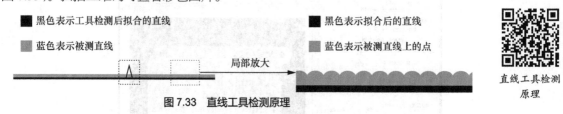

图 7.33　直线工具检测原理

直线工具检测原理

4. 案例

三角形竖边中心定位（见图 7.34），使用几何定位工具检测三角形竖边中心点时，所检测点位会受工件精度影响，故先使用几何定位工具对工件进行粗定位。之后使用直线工具检测三角形的三条直边（图中三角形下边未描出，检测效果同上边），分别计算上下两条边与竖边的交点。最后计算两交点的连线中心点，即可准确检测出竖边中心位置。

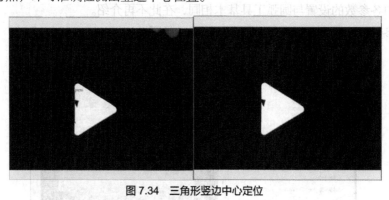

图 7.34　三角形竖边中心定位

7.6.5　直线卡尺工具

物体的尺寸测量一般都由量具来完成，直线卡尺工具相当于量具中的游标卡尺，本小节主要介绍该工具的功能、应用及原理等。

1. 工具功能

直线卡尺工具在智能相机中常用来测量尺寸。通过设定阈值，筛选搜索检测框内符合灰度变化趋势的点位，定义两点的直线距离为检测宽度，最后输出检测宽度、检测中心点位置、两点连线角度等。该工具有以下几点需要注意。

直线卡尺

（1）搜索参数：系统内置的图像获取工具提供诸多参数来设置搜索目标（见图 7.35）。

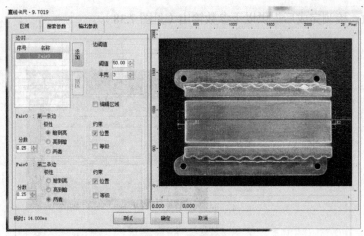

图 7.35　搜索参数

① 边对：与边缘定位工具不同，卡尺仅查找已配置的边对数。默认情况下，当创建新的卡尺时，配置单对配对 Pair0。要添加新对或删除现有对，可单击"添加"或"删除"按钮（见图 7.36）。

单击"添加"按钮以创建新对，单击"删除"按钮删除所选对。选择边对列表框中特定的边对，下列参数列表中显示边对名，分别设置各个边对的阈值和边位置参数。

图 7.36　边对

② 边阈值：定义阈值，在该阈值以上，边缘幅度曲线上的峰值的绝对值被认为是潜在边缘。

③ 阈值：可以使用得分阈值拒绝具有低得分值的潜在第一和第二边缘。该阈值被应用于边缘的总得分，而不是个别位置和幅度得分分量。

④ 半宽：用于计算投影曲线的一阶导数的滤波器的半宽度。当正确设置时，过滤器增强边缘信息。对应噪声的幅度曲线上的峰值可以最小化，而对应轮廓边缘的峰值可以更锐利。如果将直线卡尺工具配置为仅测量一个边对，则它只会输出一对的结果，即使兴趣域中的其他对符合约束。如果没有为该对的两个边设置刻度，则卡尺从左向右扫描投影曲线，并使用符合极性标准的前两个边来构建对。如果选择了位置和（或）幅度评分，则卡尺使用具有最高评分值的两个边来计算对的属性。

⑤ 极性：可以使用第一个和第二个边缘极性单选按钮限制卡尺使用特定极性的边缘构建对。"暗到亮"只会考虑边缘幅度曲线上的正峰。正峰值由投影曲线上从左到右方向从较暗到较浅灰度的转换引起。"亮到暗"只会考虑边缘幅度曲线上的负峰值。注意，以 ROI 区域框 X 轴为正方向。

⑥ 等级：边缘轮廓的对比度阈值。

⑦ 位置：约束边线的查找位置。矩形框内 X 方向的线段 E1、E2，X 负方向的为第一条边、X 正方向的为第二条边，代表边线查找位置区间。线端点可以拖动（见图 7.37）。

图 7.37　位置

（2）输出参数：检测完成后提供以下参数输出（见图 7.38）。

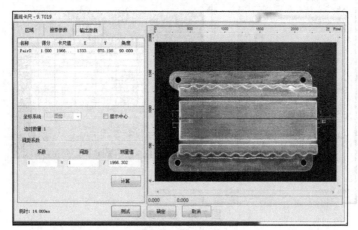

图 7.38　输出参数

① 得分：边对的分数。

② 卡尺值：边对之间的距离的实际测量数据。

③ 位置 X 和位置 Y：每个边对的中心点的 X 和 Y 坐标。

④ 角度：边对的旋转角度。

⑤ 边对数量：表示在"配置"面板中设置的对数。如果未找到边对，则该边对的结果显示为 0。

⑥ 耗时：已用时间显示卡尺的总执行时间，包括采样、投影、边缘检测、验证、排序、返回结果。

⑦ 显示中心：该功能在输出结果标记时，显示边对的中心点。

2. 项目应用

直线卡尺工具主要应用于检测项目中，主要应用场景为尺寸检测，如产品外宽、内宽等项目，当要求检测精度较高时，需配合标定块一起使用。

3. 检测原理

直线卡尺工具设置固定阈值，依照检测方向检测符合两边趋势变化的点。如图 7.39 所示，产生阈值变化的有 4 点，但设置完成之后可通过趋势方向来完成边对的选择，如图 7.39 所示的左边图像，符合设置要求的边对为第二和第三两条边，测量结果输出的就是这两条边的距离。同样，图 7.39 右边的图像选取的边对为第一和第四两条边，输出的结果就是它们之间的距离。

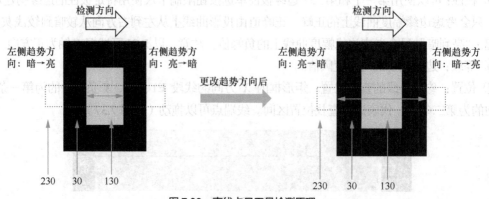

图 7.39　直线卡尺工具检测原理

4．案例

零件外宽检测（见图 7.40），该尺寸检测项目中，要求在面板上显示实际检测尺寸结果方便客户查阅，故需要在检测之前进行校准，将检测像素值变化为实际值。设定检测区域后按客户要求设置对应的检测趋势方向，达到检测外径的目的。考虑到来料位置的不稳定性，而直线卡尺工具没有位置定位追踪功能，故需添加几何定位工具来进行位置检测，直线卡尺的放置随定位到的实际产品位置而动，确保直线卡尺工具能够稳定检测。

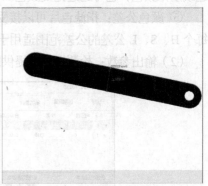

图 7.40 零件外宽检测

7.6.6 颜色识别工具

颜色是区分物体的重要指标，用视觉系统来判断颜色是一个很重要的检测领域，本小节主要介绍颜色识别工具的功能等。关于彩色视觉问题将在第 3 篇进行详细讲解。

颜色识别工具

1．工具功能

颜色识别工具在龙睿智能相机中主要用于颜色检测。通过设定检测区域，以当前检测区域内的颜色成分建模，可建立多个模板，对之后来料的颜色进行识别匹配，检测完成后输出识别区域与模板颜色匹配度、最相似模板编号等参数。该工具有以下几点需要注意。

（1）颜色编辑：系统的图像获取工具提供以下设置来进行颜色编辑（见图 7.41）。扫描二维码可查看彩色图片。

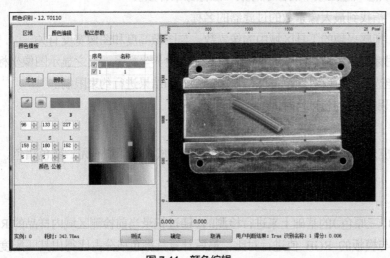

图 7.41 颜色编辑

① 添加：添加颜色模板和修改模板名称，可添加多个并能选择是否使用。添加模板时，可用点采样🖊️或区域采样⬛对模板颜色做处理。

② 删除：删除颜色模板，可同时删除多个，只需选择模板的复选框即可。

③ R、G、B：指通过红色（R）、绿色（G）、蓝色（B）值来描述或量化颜色。

④ H、S、L：指通过色调（Hue，H）、饱和度（Saturation，S）、亮度（Luminance，L）值来描

述或量化颜色，也可通过拖曳颜色区域来量化描述。

⑤ 颜色公差：指滤色片可以接受任何在规定公差范围内的颜色值，公差值只能用 HSL 值表示。每个 H、S、L 公差的公差范围适用于定义的颜色，通过拖曳灰度区域调整公差的大小。

（2）输出参数：检测完成后提供以下参数输出（见图 7.42）。

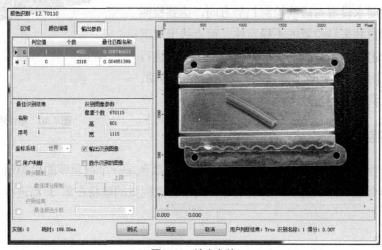

图 7.42　输出参数

① 判定值（名称）：从 0 开始，为每个颜色过滤器输出结果。

② 个数（匹配像素数量）：指与颜色过滤器设置的条件匹配的像素数。

③ 最佳匹配名称（匹配得分）：过滤器匹配质量是与指定颜色过滤器匹配的像素的百分比值。该值等于匹配像素数除以感兴趣区域中的像素总数（图像像素计数）。

④ 最佳识别结果：指找到最大像素数的过滤器的名称。

⑤ 识别图像参数：指感兴趣的工具区域中的像素数，与图像高度和图像宽度有关。

⑥ 坐标系：使用标定单位后，图像的坐标系显示为世界坐标系，反之显示图像坐标系。

⑦ 用户判断：使能选项，可以对颜色过滤结果中的得分和结果进行约束限制。

⑧ 耗时：指颜色识别工具的总执行时间。

2. 项目应用

颜色识别工具主要应用于检测颜色，如物料表面含有颜色成分的印刷有无、颜色错色、颜色浓淡等检测。

3. 检测原理

颜色识别是在 RGB（三原色）的基础上来进行检测的。通过记录当前检测区域内样品的 RGB 值，以后续来料的 RGB 值与模板的 RGB 值进行对比，最后计算其颜色成分占比得出其匹配度（见图 7.43）。扫描二维码可查看彩色图片。

三原色为红、绿、蓝，所有颜色成分显示都是由三原色按不同比例搭配而成的，图 7.43 所示的红与绿之间有红橙→黄绿 5 种明显颜色显示，越靠近对方色域，其颜色成分占比越高，如红橙中的红色占比会明显高于绿色占比。

4. 案例

颜色成分识别（见图 7.44），设置对应搜索区域框，记录当前搜索区域框内的颜色混合成分。但搜索区域框不宜设置过大，设置过大会导致无法准确检测所需判定的模板。图 7.44 所示为搜索区域框初始位置，需将其大小依次设置到三个检测物表面，记录三个物体表面颜色成分，对后续颜色差异较大（即匹配度过低）的进行识别判定。扫描二维码可查看彩色图片。

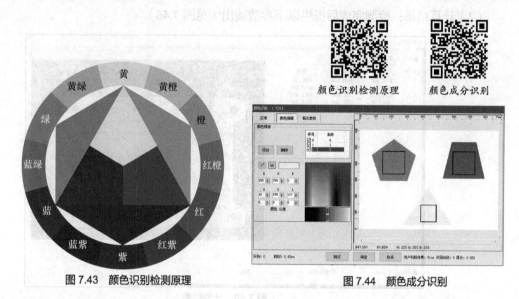

颜色识别检测原理　　颜色成分识别

图 7.43　颜色识别检测原理　　图 7.44　颜色成分识别

7.6.7　轮廓缺陷工具

缺陷是判断产品质量的重要指标，本小节主要介绍轮廓缺陷工具的功能等。

1. 工具功能

轮廓缺陷工具在智能相机中主要用于轮廓外观检测，侧重于检测轮廓破损，在外观检测中比较常用，检测完成后会输出破损区域面积，破损区域中心位置。该工具有以下几点需要注意。

（1）参数设定：系统内置的图像获取工具提供以下参数来定义缺陷检测（见图 7.45）。

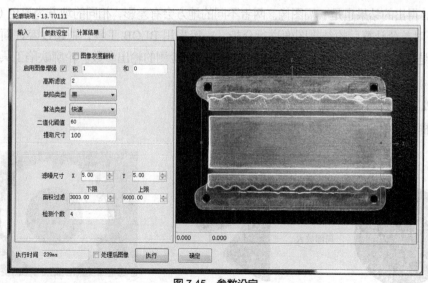

图 7.45　参数设定

① 缺陷类型：选择需要查找缺陷的颜色，默认为黑色。

② 面积过滤上限、下限：设置查找缺陷的面积的上限、下限值。

③ 检测个数：限定查找的缺陷个数。

（2）计算结果：检测完成后提供以下参数输出（见图 7.46）。

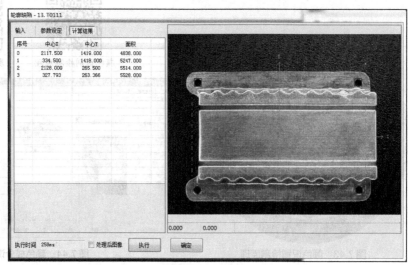

图 7.46　计算结果

输出查找到的轮廓缺陷的中心位置及缺陷的面积大小。

2. 项目应用

轮廓缺陷工具主要应用于外观检测中的轮廓破损检测，其主要用途是检测产品轮廓的凹陷、凸起、破损等产品不良现象，以及印刷字体的缺陷等，在外观检测中应用较多。

3. 检测原理

先建立模板，然后识别并定位对象，找到与模板匹配（大小要一致）的示例，再将示例与模板对齐后相减，得出的结果也是一幅图像。两者不同的地方会有差影，相同的地方为黑色（灰度值为 0 或接近 0）。对差分计算后的结果图像进行分析，一般采用 BLOB 工具，把超过容许面积的斑块找出来，这就是缺陷。斑块的个数、面积和位置就是缺陷检测的输出参数。轮廓缺陷工具检测原理如图 7.47 所示。

4. 案例

圆环外框破损检测（见图 7.48）。

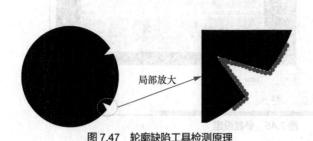

图 7.47　轮廓缺陷工具检测原理　　　　　　图 7.48　圆环外框破损检测

该项目主要检测圆环外框破损现象，判断破损产品并输出给上位机。由于产品成像为白色，而发生磕碰的时候，原本的白色部分区域将会变小，此时磕碰区域成像会相对较暗。故设定缺陷颜色为黑色，设置对应二值化阈值，加强轮廓亮暗区分，这样可以保证轮廓缺陷识别的稳定性。

7.7　逻辑控制

视觉工具在什么条件下运行，或者多个视觉工具如何按照先后顺序运行，这都是逻辑控制的问题，本节将重点介绍几个常用的逻辑控制工具。

7.7.1　条件执行工具

顾名思义，条件执行是指满足什么条件来执行任务或者运行某个视觉工具，本小节主要介绍该工具的功能等。

1. 功能特点

条件执行工具通过接收特定通道传输数据，对传输数据进行判断。在多通道分别执行的时候，条件执行工具能根据客户发出的不同指令，执行对应通道的工具检测。

2. 项目应用

条件执行工具主要应用于多相机分别检测，如两个或两个以上的相机分别对不同的产品进行无序检测（相机来料没有固定顺序）的时候，可以通过不同的指令，经条件执行触发对应相机开始执行检测。

3. 逻辑原理

判断当前接收数据，若数据来源满足设定条件，则执行对应设定的任务或者工具，主要通过通信部分的接收数据来进行判别（见图 7.49）。当使用 I/O 通信的时候，通过判断端口 I/O 高低电位来进行判别。

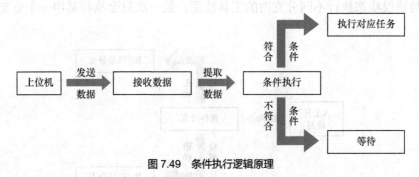

图 7.49　条件执行逻辑原理

4. 案例

判断接收数据执行对应任务（见图 7.50），根据表达式内条件判断任务 2 是否执行。当编号为 15 的工具接收的数据等于 1 时，满足表达式内条件，此时触发任务 2 开始执行，条件执行工具会对编号为 15 的工具接收的数据进行循环扫描。当条件不满足时保持等待状态。

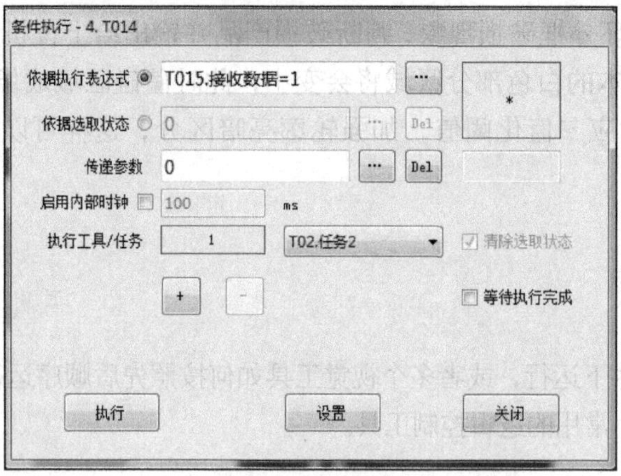

图 7.50　判断接收数据执行对应任务

7.7.2　条件分支工具

条件分支工具主要解决条件有多种结果时应如何分别处理的问题。如条件结果为正确时执行 1号任务，条件结果为错误时执行 2 号任务。而前文介绍的条件执行工具只能在条件符合设定值时去执行某个任务，条件不满足设定要求时则一直等待。

1. 功能特点

条件分支工具通过条件判断的结果来判定分支之下的工具组是否执行。不同于条件执行的是，条件分支在判定工具执行正确与错误时，会触发不同的分支执行对应检测。

2. 项目应用

条件分支工具主要应用于产生两种及以上检测结果的情况。如来料的产品有很多种，根据不同的产品来调用不同的视觉检测工具，这种应用逻辑就可以用条件分支工具来实现。

3. 逻辑原理

条件分支工具判断指定工具的检测状态。由于检测状态只有正确与错误两种，条件分支工具根据其正确与错误状态执行不同分支内的工具检测，但一次只会执行其中一个分支的检测内容（见图 7.51）。

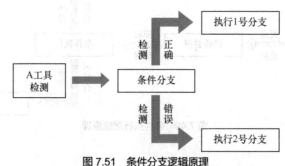

图 7.51　条件分支逻辑原理

4. 案例

条件分支工具案例如图 7.52 所示，依据工具判定值的结果来判断执行哪个分支的检测。当编号为 T021 的工具执行结果为 True（检测结果正确）的时候，执行工具 T025 检测；执行结果为 False

（检测结果错误）的时候，执行工具 T026 检测。

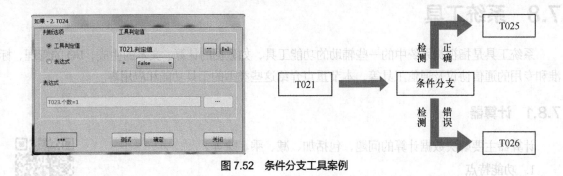

图 7.52　条件分支工具案例

7.7.3　循环工具

循环工具主要是解决一个工具或者一组工具反复执行的问题。

1. 功能特点

循环工具在智能相机中主要通过循环的方式，对循环分支内部的所有工具按照设定值的次数执行，减少工具的使用量。如在循环工具里添加一个二维码检测工具检测视野内所有已知的二维码（需已知二维码个数或设置结束值大于最多二维码个数）。

2. 项目应用

循环工具主要搭配二维或轮廓缺陷等涉及外观检测的工具使用，通过循环可以将原本多个相同的检测工具缩减至一个，节省整体检测时间。

3. 逻辑原理

循环工具设定初始值与结束值，当内部工具的执行次数小于结束值时，内部重复执行并对执行次数计数，执行次数等于结束值时，循环分支执行完毕，跳出循环，如图 7.53 所示。

4. 案例

循环工具案例如图 7.54 所示。视野内有 10 个二维码，每次来料需要确保每个二维码都能检测识别，但考虑到时间问题，添加多个二维码检测工具的界面工具繁多，且每个工具检测时间累积较长，使用循环工具可根据视野内出现的二维码，进行初始值和循环结束值设置，执行到循环工具后自循环 10 次，完成所有的二维码信息扫描输出。

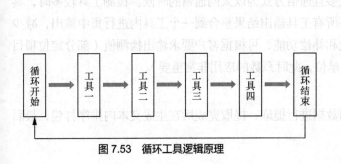

图 7.53　循环工具逻辑原理

图 7.54　循环工具案例

7.8 系统工具

系统工具是指视觉系统中的一些辅助的功能工具，如数据的计算、文本的生成、I/O 的管理、标准和专用的通信协议及通信工具等，本节重点介绍这些类型的工具功能和应用等。

7.8.1 计算器

计算器主要解决数据计算的问题，包括加、减、乘、除等。

计算器

1. 功能特点

计算器在智能相机中主要对其他工具的检测值进行函数运算，其中包括加、减、乘、除及正/余弦计算等操作。

2. 项目应用

计算器内容相对简单，其主要功能是对其他工具的内部参数进行运算，如精度要求不高的尺寸检测项目（手动计算比例系数后在此处进行乘除）、固定补偿值添加等较为简单的数据运算。

3. 原理

计算器调用其他工具的当前检测值，对该工具的检测值进行数据运算，如加、减、乘、除等，最后输出其运算完成之后结果数据值，如图 7.55 所示。

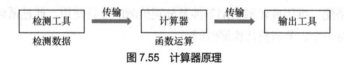

图 7.55　计算器原理

7.8.2 生成文本工具

本小节主要介绍数据如何生成可以传输的文本，为输出做好准备。

1. 功能特点

生成文本工具可以将之前所有工具的运算值进行打包处理，将所有检测完成后的数值整合到一起，最后进行打包输出。在输出前能够对这些数据进行比例转换、固定补偿值添加等操作。

2. 项目应用

生成文本工具主要应用于检测工具较多且通信方式为以太网通信的时候。检测工具较多时，其相对输出结果也会较多。使用本工具可将所有工具输出结果整合到一个工具内进行集中输出，减少不必要的处理时间，且工具本身自带系数和补偿功能，可根据客户要求输出检测值（部分定位项目中客户需要输出电机脉冲值而非实际距离单位，此时系数的应用非常重要）。

3. 原理

生成文本工具对所有检测工具内检测数据进行提取，提取完成后在生成文本内排序打包，最后集中输出至输出文本（见图 7.56）。

4. 案例

这个应用是检测完成后将检测结果，包括模板个数、定位位置 X 值和 Y 值、角度、模板得分等生成文本，如图 7.57 所示。

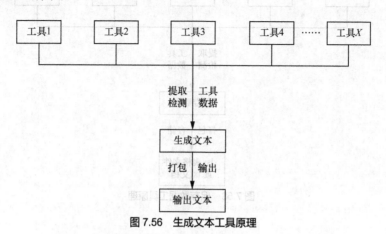

图 7.56　生成文本工具原理

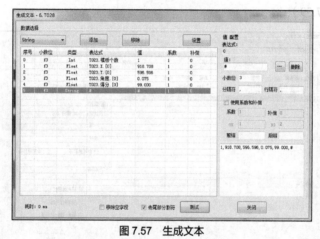

图 7.57　生成文本

7.8.3　保存数据工具

本小节主要介绍如何保存检测的数据。

1. 功能特点

保存数据工具能够对工具的历史生产数据进行保存，存储后的文件可记录当前物料的各项检测参数（需自行设置），对参数进行描述可以方便用户在数据庞大的时候了解当前数据代表的释义，可指定文件扩展名为.xlsx 或者.txt。

保存数据

2. 项目应用

保存数据工具主要应用于数据存储，可对视觉部分的当日产品生产总数、产品合格数、产品不合格数进行数据统计，其各项工具检测参数也能通过此工具进行记录，之后生成.xlsx 表格文件或者.txt 文档，方便客户后续查阅。

3. 原理

保存数据工具一般位于工具执行顺序最后位。当所有工具执行完成之后，保存数据工具从已选定工具内提取需保存的数据，并写入.xlsx 表格文件或.txt 文档，完成数据存储，如图 7.58 所示。

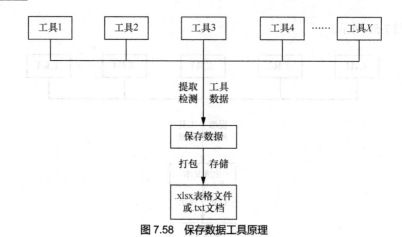

图 7.58　保存数据工具原理

4. 案例

保存数据（见图 7.59）。

图 7.59　保存数据

7.8.4　接收文本工具

本小节主要介绍如何接收文本，设置硬件接口。

1. 功能特点

接收文本工具在智能相机中负责数据接收。当通信工具与客户机通信成功时，从通信工具中提取客户所发送的数据，相当于数据中转站，后续的条件执行工具可从接收文本中提取对应数据进行判定。

2. 项目应用

接收文本工具主要应用于以太网通信，对以太网通信工具从上位机接收的数据进行数据中转。

3. 原理

接收文本工具提取通信工具（图 7.60 中所示通信工具为 TCP 客户端）内从上位机所收到数据进行暂存，条件执行以暂存的数据为依据进行数据判断（见图 7.60）。

4. 案例

接收文本（见图 7.61）。

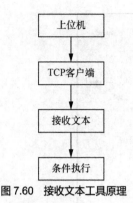

图 7.60　接收文本工具原理

图 7.61　接收文本

7.8.5　输出数据工具

本小节主要介绍如何指定数据输出的硬件接口和传输模式。

1. 功能特点

输出数据工具在智能相机中负责对数据进行输出，对当前整体的检测工具数据进行打包，然后整合输出给上位机。与生成文本不同，输出数据所对应的通信工具为基于 Modbus 的通信工具。

输出数据

2. 项目应用

输出数据工具主要应用于 ModbusRTU 通信或 ModbusTCP 通信，将当前项目所检测的数据输出给上位机。

3. 原理

输出数据工具提取已经选定工具的检测数据，对检测完成的数据进行整合，整合完成之后将数据输出至 ModbusTCP 工具，客户上位机从此处提取监测数据（见图 7.62）。

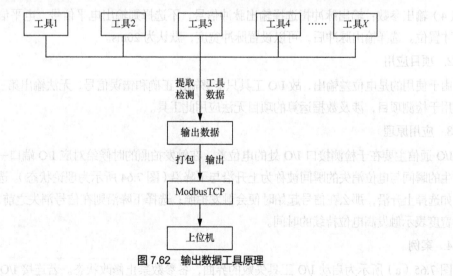

图 7.62　输出数据工具原理

4. 案例

输出数据（见图 7.63）。

图 7.63　输出数据

7.8.6　I/O 工具

本小节主要介绍如何管理本系统的物理 I/O。

1. 功能特点

I/O 工具在智能相机中主要负责硬件握手通信，通过电位差来完成相机触发与检测结果输出。该工具有以下几点需要注意。

（1）分配输入口个数：配置 8 路可配置 I/O 的输入口，0～7 设置为输入口，输入状态红色表示高电平，绿色表示低电平。

（2）分配输出口个数：配置 8 路可配置 I/O 的输出口，8～15 设置为输出口，输出状态红色表示高电平，绿色表示低电平。

（3）输入参数：主要指触发的信号类型，有上升沿、下降沿、定长脉宽三种，默认为上升沿。

（4）输出参数：输出脉冲指选择输出脉冲信号，不选择则输出电平信号，电平信号要等下次触发时才置位。选择输出脉冲后，可以设置脉冲宽度，默认为 20ms。

2. 项目应用

由于使用的是电位差输出，故 I/O 工具只能够输出正确和错误信号，无法输出第三种状态，因此其常用于检测项目，涉及数据运算的项目无法应用此工具。

3. 应用原理

I/O 通信主要在于检测接口 I/O 处的电位差，在触发拍照的时候给对应 I/O 端口一个高电位，电位产生的瞬间与电位消失的瞬间被称为上升沿与下降沿（图 7.64 所示为理论状态）。选择对应信号类型，如选择上升沿，那么在信号起始时便会触发拍照；选择下降沿则在信号消失之前才会触发拍照。脉冲宽度表示触发高电位持续的时间。

4. 案例

图 7.65（a）所示为启动 I/O 工具失败的界面，各参数禁止修改状态。若连接 I/O 成功，则各参数可按图 7.65（b）所示配置。

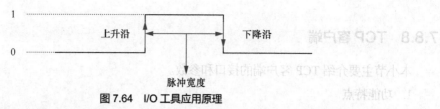

图 7.64 I/O 工具应用原理

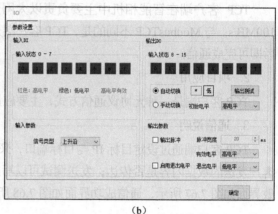

（a） （b）

图 7.65 启动 I/O 工具界面

7.8.7 ModbusTCP

本小节主要介绍设置 ModbusTCP 的接口和参数。

1. 功能特点

ModbusTCP 工具在智能相机中主要应用于以太网通信，其数据传输速度最大可达到 100MB/s，ModbusTCP 是基于 Modbus 通信协议的网络通信方式。

2. 项目应用

ModbusTCP 工具是一种有协议通信方式，主要应用于与 PLC、机器人、CNC 等系统进行以太网通信。

3. 通信说明

ModbusTCP 工具通过设定 IP 地址与固定端口号完成连接。由于其是有协议通信，还需设定客户接收端的地址与端口站号来完成整体的数据通信，主界面如图 7.66 所示。

图 7.66 ModbusTCP 工具主界面

7.8.8 TCP 客户端

本小节主要介绍 TCP 客户端的接口和参数。

1. 功能特点

TCP 客户端在智能相机中主要负责以太网无协议方面的通信，其数据传输速度最大可达到 100MB/s。与 ModbusTCP 不同的是，TCP 客户端是无协议通信方式，只需要对照服务端 IP 地址设置后即可完成通信。

2. 项目应用

TCP 客户端是一种无协议通信方式，主要应用于与 PLC、机器人等系统进行以太网通信。

3. 通信说明

TCP 客户端通过设定目标 IP 与目标端口，来完成与服务端的通信连接，接收监视可以测试当前客户发送的数据内容是否传达；发送测试可以写入数据进行发送测试，验证通信是否正常，通信失败界面如图 7.67 所示，通信成功界面如图 7.68 所示。

图 7.67 TCP 客户端通信失败界面

图 7.68 TCP 客户端通信成功界面

7.8.9 串口 COM

1. 功能特点

串口 COM 在智能相机中主要应用于串口通信，其通信设置方法比较简单，通信线路简单，只要一对传输线就可以实现双向通信，从而大大降低了成本，但传送速度较慢。

2. 项目应用

串口 COM 是一种无协议通信方式，主要应用于与 PLC、机器人等系统进行串口通信。

3. 通信参数

串口 COM 通过设置波特率、校验位、串口号、数据位、停止位这些通信参数即可完成数据通信，主要的应用设置参数如下。图 7.69 所示为连通状态的串口 COM 界面。

① 接收数据触发类型。

单条串口指令接收的标志有两种类型：依据回车符；依据字符串的长度，长度可编辑。注意：当设定依据回车符时，对方发送数据必须包含回车符，否则监听无法收到数据，数据内容为十六进

制数 "0D" 或 ASCII "\r"。

图 7.69 所示为连通状态, 图标为绿色, 下方表示 "COM1.9600.None.8.Two" 串口连接参数, 按钮 "关闭串口" 提示当前状态下可以进行的操作, 串口参数不可编辑。图 7.70 所示为关闭状态的串口 COM 界面, 则串口参数可编辑, 图标为红色, 按钮为 "开启串口"。

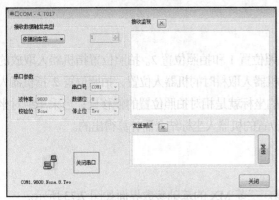

图 7.69　连通状态的串口 COM 界面　　　　　　图 7.70　关闭状态的串口 COM 界面

② 通信数据类型: ASCII、十六进制两种类型, 协议多以 ASCII 为主, 即字符串。

③ 串口调试: 打开串口通信界面, 利用接收监视和发送测试功能, 验证收发数据是否正确。发送测试和接收监视可调试通信的接收和发送数据, 监测数据的发送或接收的状态。单击 "×" 按钮可清除方框中的数据内容。

7.8.10　华数机器人的接口

本小节主要介绍华数机器人的接口和参数。

首先要设置 IP 地址和端口号与机器人在同一个网段。机器人主机的 IP 地址可通过机器人示教手柄查看。端口号 5001、5002、5004、5005 可用, 5003 被示教器占用, 如图 7.71 所示。

1. 连接调试

设定地址, 可以写入整数和读取整数测试。写入和读取小数: 可以约定小数乘以 1000, 四舍五入为整数, 再发送和转换, 即小数的精度为 0.001。华数机器人的协议设置界面如图 7.72 所示。

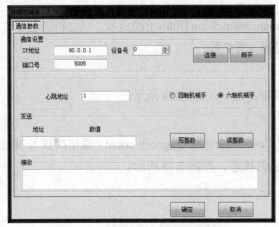
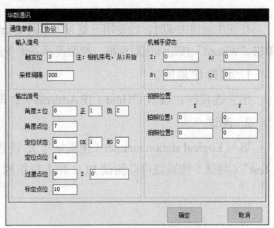

图 7.71　华数机器人的参数设置界面　　　　　　图 7.72　华数机器人的协议设置界面

2. 采样间隔与输出信号

读取触发位数据的间隔时间，在自动模式下启动，手动模式下不启动。

输出信号：角度、角度点位定位状态、定位点位、过渡点位及标定点位。角度符号（正负）、定位状态（OK、NG）可自由设定整数表示。过渡点位的 X、Y 等于定位点位的 X、Y，Z 轴的坐标不同，即在定位点抬高。

3. 机器人姿态与拍照位置

机器人姿态指拍照位置下的机器人姿态，如拍照位置 1 和拍照位置 2。拍照位置指机器人取放的时候，精确计算的机器人位置，通常拍照位置 1 指机器人取料时的机器人位置，拍照位置 2 指机器人放料时的机器人位置。当采用相对坐标系时，输出的坐标就是相对拍照位置的偏移量；当采用绝对坐标系时，输出的机器人绝对坐标是将偏移量和拍照位置的机器人坐标结合而计算得出的。

7.8.11　三菱 MX 通信

本小节主要介绍利用三菱 MX 通信，写寄存器。三菱 MX 的基础参数界面如图 7.73 所示。

图 7.73　三菱 MX 的基础参数界面

在使用通信协议时，先要用三菱 MX 工具 Communication Setup Utility 创立连接。创立新的连接时，单击 "Wizard" 按钮弹出对话框。按照提示一步步选择设置参数。

1. 设置 IP 地址

创立连接时，设置 "Host（IP Address）"，即 IP 地址，如图 7.74 所示。

2. 测试

填写 Logical station number（逻辑站号），设置 Communication diagnosis count（通信次数），单击 "Test"（测试）按钮就可以测试 PLC 和上位机的通信状态，如图 7.75 所示。

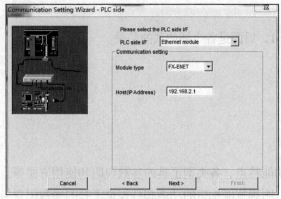

图 7.74　设置 IP 地址　　　　　　　　　　　图 7.75　测试界面

3. 参数设置

三菱 MX 的主要参数设置如下。

（1）查询标签

查询触发相机取图的命令 PLC 地址。MX 参数设置的界面如图 7.76 所示。

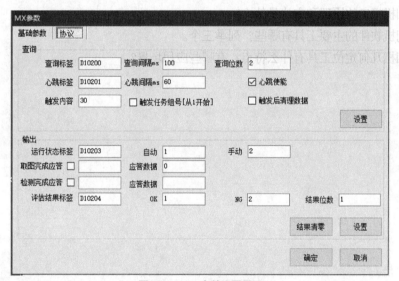

图 7.76　MX 参数设置界面

（2）心跳使能

心跳使能是判断是否连接的选项。在选取心跳使能后，视觉软件会定时每 60ms 向 PLC 地址 D10201 写入 0-1 交替，PLC 在 60ms 时间内判断 D10201 的值，如 D10201 的值为 0 或者 1 的时间长度超过 60ms，则判断视觉软件和 PLC 通信失败，这是一种实时验证通信是否连接的方法。

（3）触发内容

查询触发的时间间隔，单位为毫秒（ms）。

（4）运行状态标签

表示视觉系统的运行模式有手动模式或自动模式。

（5）评估结果标签

检测结果的接收地址。

（6）结果位数

结果位数若为 1，表示总的检测结果；若大于 1，后面是各个评估项的结果。

（7）结果清零

将各标签地址的数值设置为 0。

7.9 小结

本章主要介绍了智能相机系统的硬件配置、功能特点、各类型工具的参数说明和使用方法等。通过本章的学习，读者可以了解什么是智能相机，明确智能相机的功能和各视觉工具的参数配置与应用。

习题与思考

1. 智能相机的系统组成包含哪些部分？
2. 智能相机标定的原理和方法是什么？
3. 智能相机软件的主要工具有哪些？列举三个。
4. 智能相机几何定位工具有什么特点？有哪些应用场景？

第3篇

机器视觉高级技术与工业应用案例

本篇不仅包含视觉检测、测量、定位、读码与识别四大需求的实际应用案例，而且包含视觉引导、颜色分析、深度学习等机器视觉高级技术及应用实例。这些案例都来源于近年实际交付的应用场景，反映了机器视觉常见的应用领域和主流的技术要素，具有推广应用价值。第8章介绍机器视觉系统设计方法，包括常用指标、精度分析方法、设计难点、设计原则与流程等内容。从第9章开始，基于龙睿智能相机及其软件系统进行讲解和案例展示，读者经过学习可动手配置出多套机器视觉系统，从而对机器视觉有更真切的认识和设计体验。

08 第8章 机器视觉系统设计方法

在设计机器视觉系统的时候，有许多重要因素需要考虑，如相机、镜头、光源如何选型，如何满足精度要求。还应考虑现场的电磁干扰、机械振动、环境光的影响等各种可能出现的问题。本章主要介绍机器视觉系统设计方法。

8.1 性能指标定义与计算方法

任何满足用户对产品检测或识别特定需求的机器视觉系统必须有相应的性能指标要求。因此在机器视觉系统设计之前，首先有必要了解一些基本性能指标定义与计算方法，包括相机分辨率、像素分辨率、缺陷分辨率、软件测量分辨率、系统测量分辨率等。

1. 相机分辨率

相机分辨率（或称图像分辨率）由相机决定，是指 CCD 或者 CMOS 感光芯片的行与列像素的数量。感光芯片的尺寸一般有如下几种规格：1/4 英寸、1/3 英寸、1/2 英寸、1/1.8 英寸、2/3 英寸、1 英寸等。相机分辨率一般有 656×492、1292×964、1628×1236、2448×2048、3840×2748、5472×3648、6576×4384、8040×5360 等。随着相机技术的不断发展，分辨率不断提高，目前投入应用的相机分辨率可达 1.4 亿像素。

2. 像素分辨率

像素分辨率用来表达像素的灰度等级数量，是由相机或采集卡的数模转换位数决定的。黑白相机通常每个像素用 8bit 数据表示，可以产生 256 个灰度等级。高级图像分析系统通常采用 16bit 或 32bit 数据表示。彩色相机中，RGB 每个原色用 8bit 表示，共有 16 777 216 种颜色组合。

3. 缺陷分辨率

缺陷分辨率指视觉系统能可靠分辨的最小缺陷特征的尺寸，或者称为软件特征检测分辨率，这是由相机分辨率和图像分析算法软件的识别能力决定的。考虑相机等图像采集系统的噪声，图像分析算法一般需要 3 个或以上像素，才能比较准确地分辨缺陷特征。

4. 软件测量分辨率

软件测量分辨率指视觉系统能分辨的最小线性增量。一般情况下，相机能分辨到 1 像素，这是由硬件决定的。但软件通过各种算法，如傅里叶插值（Fourier Interpolation），可以达到亚像素（Sub-Pixel）分辨率。软件测量分辨率理论上可以达到 1/64 像素或更高，而实际应用一般只能达到 1/10 像素或更低。实际的软件测量分辨率往往取决于视觉系统的硬件，如光源等级、相机信噪比等。工程实践中，往往要保留一定的设计裕量，通常要 10 倍的裕量，即实际要求的分辨率为软件测量分辨率的 10 倍，宽松一些可以取 5 倍的裕量。通常用零件测量公差比（Part Measurement Tolerance Ratio，PMTR）表示。例如，若实际系统需要的亚像素分辨能力为 1/4 像素甚至更低，而软件理论测量分辨率要达到 1/40 像素，这样就可以保障测量的重复性和准确性，这对于允许公差范围小的测量系统尤为重要。

提高软件测量分辨率带来的好处是：可以采用较低分辨率的相机实现较高的测量分辨率，从而节省了硬件成本。

视场大小 FOV 与测量精度、相机分辨率、软件亚像素分辨率、PMTR 之间的关系满足以下公式：

$$\text{FOV}_{H/V} = \frac{\text{测量精度} \times \text{相机分辨率}_{H/V}}{\text{软件亚像素分辨率} \times \text{PMTR}}$$

式中，FOV 代表视场大小，H 代表视场的水平方向或相机的长边方向，V 代表视场的垂直方向或相机的宽边方向。

举例如下：设视觉系统测量精度要求 0.001mm，相机视野（由产品大小决定）FOV=6.4mm×4.8mm，PMTR≈10 倍，软件亚像素分辨能力为 1/40 像素，问需要采用多少像素的相机？

$$\text{需要的相机水平分辨率} = \frac{\text{FOV}_H \times \text{亚像素分辨率} \times \text{PMTR}}{\text{测量精度}}$$

$$= \frac{6.4 \times \dfrac{1}{40} \times 10}{0.001}$$

$$= 1600$$

类似地，可计算相机垂直分辨率 =1200。也就是用一台 200 万像素（相机分辨率 1628×1236）的相机就可以了。

5. 系统测量分辨率

系统测量分辨率是视觉系统可靠测量的最小增量，它用物理长度单位表示（如 0.01mm），是由实际项目规格来决定的，往往是测量公差大小的 1/10～1/5，如产品极限偏差要求 ±0.01mm，则公差为 0.02mm，那么系统测量分辨率则为 0.02mm/5=0.004mm，这是取 5 倍的情况。有了系统测量分辨率或精度，我们就可以据此选择系统的硬件配置和软件。

8.2　精度分析方法

本节主要介绍视觉系统的测量精度和重复精度，以及影响系统重复性的因素。

8.2.1　测量精度与重复精度

测量精度简称"精度"，指的是测量值与真实值的接近程度。而重复精度指在同一台机器上由同一个人反复测量一个指标时，测量结果所呈现出的一致性。在一些场合可把重复精度简称为重复性。

1. 测量精度的确认方法

可以简单地把测量结果与真实值进行比较，从而确定测量结果是否准确。实际测量中，真实值往往是用一款可以信赖的、精度等级高一个或几个档次的量具测出的结果。工程实践中经常采用的精度确认方法是将测量结果与真实值做相关性分析。具体做法是用一组标准量块（俗称"金头"，Golden Sample），规格不一，从小到大，各个尺寸都有，用高精度量具进行测量，记录一组数据；然后，用被评估的机器视觉系统也测量出一组数据；再把两组数据输入相关性分析软件，即可得出相关性数据指标。这个相关性数值越大越好，越大则说明测量结果具有越好的精度和准确性。有些厂家要求相关性在 80%以上才能接受和验收。

相关性好说明测量结果与真实值之间的趋势跟随性较好，即真实值大的时候，测量值也大；真实值小的时候，测量值也小。但这并不能说明测量值就可以当作真实值，因为相关性不能保证测量值就等于或接近真实值，两者的差距往往还很大。一般都需要做线性回归来修正偏差，把测量值调整到真实值附近。

例如，表 8.1 所示的真实值与测量值的数据相关性非常好，相关系数达 0.975（最大相关系数为1），但差异较大。

表 8.1　相关性数据举例 1

真实值/mm	测量值/mm	误差/mm	相关系数
10.050	10.031	−0.019	
10.045	10.026	−0.019	
10.054	10.033	−0.021	
10.058	10.037	−0.021	
10.056	10.038	−0.018	0.975
10.060	10.043	−0.017	
10.040	10.018	−0.022	
10.045	10.022	−0.023	
10.054	10.032	−0.022	

采用 $y=kx+b$ 进行线性回归，y 是测量值，x 是真实值，得出 k 和 b，再计算测量值，结果如表 8.2 所示。

表 8.2　相关性数据举例 2

真实值/mm	测量值/mm	误差/mm
10.050	10.051	0.001
10.045	10.046	0.001
10.054	10.053	−0.001
10.058	10.057	−0.001
10.056	10.058	0.002
10.060	10.063	0.003
10.040	10.038	−0.002
10.045	10.042	−0.003
10.054	10.052	−0.002

2. 重复精度的确认方法

（1）假设检验法：用来判断样本与样本、样本与总体的差异是由抽样误差引起还是本质差别造成的统计推断方法。如图 8.1 所示，其基本原理是先对总体的特征进行某种假设，然后通过抽样，研究样本的统计推理，对此假设应该拒绝还是接受进行推断。

（2）六西格玛管理（6 Sigma）：是一种改善企业质量流程管理的技术，以"零缺陷"的完美商业追求，带动质量成本的大幅度降低，最终实现财务成效的提升与企业竞争力的突破。这种策略强调制订极高的目标、收集数据及分析结果，通过这些来减少产品和服务的缺陷。6 Sigma 背后的原理是，如果检测到项目中有多少缺陷，就可以找出如何系统地减少缺陷、使项目尽量完美的方法。

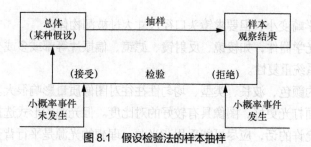

图 8.1　假设检验法的样本抽样

（3）CPK（Complex Process Capability Index）：制程能力指数，也叫工序能力指数或过程能力指数，它是指工序在一定时间里，处于控制状态（稳定状态）下的实际加工能力。它是工序固有的能力，或者说它是工序保证质量的能力。这里所指的工序是指操作者、机器、原材料、工艺方法、生产环境（俗称 5M）等 5 个基本质量因素综合作用的过程，也就是产品质量的生产过程。产品质量就是工序中的各个质量因素所起作用的综合表现。工序能力越高，产品质量特性值的分散就会越小；工序能力越低，产品质量特性值的分散就会越大。CPK 正态分布如图 8.2 所示。

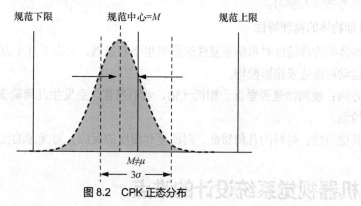

图 8.2　CPK 正态分布

（4）GRR（Gauge Repeatability and Reproducibility）：指测量的重复性和再现性。该指标的目的是获得系统或设备在相同条件下和不同条件下的变异性，反映测量结果的稳定性。因此重复性计算就要求处理同一个人在相同归零条件下对同一产品在同一位置、同样的环境条件下短时间内测量的数据；而再现性计算则要求处理不同的人在相同归零条件下对同一产品在同一位置、同样的环境条件下较长时间内测得的数据。

8.2.2　影响系统重复性的因素

系统的重复性很重要。如果重复性不好，相关性也不会好，精度便无从保证，所以重复性是保证系统精度的必要条件。

影响系统重复性的因素有以下几个方面。

1. 视觉系统硬件

（1）相机：成像器件像素分辨率、相机的信噪比等都会对系统的重复性产生影响，因为图像质量的好坏及分辨率与重复性直接相关。

（2）光学器件：如镜头类型（是 FA 镜头还是远心镜头）、镜头光圈大小、景深等都有影响。

- FA 镜头：光学畸变大，容易产生投影误差，当然这些可以通过软件进行矫正。

- 远心镜头：光学畸变小，但要求镜头口径尺寸大过被测物体。

除了镜头，其他光学器件，如棱镜、反射镜、滤镜、偏振片等都或多或少会影响图像的稳定性或保真性，从而影响系统重复性。

（3）光源：光源的颜色、波长、类型、均匀性往往对图像质量影响很大。如对物体的轮廓呈现来讲，背光往往比正面打光更好，图像具有较好的对比度。但光源的形式选择往往还需考虑机构设计上是否允许。条件允许的话，应尽可能采用背光源，理想的光源是平行背光。这样对比度较好，图像畸变小。另一点就是光源的亮度选择，应尽可能避免图像曝光产生饱和，导致边缘质量下降甚至丢失边缘信息。

2. 算法工具

算法工具的选择对精度影响较大。通常机器视觉系统的软件中会提供一些常用的算法工具，各种工具的应用场合和精度都不太一样。常用算法工具中（参考 7.6 节），直线工具和圆弧工具的重复性比较好。几何定位工具的重复性也不错，但 BLOB 定位工具重复性一般。读者需要参考前文，或者找相关参考书深入学习。

3. 目标物体的物理特性

目标物体的物理特性对系统重复性的影响也不容忽视，有以下几个方面的因素需要考虑。

（1）运动可能造成拖影模糊。

（2）方向：被测物是否垂直于相机光轴，若不垂直，会发生几何畸变，造成动态重复性很差，无法稳定检测。

（3）其他特性：材料的几何特征、对温度和湿度的反应、对光源的反射性等。

8.3 机器视觉系统设计的难点

设计一套好的视觉检测系统，必须准确把握用户的机器视觉需求，要考虑到产品的种类、产品尺寸、产品颜色、检测精度、检测速度、视野、光源颜色、景深兼容等各种问题。下面对光照稳定性、工件位置的不一致性、标定算法、物体的运动速度、软件的测量精度等机器视觉系统设计的难点进行分析。

1. 光照稳定性

工业机器视觉应用一般分成四大类：检测、测量、定位、读码与识别，其中测量对光照的稳定性要求最高，因为光照只要发生 10%～20% 的变化，测量结果将可能产生 1～2 个像素的偏差。这不是软件的问题，而是光照变化导致图像的边缘位置发生了变化。必须从系统设计的角度，排除环境光的干扰，同时要保证主动照明光源的发光稳定性。当然通过硬件相机分辨率的提升也是提高精度、抗环境干扰的一种办法。如之前的相机是 1 个像素对应物体空间尺寸 $10\mu m$，通过提升分辨率后变成 1 个像素对应 $5\mu m$，分辨率近似可提升 1 倍，抗环境干扰的能力自然增强了。目前机器视觉光照主要分为正面照明和背面照明两种方式，如图 8.3 和图 8.4 所示。

2. 工件位置的不一致性

一般做测量的项目，无论是离线检测，还是在线检测，只要是全自动化的检测设备，第一步就是要能找到待测目标物（工件）。每次待测目标物出现在拍摄视野中时，要能精确知道待测目标物在哪里，即使使用一些机械夹具等，也不能特别高精度地保证待测目标物每次都出现在同一位置，这就需要用到视觉定位功能。如果定位不准确，可能测量工具出现的位置就不准确，测量结果有时会有较大偏差。一般常采用软件定位方法，这种方法被称为虚拟夹具（Virtual Fixturing）。除此之外，真实的机械夹具也很重要，稳固的夹持对保证测量精度至关重要。

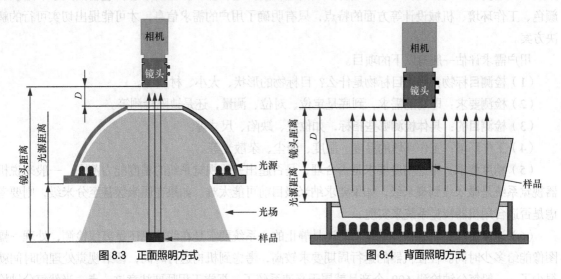

图 8.3　正面照明方式　　　　　　图 8.4　背面照明方式

3．标定算法

在高精度测量的时候一般需要进行标定，主要分为光学畸变标定、投影畸变标定、物像空间标定等。不过一般的标定算法都基于平面的标定，对于非平面的标定很难用传统标定算法解决。某些特殊的测量过程中不能使用标定板，所以标定算法不一定能解决所有问题，这是视觉系统设计会遇到的难点，需要具体问题具体分析。

4．物体的运动速度

在图像获取过程中，图像质量取决于物体运动速度，所以物体运动速度快很可能导致图片成像模糊。在不影响图像亮度的前提下，减少曝光时间，有利于抑制运动图像模糊。

5．软件的测量精度

测量精度一般为 1/4～1/2 个像素，检测可辨的瑕疵需要至少 3 个像素，软件的测量精度是系统设计需要重点考虑的因素。

通过上述 5 个问题的分析，可以看出机器视觉检测系统设计时会出现很多因素的干扰，所以我们需要不断地改善和升级技术规避这些难以避免的问题。

8.4　机器视觉系统设计流程

机器视觉系统经过多年的市场淬炼，目前已经形成了一套规范的实施标准流程：启动前需要进行用户需求评估、设计详细的项目规格书、选择合适的硬件产品、视觉系统的验收、提供系统使用手册、系统维护及售后服务、培训等。只有各个环节都做到位，做细致，才能真正完成一套机器视觉系统。

一套合适的机器视觉系统设计流程包含如下几个方面。

1. 用户需求评估

项目启动前准确地描述机器视觉系统需要完成的功能和工作环境，对整个机器视觉系统的成功集成至关重要。因此，需要与用户进行深层沟通，要知道检测目标物的形态，包含其大小、形状、颜色、工作环境、机械设计等方面的特点，只有明确了用户的需求信息，才可能提出切实可行的解决方案。

用户需求评估一般有以下的项目。

（1）检测目标物：明确目标物是什么？目标物的形状、大小、材质等。

（2）检测要求：即功能需求，到底是定位、对位、测量，还是缺陷检测等。

（3）检测目的：具体检测哪些指标，如位置、缺陷、尺寸等。

（4）工作环境：工作环境的温度、湿度、粉尘、杂散光等。

（5）精度要求：考虑精度要求是否合理，是否超出一般视觉系统的精度能力范围。一般来说机器视觉系统是微米级到毫米级，如果要求纳米级目前可能太难。如果在厘米级甚至分米级，则要考虑是否适合用机器视觉系统来实现。

（6）速度要求：明确物体是运动的还是静止的，系统要求是在线检测还是离线检测，处理一幅图像能给多少时间。往往机器的运行周期要求较高，考虑到机构运行时间，留给视觉处理的时间就很少了。一般每分钟检测 600 个产品就属于高速系统了，视觉工程师要注意这一点。当然每分钟检测 2400 个产品的系统也是可以实现的。

（7）项目时限：要求多少时间交货，得考虑采购时间、项目调试的难度，还有项目的检测条款。如果是检测项目，验收相对较难，机器交付之后要进行数据验证，经过大量现场验证才能让客户放心。如果是定位类的项目，要特别注意机台设计和运动控制等的时间配合。

（8）项目预算：了解客户准备花多少钱。如果项目复杂，用户预算又少，时间安排要非常慎重。

2. 项目规格书

项目规格书很重要，它体现了实现项目的任务目标。完善的规格书可以明确视觉检测需要实现哪些功能需求，提高研发的效率和缩短项目周期。

一个视觉系统的项目规格书必须包含以下内容。

（1）系统检测项目：功能需求。

（2）系统精度：具体指标数值用重复性、相关性，或者其他评估指标。

（3）系统速度：整机运行周期（只做参考），视觉系统处理时间。

（4）漏检率：把不良品当成良品的比率称为漏检率，100%的不漏检当然是一种可以理解的期望，但需要切合实际地设定漏检率。

（5）误检率：即把良品当作不良品的比率，这个往往难以避免。

（6）系统覆盖产品：不能期望一个系统"包打天下"，项目规格书一定要指定被测产品的规格，产品越单一、种类越少越好，系统性能越能得到保证。

3. 选择合适的硬件产品

根据项目规格书的检测要求，要选出合适的视觉硬件，更要选出最具性价比和品牌优势的硬件，这样有利于提高竞争力。硬件的选择可以参考以下内容进行评估。

（1）硬件的优势与劣势。

（2）硬件在相关行业中的应用经验。

（3）硬件在相关行业中的口碑。

（4）硬件厂商提供的技术支持与售后服务。

（5）品牌的性价比。

4. 视觉系统的验收

视觉系统的验收重点考虑如下几个指标。

（1）测量精度：采用何种标准机进行验收，标准机的精度是否可信，最好有标准机的精度测试报告作为依据。

（2）重复精度：采用什么评估方法与指标，GRR 还是 CPK。

① 静态 GRR：单个产品放置在拍照位置不动，视觉系统采集图像多次（≥9 次），对多次采集的图像进行软件处理，处理后取单个产品的最大结果与最小结果的差作为重复性表征值。这个结果差反映视觉系统的稳定性，结果差越大，测量就越不稳定；结果差越小，测量就越稳定。

② 动态 GRR：多个产品重复多次放置到同一个拍照位置，视觉系统对每个产品采集图像多次（≥9 次），对多次采集的图像进行软件处理，处理后取单个产品的最大结果与最小结果的差导入分析软件，得出 GRR 值。这个结果差反映运动机构放置的稳定性，结果差越大，运动机构的稳定性就越差，测量就越不稳定；结果差越小，运动机构的稳定性就越好，测量就越稳定。

③ CPK（参考 8.2.1 小节的内容）：产品重新投放或连续生产一定数量的产品，关键尺寸或关键检测结果的一致性，反映设备的生产稳定性，包括来料、操作规范的一致性。

（3）速度：视觉系统的处理周期可以采用一些辅助手段进行测试，把开始时刻与结果输出时刻记录下来。

（4）漏检率：采集大量数据后，计算漏掉的产品与全部（缺陷）产品数量的比率。

（5）误检率：在采集数据的支持下，计算误报的次数（称"过杀"）与全体（良品）数量的比率。漏检率与误检率往往是一对矛盾，需要折中考虑。对漏检率和误检率，不同企业有不同的要求。

5. 系统使用手册

机器视觉系统使用手册的基本内容应包括：系统安装说明、使用操作说明、故障排除、部件列表、故障记录等。

更为细致的内容还可以包括以下几点。

① 系统功能和性能描述，项目背景。

② 检测对象的描述：尺寸、颜色、数量等。

③ 成像部分的基本条件：FOV、工作距离等。

④ 机械要求：尺寸限制、安装方式等。

⑤ 附件要求：电源等。

⑥ 环境要求：温度、湿度、安全、清洗方式等。

⑦ 设备接口：USB、1394、GigE、CameraLink 等。

⑧ 技术支持的联络方式等。

6. 系统维护及售后服务

系统维护及售后服务的主要内容如下。

（1）建立生产线操作规章制度。

（2）定期进行系统维护。

（3）系统备件管理。

（4）备份驱动程序、视觉检测配置、密码管理。

7. 培训

培训工作很重要。在视觉系统设计过程中，督促客户尽早指定相关对接人员，以便在视觉系统的现场安装调试过程中进行培训。调试完成交付使用后，要培训操作人员，指定相关人员预备、学习，使之掌握视觉系统的使用和日常维护方法，这对视觉系统今后的运行与维护是至关重要的。

培训包含如下内容。

（1）确定培训的不同层次，如操作员、技术员、工程师，培训要有针对性和差异化。

（2）如何安装系统硬件：镜头、光源、相机等。

（3）如何设置系统参数：快门、阈值等。

（4）如何操作用户界面。

（5）如何解决常规故障。

（6）识别系统零部件等。

8.5 小结

本章主要讨论了机器视觉系统设计中常用的性能指标和精度分析方法，介绍了设计一套合适的机器视觉系统的流程与设计的难点。从工程项目实施角度，介绍了从分析客户需求开始，到最后成功设计产品并交付客户验收全过程的具体细节，列出了可能影响最后验收的诸多因素及解决问题的方法。

习题与思考

1. 机器视觉系统设计流程有哪些？

2. 用户需求评估需要注意什么？

3. 系统验收会受哪些因素的影响？

4. 影响测量精度的因素有哪些？

5. 重复精度与测量精度有哪些不同？

09 | 第9章 视觉定位与对位

在工业生产中，需要对产品的上料、下料定位，而产品的组装则多采用视觉对位的方式进行位置修正。实际应用中对单台相机的机器视觉系统进行位置修正，只需要知道产品的位置修正变量即可；而通过 2 台或者多台相机进行的产品位置纠偏或者对位，涉及多台相机与机构的坐标系转换。下面介绍视觉定位和视觉对位的案例。

9.1 锂电池视觉定位案例

视觉定位主要是指产品取料位置固定、放料位置不固定或者是产品取料位置不固定、放料位置固定的视觉纠偏。视觉定位主要应用于各种产品的上料、下料、定位组装等。当然，定位可以用单台相机，也可以用多台相机。下面介绍的是锂电池视觉定位后进行开路电压测试的应用案例。

9.1.1 案例背景

锂电池目前的应用市场主要有汽车、手机、笔记本电脑、电动工具等。锂电池开路电压（Open Circuit Voltage，OCV）测试是锂电池生产流程的一部分。传统锂电池测试一般用机械定位或人工放置锂电池到测试位。机械定位可能会导致电池被夹伤，而人工放置会存在放置精度误差大、效率较低等问题。机器视觉定位很好地解决了这些问题。机器视觉定位通过对图像的分析和处理，给出定位中心，然后将坐标传输给机器人，为机器人自动取放电池提供精确的位置坐标数据。相机采集到的电池图像如图 9.1 所示。

图 9.1 相机采集到的电池图像

9.1.2 视觉定位需求

（1）检测内容：精准地将电池的上密封边缘中心坐标定位出来，并判断电池极耳是否弯曲，电池极耳左右密封边缘是否平行。

（2）产品大小：110mm × 60mm。

（3）安装高度：不超过 300mm。

（4）精度要求：优于 0.3mm。

（5）检测速度：1 片/秒。

（6）通信方式：TCP/IP 网络通信。

检测需求初步分析：通过第 7 章对智能相机的介绍内容，可以判断，检测内容可以通过两个任务来完成，一个任务是输入信号实时查询，另一个任务是定位检测。关于选型的部分，需要对第 2 篇硬件知识深入的学习和了解。

9.1.3 视觉系统总体实施方案

1. 硬件需求

选择满足客户检测需求的相机、镜头、光源、视觉控制器等硬件（参考 9.1.4 小节）。

2. 软件检测流程

针对客户的需求，调用对应的视觉软件工具，通过对视觉软件工具进行配置，进行视觉检测，最终达到客户的检测标准要求。机器视觉系统的通用检测流程主要分为 4 步：通信输入→图像采集→图像处理→数据输出。

（1）通信输入

通信输入就是上位机与视觉系统之间发送/接收数据的通信接口配置，上位机给视觉系统一个开始信号，视觉系统识别对应的信号，进行相应的处理。常见的通信方式是标准 TCP/IP。视觉系统软件里对应需要配置的软件工具有 TCP 客户端/服务器、接收文本工具、条件执行工具等。

（2）图像采集

通过面阵相机、图像采集工具对产品图像进行采集。

（3）图像处理

① 对采集到的图像进行标定校准，其作用一是把视觉系统的图像坐标系转换成世界坐标系；作用二是视觉系统的坐标系与用于定位的运动模组的坐标系建立相应的转换关系。这样，视觉系统才能定位到电池上封边中心位置和姿态，把结果输出给运动模组，运动模组即可进行电池抓取。

② 定位电池上封边的中心坐标和姿态（技术要求 1）。定位输出的坐标结果就是产品上封边的中心在视觉系统坐标系中的位置（x,y），通过直线工具定位电池的左封边和右封边，计算出这两条直线与上封边的交点，再计算这两个交点的中心，这一点就是上封边的中心点；姿态就是电池上封边这条直线在视觉系统坐标系中的角度 a。

③ 判断电池极耳是否弯曲（技术要求 2）。通过极耳的长度值就可以判断极耳是否弯曲。如果极耳弯曲，那么极耳的长度值与标准值就会有较大差异。输出结果 0 代表极耳弯曲，输出结果 1 代表极耳正常。

④ 判断电池两个极耳是否平行（技术要求 3）。如果两个极耳平行，那么两个极耳边对应的延长线夹角趋近于 0°。极耳延长线的夹角越小，说明平行度越好；反之，平行度就越差。输出结果 0 代表极耳不平行，输出结果 1 代表极耳平行。

（4）数据输出

通过生成文本工具进行数据整合，输出文本工具进行数据（$x,y,a,0/1,0/1$）输出。

9.1.4 硬件选型与安装

视觉硬件的选择，包括相机、镜头、光源、视觉控制器的选择，是由检测需求决定的，检测定位需求参考 9.1.2 小节。

1. 相机的选择

相机的选择可参考 3.1.9 小节，选择依据主要是检测精度和产品范围。考虑到视觉检测会存在一定的误差，系统检测精度必须小于 0.3mm。同时，根据测试实验确认，实际的检测精度需求应达理论检测精度的 5 倍，检测才会稳定，不容易出错。如果视觉理论检测精度应为 0.3mm，那么相机分辨率要大于 110mm/(0.3/5)mm=1833，并且视野范围必须比产品范围大。所以我们选择分辨率为 2592×1944、芯片尺寸为 1/2.5 英寸的 500 万像素相机，其视野范围为长 2592×0.06=155mm，宽 1944×0.06=116mm。为了避免视野范围太大，在安装高度允许的范围内，可适当降低安装高度，缩小视野范围来满足客户检测要求。

2. 镜头的选择

镜头的选择（参考 4.1.8 小节）主要是确保视野范围和安装高度，通过公式"视场长度/芯片长度=工作距离/焦距"来进行计算，可以满足视野范围和安装高度的要求。

3. 光源的选择

光源的选择可以参考第 5 章的光源的介绍。为了保证光源选择的稳定性和准确性，要根据待检样品进行实际光照测试，通过软件测试光照出来的产品图像边缘的稳定性来确认光源选择是否正确。软件测试光照出来的图像边缘静态像素跳变不超过 1 像素，说明光源选择正确。光源的选型是经过实际光照测试的结果，背光源光照测试的效果稳定性最好，所以优先选择背光源。

4. 视觉控制器的选择

先连接相机采集图像，测试检测工具，以查看其是否都可以满足客户的检测速度要求。如果可以满足，则可以选择该控制器；如果不可以满足，则要尝试更高配置的控制器。应用确认只需要一个工业相机，所以需要配备 2 个千兆以太网口，如果主机没有 2 个网口，需要外接扩展网卡。1 个网口用来连接相机，1 个网口用来与上位机进行通信。视觉控制器参数如表 9.1 所示。

表9.1 视觉控制器参数

项目名称	参数		
型号	VDCPT-1	VDCPT-2	VDCPT-3
产品图			
CPU	Intel 赛扬四核	Intel i7	Intel E3
内存	4GB	4GB	4GB
硬盘	128GB 固态硬盘	500GB 机械硬盘	500GB 机械硬盘
支持相机数量	2 台/6 口	10 台（可扩展 8 口）	14 台（可扩展 12 口）
I/O 接口	4 输入/4 输出	可拓展 16 路	可拓展 16 路
通信	以太网、串口	以太网、串口	以太网、串口
尺寸/mm	260×44×140.2	316.5×320×164	316.5×380×164

5. 视觉检测硬件配置及安装

根据前文的选型，可以配置相应硬件，如表 9.2 所示。

表 9.2　硬件配置

名称	型号	数量	性能参数	备注
视觉控制器	VDCPT-1	1	CPU：奔腾及以上。内存：4GB 或更多。硬盘：128GB 或更多	含工控机、加密狗
500 万像素相机	VDC-M500-A014-E	1	颜色：黑白。帧率：14 帧/秒。接口：GigE	含电源线、网线
6mm 镜头	VDLF-C0814-2	1	分辨率：500 万像素。像面：2/3。光圈：1.4～16	
模拟光源控制器	VDLSC-APS24-2	1	类型：模拟控制。通道：双通道	含电源线
背光源	VDLS-F165*165W	1	颜色：白色。功率：11.8W。尺寸：165mm×165mm ×19mm	含延长线

本项目的安装位置如图 9.2 所示。

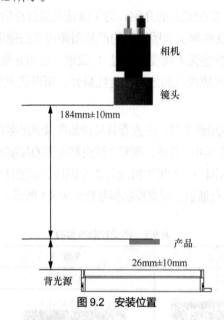

图 9.2　安装位置

9.1.5　软件实现

软件应用前，各个工具的使用及其实现功能参考第 7 章。

（1）软件应用设置以龙睿智能相机软件演示为例，软件设置流程如图 9.3 所示。本案例采用 2 个任务，任务 1 主要用于信号输入监测，监测到触发信号时触发任务 2 进行检测。任务 2 主要分为 4 步：第 1 步，标定校准，把像素值标定为 mm 单位、标定相机安装与机械手的坐标关系、标定视觉软件与机械手的角度关系；第 2 步，计算上封边的中心坐标；第 3 步，计算极耳平行度与极耳是否弯曲；第 4 步，把定位数据输出给运动控制上位机进行电池抓取，显示对应数据到主界面。

（2）程序按流程设置添加工具后，开启自动运行模式，如图 9.4 所示，图像界面会显示上封边中心 X、上封边中心 Y、上封边中心 A、极耳平行（True 代表检测符合尺寸要求，False 代表检测不符合尺寸要求）、左极耳弯曲、右极耳弯曲等信息。

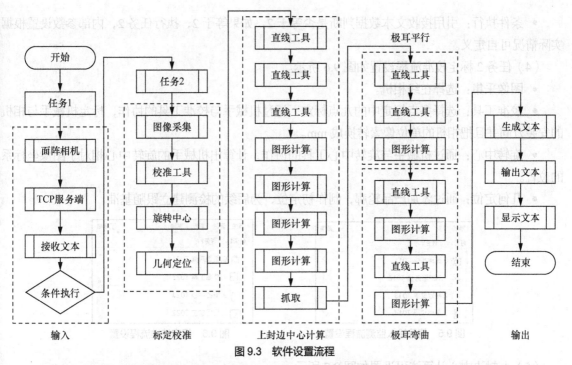

图 9.3　软件设置流程

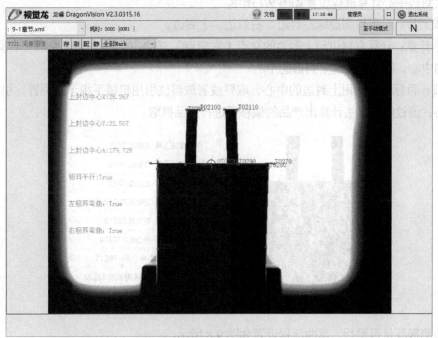

图 9.4　图像界面显示

（3）任务 1 信号输入流程设置如图 9.5 所示。

• 面阵相机：选取 VDC 相机，默认 IP 地址为 161.254.1.1。

• TCP 服务端：IP 地址为 192.168.2.19，根据对应 IP 地址设置端口号为 54600，内部参数设置根据实际情况可自定义。

• 接收文本：选择通信端口为 TCP 服务端，设置即可。

- 条件执行：引用接收文本数据判断是否等于 2。如果等于 2，执行任务 2，内部参数设置根据实际情况可自定义。

（4）任务 2 标定校准流程设置如图 9.6 所示。

- 图像采集：选择在线相机。

- 校准工具：选择多点标定中的九点标定，通过机械手与校准工具的协作，标定机械手与相机的安装方向并且把相机的单位像素转换成 mm。

- 旋转中心：通过机械手与旋转中心工具的协作，计算出机械手的旋转中心相对于图像坐标系的位置。

- 几何定位：通过添加产品轮廓，制作初定位，为后续的检测建立跟随基准。

图 9.5　信号输入监测流程设置

图 9.6　标定校准流程设置

（5）上封边中心计算流程设置如图 9.7 所示。

- 直线工具：设置检测边缘左封边、右封边、上封边。

- 图形计算：计算左封边与上封边的交点（左交点）、右封边与上封边的交点（右交点）、计算两个交点的中心，就可以得到上封边的中心。

- 抓取：目标数据引用上封边的中心，取料或者放料位引用机械手指示的位置，引用前面校准的旋转中心，通过内部算法计算出产品的偏移量进行产品抓取。

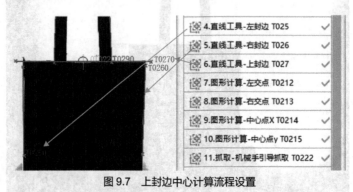

图 9.7　上封边中心计算流程设置

（6）检测极耳是否平行、弯曲流程设置如图 9.8 所示。

- 直线工具：设置检测边缘左极耳左边、右极耳右边、左极耳上边、右极耳上边。

- 图形计算：极耳是否平行，通过两个直线的夹角来判断，夹角越小，平行度越好。如果极耳弯曲，极耳上边沿到电池上边的距离小于基准值时，判定为极耳弯曲，基准值上下限可以根据实际情况来设置。

（7）数据输出流程设置如图 9.9 所示。

- 生成文本：添加抓取工具的偏移值及极耳平行、极耳弯曲的数据。

- 输出文本：通信选择 TCP 服务端，输出内容选择生成文本排序好的内容即可。
- 显示文本：把生成文本的内容显示在运行界面，方便客户实时观察。

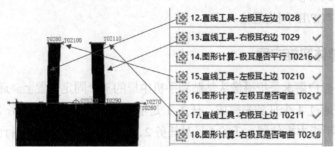

图 9.8 极耳是否平行、弯曲流程设置

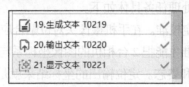

图 9.9 数据输出流程设置

9.1.6 其他案例

读者可以扫描二维码观看项目案例视频。

锂电池视觉上下料项目　　手机电路板定位纠偏　　螺丝机领域的视觉定位应用

9.2 手机摄像头对位贴合案例

视觉对位主要是指产品取料位置、放料位置都不确定的视觉纠偏。对位应用场景包括各种液晶面板、手机屏幕、软排线的组装等产品的对位贴合组装场景。

9.2.1 案例背景

手机在生产过程中有很多工序，其中就有许多辅助配件的粘贴，如喇叭背胶、电池粘胶、各种摄像头、热熔装饰件、标签、胶垫等。本项目的最大手机中框尺寸 180mm×100mm，中框颜色为白色和黑色，辅料为蓝色和黑色，一台设备要兼容所有手机大小，换型时可自由切换。

9.2.2 视觉对位需求

（1）检测内容：定位视野范围内的手机摄像头和中框目标安装位置坐标。
（2）产品大小：10mm×10mm（视野范围要求不小于 40mm×30mm）。

（3）安装高度：相机 1 安装高度不小于 300mm，相机 2 安装高度不小于 500mm。

（4）精度要求：优于 0.1mm。

（5）检测速度：3 片/秒。

（6）通信方式：TCP/IP 网络通信。

9.2.3 视觉系统总体实施方案

视觉检测需求：客户需求是把摄像头粘贴到手机中框的某个固定位置上。通过第 7 章的学习可以判断，检测内容需通过 4 个任务来完成：任务 1 是输入信号实时监测，任务 2 是定位手机摄像头位置，任务 3 是定位手机中框位置，任务 4 是对任务 2、任务 3 的定位数据进行整合，进行摄像头和手机中框的贴合。

根据以上需求，此处的图像处理任务具体如下。

（1）对采集到的图像进行标定校准。在手机摄像头对位贴合应用项目中，使用 2 台相机进行位置纠偏，所以需要分 2 次标定校准才能把 2 台相机的图像坐标系与运动控制的坐标系关联到一起。

（2）定位摄像头的中心坐标和姿态。定位输出的坐标结果就是摄像头在世界坐标系中的位置和角度（$X1$，$Y1$，$A1$），通过几何定位工具直接定位出摄像头在世界坐标系中的位置坐标角度（$X1$，$Y1$，$A1$）。

（3）定位手机中框中摄像头安装位置的中心坐标和姿态。定位输出的坐标结果就是摄像头在世界坐标系中的位置和角度（$X2$，$Y2$，$A2$），通过几何定位工具直接定位出安装位置在世界坐标系中的位置和角度（$X2$，$Y2$，$A2$）。

（4）把摄像头贴合到手机中框上，这一步用到坐标位置变换抓取工具和纠偏计算工具，变换后的数据变量为（ΔX，ΔY，ΔA）。

（5）最后通过生成文本工具进行数据整合，输出文本工具将数据（ΔX，ΔY，ΔA）输出给运动控制进行贴合。

9.2.4 硬件选型与安装

视觉硬件相机、镜头、光源、视觉控制器的选型参考 9.1.4 小节。

（1）视觉检测硬件配置。

根据前文的选型，可以配置相应硬件，如表 9.3 所示。

表 9.3 硬件配置

名称	型号	数量	性能参数	备注
视觉控制器	VDCPT-2	1	CPU：i7 及以上。内存：不小于 4GB。硬盘：不小于 500GB	含工控机、加密狗
500 万像素相机	VDC-M500-A014-E	2	颜色：黑白。帧率：14 帧/秒。接口：GigE	含电源线、网线
35mm 镜头	VDLF-C3514-2	1	分辨率：500 万像素。像面：2/3。光圈：1.4~16	
50mm 镜头	VDLF-C5014-2	1	分辨率：500 万像素。像面：2/3。光圈：1.4~16	含电源线
光源控制器	VDLSC-APS24-4	1	类型：模拟控制。通道：四通道	含延长线
白色条形光	VDLS-L250X36W	4	颜色：白色。功率：11.8W。尺寸：165mm×165mm×19mm	

（2）视觉检测硬件安装。

工位一通过相机定位机械手上的摄像头物料，因为机械手吸取方向是朝下的，所以相机朝上安装，安装如图 9.10（a）所示。工位二主要是定位手机中框的摄像头安装孔的坐标位置，手机中框来料时是放置在载具中的，所以相机朝下安装，但要预留足够的空间，使机械手可以完成贴合动作，安装如图 9.10（b）所示。

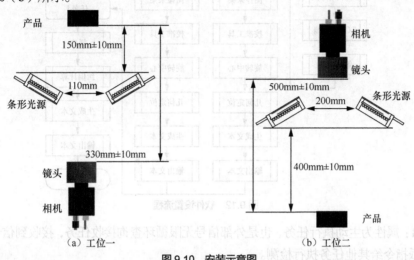

（a）工位一 　　　　　　　　　　（b）工位二

图 9.10　安装示意图

9.2.5　软件应用

1. 视觉处理流程

视觉对位贴合还需要外部运动控制系统的配合，来完成整个生产组装过程。以手机辅料对位贴合流程为例，如图 9.11 所示。

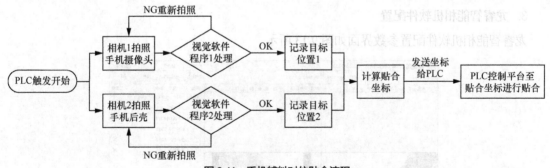

图 9.11　手机辅料对位贴合流程

2. 软件设置流程

软件应用设置以龙睿智能相机软件演示为例，软件设置流程如图 9.12 所示。本案例采用 4 个任务，任务 1 主要用于信号输入监测，监测到触发信号时触发任务 2、3 进行检测。任务 2 连接相机 1，任务 2 收到任务 1 的检测信号后，定位手机摄像头，计算出摄像头的坐标位置及其角度。任务 3 连接相机 2，任务 2 收到任务 1 的检测信号后，定位手机后壳，计算手机后壳中摄像头的安装位置。任务 2 与任务 3 执行完成之后会自动执行任务 4。任务 4 通过对前面 2 个任务的定位数据进行组合定位分析，计算出相应的对位贴合坐标位置，并且输出该坐标给客户的上位机进行对位贴合。

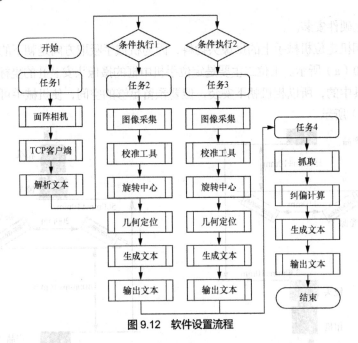

图 9.12　软件设置流程

• 任务 1：属性为主动执行任务，也是外部信号无限循环查询接收任务，接收到信号后通过条件执行工具分派指令给其他任务执行检测。

• 任务 2：属性为触发执行任务，是相机 1 检测摄像头坐标位置数据的任务；如果任务 1 分派指令给到任务 2，任务 2 开始执行测试定位摄像头的坐标位置数据。

• 任务 3：属性为触发执行任务，是相机 2 检测摄像头孔位的坐标位置数据的任务；如果任务 1 分派指令给到任务 3，任务 3 开始执行测试定位摄像头孔位的坐标位置数据。

• 任务 4：属性为协同执行，当任务 2、3 都执行完成时，任务 4 才会执行。通过整合任务 2、3 的定位数据，进行一系列转换，实现定位贴合的功能。

3. 龙睿智能相机软件配置

龙睿智能相机软件配置参数界面如图 9.13 所示。

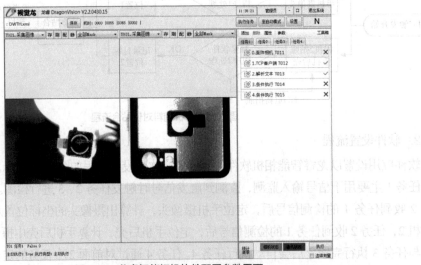

图 9.13　龙睿智能相机软件配置参数界面

（1）相机参数设置相机类型、个数及安装方式，如图 9.14 所示。

（2）TCP 客户端工具设置目标 IP、端口，如图 9.15 所示。

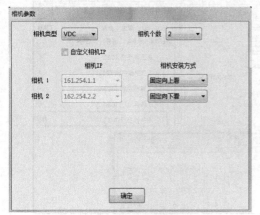

图 9.14　相机参数设置

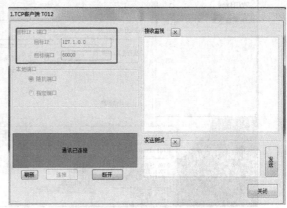

图 9.15　TCP 客户端工具设置

（3）解析文本工具设置通信选择，解析后数据类型如图 9.16 所示。

图 9.16　解析文本工具设置

（4）条件执行 T014 工具设置解析的数据块 1=1 时，执行任务 2，如图 9.17 所示。

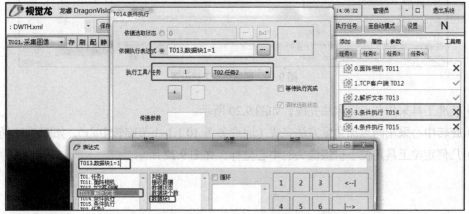

图 9.17　条件执行工具设置 1

（5）条件执行 T015 工具设置解析的数据块 1=2 时，执行任务 3，如图 9.18 所示。

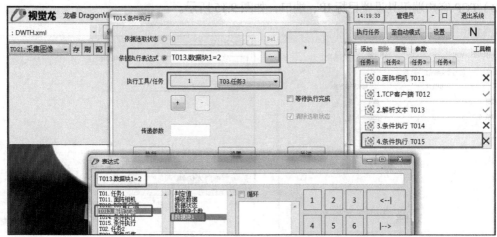

图 9.18　条件执行工具设置 2

（6）图像采集工具设置对应相机和标定数据，如图 9.19 所示。

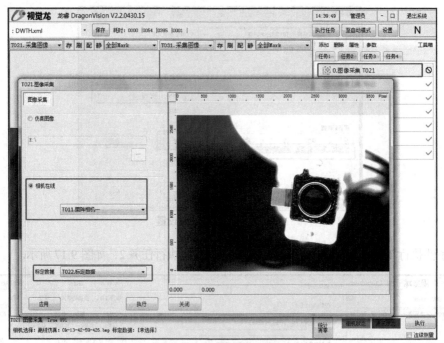

图 9.19　图像采集工具设置

（7）校准工具采用九点标定法完成，如图 9.20 所示。

（8）旋转中心采用两点加角度方法完成（原理参考 10.1.1 小节旋转中心），如图 9.21 所示。

（9）几何定位工具定位手机摄像头的中心坐标，如图 9.22 所示。

图 9.20 校准工具设置

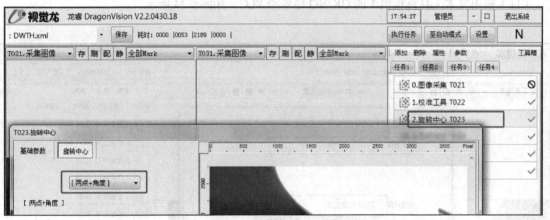

图 9.21 旋转中心工具设置

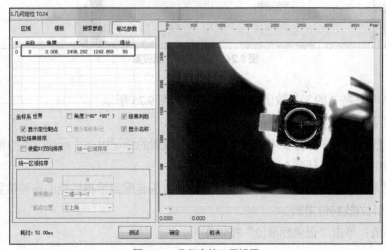

图 9.22 几何定位工具设置

（10）生成文本工具将几何定位的判定值输出，如图 9.23 所示。

图 9.23　生产文本工具设置 1

（11）输出文本工具将相机 1 的 OK/NG 信号给 PLC，如图 9.24 所示。

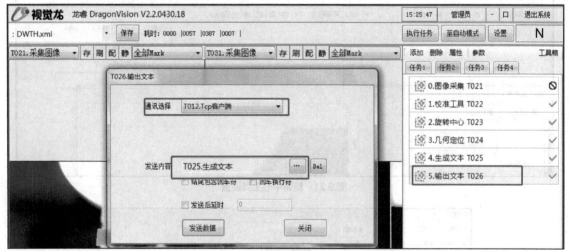

图 9.24　输出文本工具设置

（12）任务 3 与任务 2 的工具数量及设置相似，如图 9.25 所示。

（13）抓取工具设置如图 9.26 所示。

- 选择目标数据：选择任务 3 中几何定位工具抓取到的标记中心（标记点）的世界坐标位置。

- 选择旋转中心：选择任务 3 中的旋转中心工具。

- 取料位/放料位[世界坐标]：移动平台使手机摄像头装配到手机后壳的安装位置，并将平台该位置坐标输入取料位/放料位里面。

- 记录坐标值：单击"记录标准位"按钮即可。

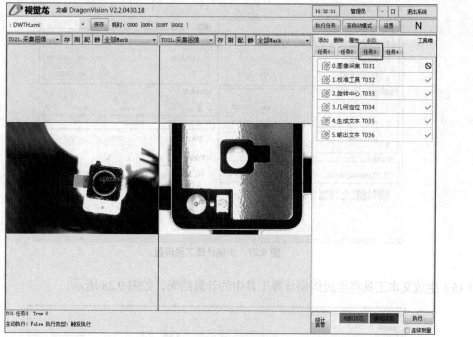

图 9.25　手动运行界面

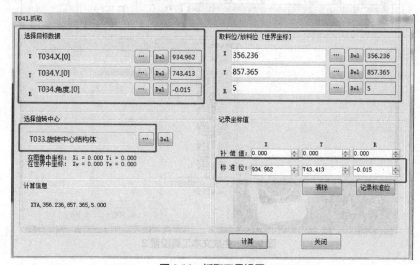

图 9.26　抓取工具设置

（14）纠偏计算工具设置（见图 9.27）。

- 选择目标数据：选择任务 2 中几何定位工具抓取到的标记中心的世界坐标位置 X、Y、R。
- 取料/放料位设置：选择任务 4 中的抓取工具计算结果 X、Y、R。
- 选择旋转中心：选择任务 2 中的旋转中心工具。
- 拍照位：输入平台在相机 1 停留拍照的位置坐标 X、Y、R 即可。
- 补偿值：若是贴合效果不理想，可以适当修改补偿值。
- 标准位：单击"记录"按钮即可。

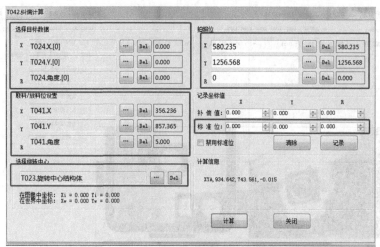

图 9.27　纠偏计算工具设置

（15）生成文本工具将生成纠偏计算工具中的计算结果，如图 9.28 所示。

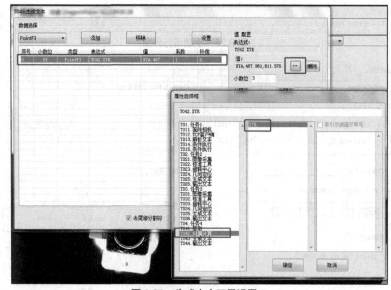

图 9.28　生成文本工具设置 2

9.2.6　结果数据输出

结果数据输出，参考 7.8 节系统工具的设置和 9.1.5 小节数据结果输出设置。

9.2.7　其他案例

读者可扫描如下二维码，观看实践操作的视频。

液晶面板贴合

手机辅料贴合

充电宝贴皮

9.3 小结

本章主要介绍了视觉定位与对位的现场实际应用，介绍的视觉应用工具有校准工具、接收数据工具、条件执行工具、图像采集工具、几何定位工具、输出数据工具、纠偏计算工具、抓取工具等。

习题与思考

1. 通信设置一般包含哪些工具？
2. 校准工具中的标定方式有哪几种？
3. 组合定位需要特别注意哪些输入数据？
4. 纠偏计算工具的作用是什么？
5. 影响几何定位工具检测时间的因素有哪些？

第10章　机器人视觉引导

机器人（Robot）是自动执行工作的机器装置。它既可以接受人类指挥，又可以运行预先编排的程序，还可以根据人工智能技术制定的路程轨迹行动。它的任务是协助或取代人类去完成某些工作，如高危行业工作、肮脏环境的工作、机械重复的工作等。机器人视觉引导主要是给机器人加上"眼睛"，对产品不确定性的位置变化进行智能识别，引导机器抓取物品或按规划的路线进行工作。

10.1　机器人视觉引导基础

机器人的视觉引导可分为机器人 2D 视觉引导与机器人 3D 视觉引导。

10.1.1　机器人 2D 视觉引导

2D 视觉引导的原理是机器视觉系统在特定的二维平面内识别或定位到产品的坐标及其姿态，通过机器视觉与机器人的相对位置进行坐标系变换，使机器视觉系统识别的坐标位置精确地转换成机器人运行的变量数值，引导机器人进行下一步动作。

机器视觉与机器人的坐标系变换即"手眼标定"，是把机器人和视觉在空间上关联起来。标定是机器人引导过程中坐标系变换最为关键的一个步骤，标定的好坏直接决定了定位的准确度和精度。在做手眼标定之前，需要对图像进行标定，完成对图像的畸变矫正，这也称为相机标定。相机标定的作用是校正镜头的畸变、将图像的像素单位转换成毫米、计算图像坐标系与世界坐标系的夹角。相机标定之后就是手眼标定（相机与机器人之间的标定），主要是坐标变换。坐标变换分为三个步骤，第一步是坐标系转换，第二步是旋转中心查找，第三步是综合坐标系变换。

1. 相机的图像坐标系与机器人的世界坐标系的转换

通常相机与机器人的坐标系转换标定，使用多点标定，常见的如九点标定、四点标定、两点标定等。多点标定指分别取参照点对应的 n 组图像坐标和机器人的 n 组世界坐标一一对应换算得到。多点标定根据不同的标定方式又可以分为相对位置标定和绝对位置标定。

（1）相对位置标定：移动机器人的 X 轴、Y 轴，使参照点出现在视野的多个位置，分别记录参照点的图像坐标和机器人的世界坐标，通过图像坐标与世界坐标一一对应的标定算法计算完成标定。标定中需要注意，如果相机安装在机器人末端，如图 10.1（a）所示，标定时产品不移动，只需要机器人移动多点位置进行标定即可；如果相机固定安装，如图 10.1（b）所示，标定时相机位置固定，机器人夹具吸取标定块或者参考点在相机的视野范围内移动多点位置进行标定。

（a）相机安装在机器人末端

（b）相机固定安装

图 10.1 相机的安装方式

相对位置标定完成前后的图像坐标系与世界坐标系关系如图 10.2 所示，两个坐标系的 X 轴和 Y 轴对应平行，原点不重合。

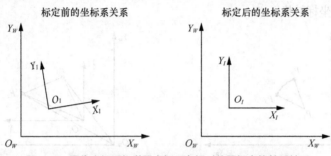

图 10.2 图像坐标系与世界坐标系在相对位置标定的前后关系

注：$X_W O_W Y_W$ 表示世界坐标系，$X_I O_I Y_I$ 表示图像坐标系。

（2）绝对位置标定：使用标定板，一次性获取标定板上多个标记点的图像坐标，然后通过机器人法兰中心的针尖依次对准标定板上的标记点记录机器人的世界坐标，通过标定算法完成标定。通过绝对位置标定完成前后的图像坐标系与世界坐标系的关系如图 10.3 所示，X 轴、Y 轴与原点都重合。

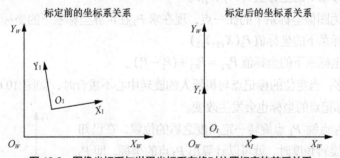

图 10.3 图像坐标系与世界坐标系在绝对位置标定的前后关系

注：$X_W O_W Y_W$ 表示世界坐标系，$X_I O_I Y_I$ 表示图像坐标系。

2. 旋转中心查找

旋转中心是指物体旋转时所绕的固定点。如果机器人使用世界坐标系，旋转中心就是法兰中心；如果使用工具坐标系，旋转中心就是工具中心。物体绕旋转中心旋转时，物体的 X、Y 坐标也会发生改变。若想做到一次对位，则需要通过旋转中心计算出物体旋转之后 X、Y 坐标发生的偏移。

旋转中心的计算：取圆周上的两点和夹角（或三点），通过几何公式即可求得圆心坐标，其中圆心坐标即为旋转中心的坐标。如图 10.4 所示，已知 P_2 和 P_3 为圆周上的两点、夹角为 $\angle P_2 P_1 P_3$，即可求出 P_1 点（旋转中心）的坐标。相关算法可参考第 2 章。

3. 综合坐标系变换

综合坐标系变换是将前面 2 个步骤转换后的参数进行组合计算，得到机器人可以执行的相应的偏移量及其角度。当图像坐标系与机器人的世界坐标系转换标定完成，同时也查找到了机器人的旋转中心坐标后，就可以进行机器视觉与机器人定位引导数值的综合转换，即相对位置标定与坐标的旋转偏移。找出图像坐标系下任意一点在世界坐标系下的位置。

从前文可知，相对位置标定并不能使图像坐标系与世界坐标系的原点重合，如图 10.5 所示。但是，最终需要的是输出绝对位置坐标，以控制机器人的移动。下面具体介绍如何通过综合坐标系变换得到图像坐标系下任一点转换到世界坐标系下的绝对位置坐标。

使用相对位置标定是由于图像坐标系与世界坐标系的原点不重合，且输出坐标需要是绝对位置坐标时，就需要进行坐标转换。

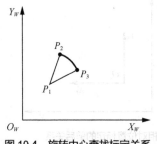

图 10.4　旋转中心查找标定关系

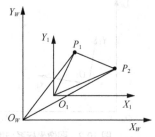

图 10.5　相对位置坐标关系

假设点 P_1 是通过前面的方法计算得到的旋转中心，同时得到 P_1 在世界坐标系下的坐标值和 P_1 在图像坐标系下的坐标值。

- P_1 在世界坐标系下的坐标值 $P_{W1}(X_{W1}, Y_{W1})$。
- P_1 在图像坐标系下的坐标值 $P_1(X_{I1}, Y_{I1})$。

另外假设点 P_2 为图像坐标系下的任一点，现在求 P_2 在世界坐标系下的坐标值。

- P_2 在图像坐标系下的坐标值 $P_2(X_{I2}, Y_{I2})$。
- P_2 在机器人坐标系下的坐标值 $P_{W2} = P_{W1} + (P_2 - P_1)$。

坐标的旋转偏移：当定位的标记点与机器人的旋转中心不重合时，如图 10.6 所示，标记点随着旋转中心旋转时，标记点的坐标也会发生改变。

假设 P_3 点为 P_2 点绕 P_1 点旋转一定角度之后的位置，在已知 P_1 点和 P_2 点坐标、旋转角度时，就可以计算出 P_3 点的坐标，即 P_2 点绕 P_1 点旋转一定角度之后的坐标值。在实际调试过程中，如果发现最终的对位有偏差，可以手动输入偏移量补偿，一般通过 2～3 次的调整就可以完成补偿了。

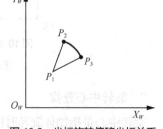

图 10.6　坐标旋转偏移坐标关系

综上所述，几乎所有的机器人 2D 引导项目，都可以通过使用一次或者多次的坐标旋转偏移和坐标系转换的方法来计算出最终需要的坐标值。

10.1.2　机器人 3D 视觉引导

当产品姿态呈现 3D 坐标变化时，传统 2D 视觉技术已满足不了功能要求。机器人 3D 视觉引导系统利用 3D 视觉技术对产品表面特征进行分析，得到产品的 3D 姿态信息，引导机器人进行无序分拣、路径引导规划等操作。下面是机器人 3D 视觉引导流程及其原理。

机器人 3D 视觉引导流程如图 10.7 所示。其原理为连接 3D 传感器采集 3D 图像（点云数据）并重构 3D 模型，3D 模板匹配定位得到匹配坐标，然后匹配坐标与手眼标定坐标进行相关坐标转换，最后得到产品对象在机器人坐标系的坐标位置。

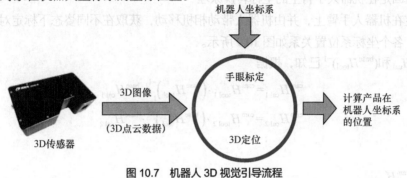

图 10.7　机器人 3D 视觉引导流程

1. 3D 成像

连接 3D 传感器，获取 3D 图像（点云数据），如图 10.8 所示，通过点云数据或物体的 CAD 模型可以生成 3D Object Model。目前市面上常见的 3D 传感器有结构光双目 3D 传感器、激光线扫描 3D 传感器及 TOF 3D 传感器。

2. 手眼标定

手眼标定即建立 3D 传感器（以下统称为相机）坐标与机器人坐标相对位置关系。

图 10.8　3D 传感器点云数据

（1）3D 坐标系位置点描述

3D 坐标系点 P 的位置由它的坐标 (x_p, y_p, z_p) 来描述。如相机坐标系（由字母 c 表示）和世界坐标系（以字母 w 表示）中的点 P 的坐标将被写成：

$$P^c = \begin{pmatrix} x_P^c \\ y_P^c \\ z_P^c \end{pmatrix} \qquad P^w = \begin{pmatrix} x_P^w \\ y_P^w \\ z_P^w \end{pmatrix}$$

（2）相机与机器人的坐标转换原理

手眼标定即确定相机和机器人坐标系之间的转换，相机一般有两种固定方式：第一种是相机固定在机器人末端上，第二种是相机在固定位置安装。我们采用以下参数定义。

$^{cam}H_{cal}$：标定对象在相机坐标系的位置。

$^{cam}H_{tool}$：Tool 工具在相机坐标系的位置。

$^{tool}H_{base}$：机器人坐标系在 Tool 工具坐标系的位置。

$^{base}H_{cal}$：标定对象在机器人坐标系的位置。

$^{base}H_{obj}$：产品对象在机器人坐标系的位置。

$^{base}H_{cam}$：相机坐标系在机器人坐标系的位置。

$^{cam}H_{obj}$：产品对象在相机坐标系的位置。

$^{base}H_{tool}$：Tool 工具在机器人坐标系的位置。

$^{cam}H_{base}$：机器人坐标系在相机坐标系的位置。

cam·pos：相机拍照时机器人的坐标位置。

（3）相机固定在机器人手臂上的坐标转换原理

相机固定在机器人手臂上，并由机器人带动相机移动，获取在不同姿态下标定对象在相机坐标系中的位置，各个坐标系位置关系如图 10.9 所示。

其中 $^{base}H_{cal}$ 和 $(^{base}H_{tool})^{-1}$ 已知，根据

$$^{cam}H_{cal\,1} = {}^{cam}H_{tool\,1} \cdot \left({}^{base}H_{tool}\right)_1^{-1} \cdot {}^{base}H_{cal\,1}$$

$$^{cam}H_{cal\,2} = {}^{cam}H_{tool\,2} \cdot \left({}^{base}H_{tool}\right)_2^{-1} \cdot {}^{base}H_{cal\,2}$$

$$\vdots$$

求出 $^{cam}H_{tool}$、$^{cam}H_{cal}$。

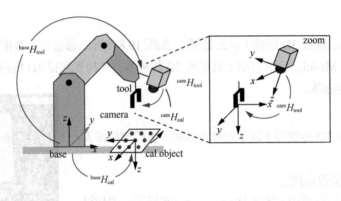

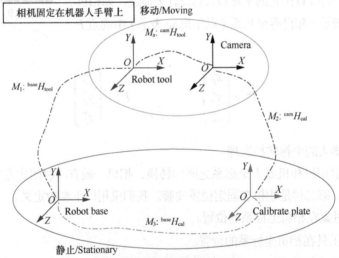

图 10.9　各个坐标系位置关系 1

（4）相机固定位置安装时手眼标定坐标转换原理

相机固定位置安装，并由机器人带动标定对象不同姿态，获取在不同姿态下标定对象在相机坐标系的位置关系如图 10.10 所示。

其中 $^{cam}H_{cal}$ 和 $^{base}H_{tool}$ 已知，根据

$$^{cam}H_{cal\,1} = {}^{cam}H_{base\,1} \cdot {}^{base}H_{tool\,1} \cdot {}^{tool}H_{cal\,1}$$
$$^{cam}H_{cal\,2} = {}^{cam}H_{base\,2} \cdot {}^{base}H_{tool\,2} \cdot {}^{tool}H_{cal\,2}$$
$$\vdots$$

求出 $^{cam}H_{base}$、$^{tool}H_{cal}$。

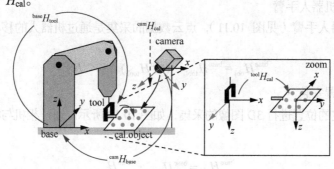

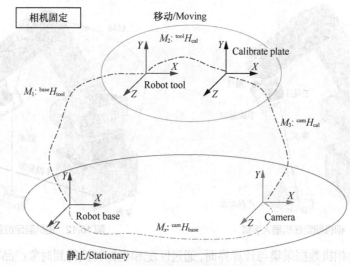

图 10.10 各个坐标系位置关系 2

3. 3D 定位识别

3D 定位主要是利用 3D 模板对采集到的点云数据进行搜索，从而匹配得到产品的空间坐标位置。

（1）3D Object Model（模板）

3D Object Model 是描述 3D 对象的数据结构，使用创建曲面模型的算法创建 3D Object Model 数据结构，用于 3D 匹配。下面是几种 3D Object Model 获取方法。

- 通过设置物体表面的点坐标创建。
- 从计算机辅助设计（CAD）数据获得。
- 通过 3D 重建方法。

（2）3D 匹配

使用基于曲面的匹配算法，获取产品在点云数据中的坐标，即得到产品对象在相机坐标系的位置，即 $^{cam}H_{obj}$。这部分内容的算法基础详见第 2 章。

4. 综合计算产品对象在机器人坐标系中位置

首先通过手眼标定得到 Tool 工具与机器人坐标系在相机坐标系的位置 $^{cam}H_{tool}$（$^{cam}H_{base}$），再通过 3D 匹配得到产品对象在相机坐标系下的位置 $^{cam}H_{obj}$，最后根据坐标转换计算产品对象在机器人坐标系下的位置 $^{base}H_{obj}$。综合计算产品对象在机器人的相对坐标位置时，还要考虑相机的安装方式，目前有相机固定在机器人手臂和相机固定位置安装两种形式。

① 相机固定在机器人手臂

相机固定在机器人手臂（见图 10.11），点云数据的采集是通过机器人的移动来完成的，可以得到计算公式：

$$^{base}H_{obj} = {}^{base}H_{tool} \cdot ({}^{cam}H_{tool})^{-1} \cdot {}^{cam}H_{obj}$$

② 相机固定位置安装

相机安装在固定的位置进行 3D 图像的采集，如图 10.12 所示。通过相机与机器人的坐标位置关系得到：

$$^{base}H_{obj} = {}^{base}H_{cam} \cdot {}^{cam}H_{obj}$$

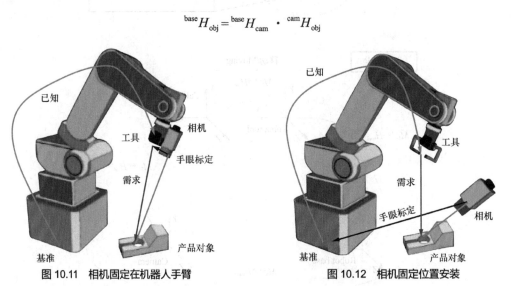

图 10.11　相机固定在机器人手臂　　　　　　图 10.12　相机固定位置安装

图 10.13 所示为相机数据采集与计算界面，通过匹配和坐标转换得到对象产品在机器人坐标系的位置坐标 $^{base}H_{obj}$。

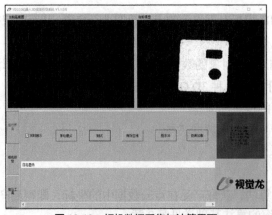

图 10.13　相机数据采集与计算界面

10.2 螺丝机视觉定位引导案例

螺丝机的用途非常广泛，它速度快、效率高、安全性好，并且能节省成本。就目前的情况而言，它的品种规格也较为齐全，90%以上的螺丝都能实现自动化拧紧，对于一些高精度的自动锁螺丝应用来说，普通的螺丝机精度已经不能满足要求。产品发展的高度集成化要求内部零部件包括螺丝越来越小，要求精度越来越高，所以机器视觉高精度自动锁螺丝机逐渐成为市场主流。

10.2.1 案例背景

自动锁螺丝机使用范围很广，很多装配业、电器电子、仪器仪表、玩具及汽车制造业的企业都纷纷使用了带视觉的全自动锁螺丝机。

发梳的背面（见图 10.14）有 9 个螺丝孔需要固定螺丝，并且每次呈现的位置都会有微小的差异，自动锁螺丝对精度和角度的要求都非常高，所以要通过视觉定位的方式来实现螺丝孔定位，引导四轴 SCARA 机器人进行螺丝锁付。

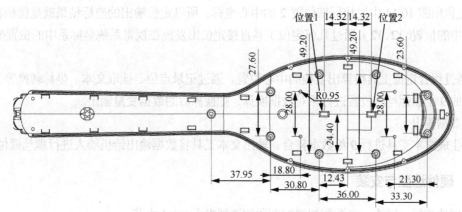

图 10.14 发梳的背面（单位：mm）

10.2.2 视觉检测需求

（1）检测内容：定位视野范围内的固定方形孔位置坐标。

（2）产品大小：250mm×80mm。

（3）安装高度：不小于 200mm。

（4）精度要求：优于 0.1mm。

（5）检测速度：1 片/秒。

（6）通信方式：ModbusRTU 串口通信。

10.2.3 视觉系统总体实施方案

视觉检测需求：通过第 7 章的学习，可以判断，整个产品视野范围较大，定位精度低，为了提高定位精度，需要通过局部 2 次定位的方式来实现。所有检测内容可以通过 4 个任务来完成：任务 1 是实时监测输入信号，任务 2、任务 3 为定位产品的局部，任务 4 是定位组合运算。

1. 硬件需求

选择满足客户检测需求的相机、镜头、光源、视觉控制器等硬件（参考 9.1.4 小节）。

2. 软件检测流程

（1）通信输入

客户的通信方式是标准协议 Modbus，所以在软件里面对应需要配置的软件工具有 ModbusRTU、接收数据工具、条件执行工具。ModbusRTU 是基于物理串口的 Modbus 标准通信协议。

（2）图像采集

参考 9.1.3 小节。

（3）图像处理

① 采集到的图像需要通过校准工具进行标定校准，其作用一是把视觉系统的图像坐标系转换成世界坐标系，作用二是视觉系统的坐标系与用于对位的机器人的坐标系建立相应的转换关系。

② 定位出图 10.14 中发梳局部位置 1 的中心坐标。所以定位输出的坐标结果就是发梳在视觉系统坐标系中的位置($X1$,$Y1$)，通过几何定位工具直接定位出发梳在视觉系统坐标系中的位置坐标（$X1$,$Y1$）。

③ 定位出图 10.14 中发梳局部位置 2 的中心坐标。所以定位输出的坐标结果就是梳柄在视觉系统坐标系中的位置（$X2$,$Y2$），通过几何定位工具直接定位出发梳在视觉系统坐标系中的位置坐标（$X2$,$Y2$）。

④ 通过组合定位工具换算出发梳的中心位置。通过记录点位、读取文本、坐标转换等工具把之前设置好的 9 个锁螺丝的位置进行相对数据换算，把换算后的数据变量输出。

（4）数据输出

通过生成文本工具进行 9 组数据整合，输出文本工具将数据输出给机器人进行螺丝锁付。

10.2.4 硬件选型与安装

视觉硬件相机、镜头、光源和视觉控制器的选型参考 9.1.4 小节。

1. 视觉检测硬件配置

根据前文的选型，可以配置硬件，如表 10.1 所示。

表 10.1 硬件配置

名称	型号	数量	性能参数	备注
视觉控制器	VDCPT-1	1	CPU：奔腾及以上。内存：不小于4GB。硬盘：不小于128GB	含工控机、加密狗
200 万像素相机	VDC-M200-A014-E	1	颜色：黑白。帧率：14帧/秒。接口：GigE	含电源线、网线
50mm 镜头	VDLF-C5014-5	1	分辨率：500万像素。像面：1。光圈：2.2～16	
光源控制器	VDLSC-APS24-2	1	类型：模拟控制。通道：双通道	含电源线
白色环形光	VDLS-R90*45W	1	颜色：白色。功率：6.5W。尺寸：90mm×56mm×22.5mm	含延长线

2. 视觉检测硬件安装

螺丝机定位相机的安装，根据机械设计要求，需要把相机安装在 Z 轴上，可以灵活设置定位的位置，如图 10.15 所示。

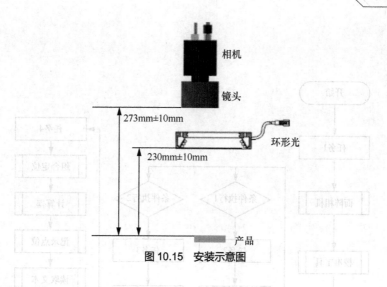

图 10.15 安装示意图

10.2.5 软件应用

（1）视觉处理流程。视觉定位还需要外部运动控制系统的配合，来完成整个生产组装过程，视觉处理流程如图 10.16 所示。

图 10.16 视觉处理流程

（2）软件应用设置以龙睿智能相机软件演示为例，软件视觉工具详细设计流程如图 10.17 所示。本案例采用 4 个任务，任务 1 主要用于信号输入监测，监测到触发信号时触发任务 2、3 进行检测。因为产品范围较大，相机视野范围小，所以定位产品时我们需要一台相机拍照 2 次。任务 2 与任务 3 共用一台相机，任务 2 收到任务 1 的检测信号后，定位产品上的其中一个检测位；当相机移动到另外一个孔位时，任务 3 收到任务 1 的检测信号后，定位产品上的另一个检测位。任务 2 与任务 3 执行完成之后会自动执行任务 4，任务 4 通过对前面 2 个任务的定位数据进行组合定位分析，得到相应的锁螺丝的点位坐标位置，并且输出该数据给客户的上位机进行螺丝锁付。

（3）龙睿智能相机软件配置参数界面（见图 10.18）。

任务 1：属性为主动执行任务，也是外部信号无限循环查询接收任务，接收到信号后通过条件执行工具分派指令给其他任务执行检测。

任务 2：属性为触发执行任务，是相机 1 定位发梳小孔坐标位置 1 数据的任务；如果任务 1 分派指令到任务 2，任务 2 开始执行检测发梳小孔坐标位置 1。

任务 3：属性为触发执行任务，是相机 1 定位发梳小孔坐标位置 2 数据的任务；如果任务 1 分派指令到任务 3，任务 3 开始执行检测发梳小孔坐标位置 2。

任务 4：属性为协同执行。当任务 2、3 都执行完成时，任务 4 才会执行。通过整合任务 2、3 的定位数据，进行一系列转换，实现定位引导的功能。

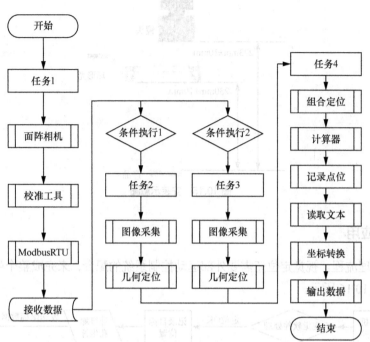

图 10.17　软件设计流程

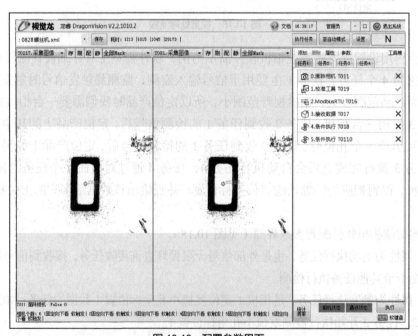

图 10.18　配置参数界面

（4）相机参数设置相机类型、个数及相机安装方式等，如图 10.19 所示。

（5）ModbusRTU 参数设置串口号、波特率、校验位、数据位、停止位等，如图 10.20 所示。

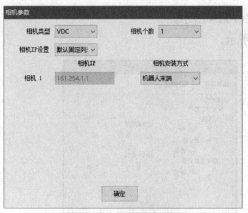

图 10.19 相机参数设置

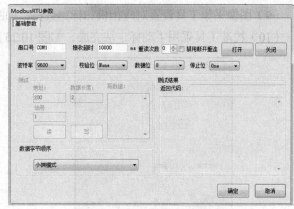

图 10.20 ModbusRTU 参数设置

（6）接收数据工具设置通信地址，然后解析数据类型，如图 10.21 所示。

（7）条件执行 T017 工具设置解析的接收数据=1 时（见图 10.22），执行任务 2。

图 10.21 接收数据工具设置

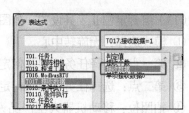

图 10.22 条件执行工具设置 1

（8）条件执行 T017 工具设置解析的接收数据=2 时（见图 10.23），执行任务 3。

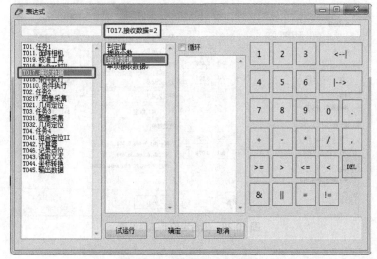

图 10.23 条件执行工具设置 2

（9）图像采集工具设置对应相机和标定数据，如图 10.24 所示。

（10）校准工具采用手动标定法完成，如图 10.25 所示。

图 10.24　图像采集工具设置

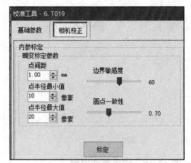

图 10.25　校准工具设置

（11）任务 2 几何定位工具定位产品的中心坐标，如图 10.26 所示。

（12）任务 3 几何定位工具定位产品的中心坐标，如图 10.27 所示。

图 10.26　几何定位工具设置 1

图 10.27　几何定位工具设置 2

（13）组合定位 II 工具设置，如图 10.28 所示。

① 模式选择：无旋转中心。

② 第一点：选择任务 2 中几何定位工具抓取到的标记中心的世界坐标位置。

③ 第二点：选择任务 3 中几何定位工具抓取到的标记中心的世界坐标位置。

④ 拍照位：移动机器人至产品设定拍照位，并将机器人在位置 1、位置 2 的当前轴位置输入此处。

⑤ 定位结果：拍照之后输出当前检测位置结果。

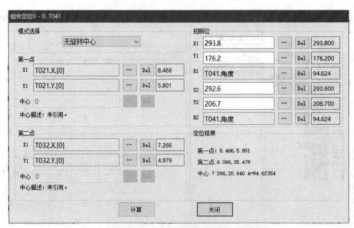

图 10.28　组合定位 II 工具设置

10.2.6　结果数据输出

（1）在计算器工具中将组合定位结果加上固定偏移量，如图 10.29 所示。

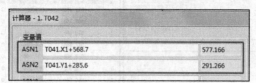

图 10.29　计算器工具结果数据设置

记录当前定位完成后的位置，将当前位置写入数据内容，如图 10.30 所示。

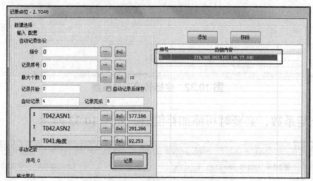

图 10.30　记录点位工具设置

（2）读取物料相对位置文档，确认螺丝位置相对定位点的偏移量，如图 10.31 所示。

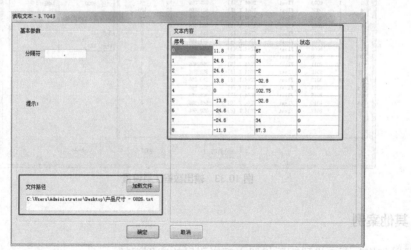

图 10.31　读取文本工具设置

（3）将当前定位坐标加上工件相对偏移量，得出所有螺丝点位，如图 10.32 所示。

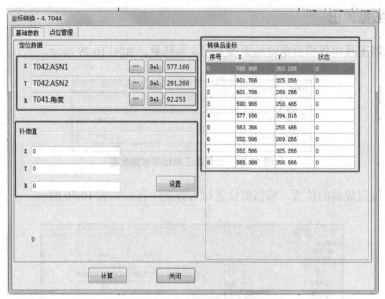

图 10.32　坐标转换工具设置

（4）设置对应地址与系数，必要时可添加补偿值，如图 10.33 所示。

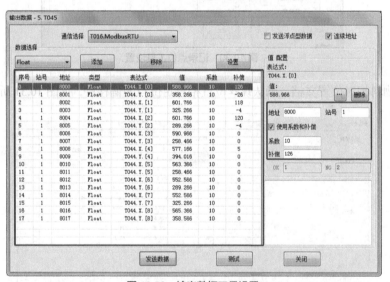

图 10.33　输出数据工具设置

10.2.7　其他案例

读者可以扫描如下二维码观看机器人视觉引导的案例视频。

轮毂定位打磨项目

光伏行业排版机项目

手机玻璃传送带跟踪项目

笔记本电脑的装配应用

10.3　金属工件单目 3D 定位引导案例

机器人 3D 视觉引导通过处理点云数据，对工件进行定位，同时确定其位置信息，引导机器人进行工作，实现了工业机器人自动化产线的真正柔性工装。其应用场景主要有：散乱工件或者无序来料的定位抓取、堆叠产品的立体识别定位、3D 定位码垛等。

10.3.1　案例背景

为了满足客户对产品无序抓取的需求以及对不同精度和工作距离的需求，通过识别算法、高精度自动化标定、抓取规划、轨迹规划，实现单目引导抓取的应用。五金产品来料量大且来料不规范，多数是一整箱一整箱的产品无序堆叠在一起。在生产的过程中，必须人工进行物料的投放，这就造成了成本的增加。如果是规则堆放的物料，可以通过对机器人的路径进行示教后进行产品投放；如果是不规则的样品，可以通过 3D 定位的方式去引导机器人进行产品投放。单目 3D 引导指用单台相机加上视觉算法来实现 3D 机器人的定位纠偏。相关理论参考 10.1.2 小节。

10.3.2　视觉检测需求

（1）检测内容：定位视野范围内的所有金属工件位置坐标。

（2）料框大小：100mm × 80mm（产品大小：30mm × 30mm）。

（3）安装高度：不小于 250mm。

（4）精度要求：优于 2mm。

（5）检测速度：1 片/秒。

（6）通信方式：TCP/IP 网络通信。

10.3.3　硬件选型与安装

视觉硬件相机、镜头、光源、视觉控制器的选型参考 9.1.4 小节。

1. 视觉检测硬件配置

根据前文的选型，可以配置相应硬件，如表 10.2 所示。

表 10.2　硬件配置

名称	型号	数量	性能参数	备注
视觉控制器	VDCPT-2	1	CPU：i7 及以上。内存：不小于 4GB。硬盘：不小于 500GB	含工控机、加密狗
500 万像素相机	VDC-M500-A014-E	1	颜色：黑白。帧率：14 帧/秒。接口：GigE	含电源线、网线
16mm 镜头	VDLF-C1614-2	1	分辨率：500 万像素。像面：2/3。光圈：1.4～16	
光源控制器	VDLSC-APS24-2	1	类型：模拟控制。通道：双通道	含电源线
白色环形光	VDLS-R90*45W	1	颜色：白色。功率：6.5W。尺寸：90mm × 56mm × 22.5mm	含延长线

2. 视觉检测硬件安装

单目 3D 定位需要把相机安装在机械手臂末端，安装方式如图 10.34 所示。

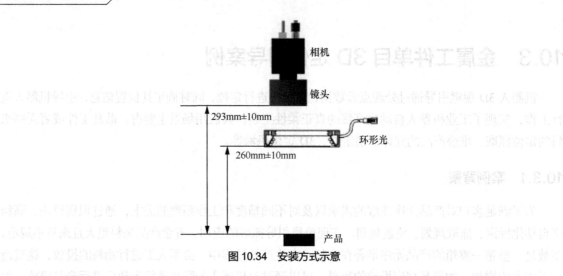

图 10.34 安装方式示意

10.3.4 软件应用

1. 软件设置流程

视觉软件设置流程如图 10.35 所示。这里的 3D 引导定位采用的是定制化的软件，内部设置参数固定。

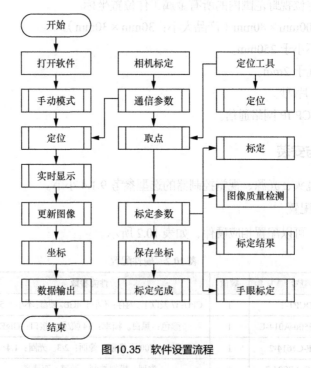

图 10.35 软件设置流程

2. 运行界面

打开 VDRobotGuide（针对 3D 机器人引导而开发的专用软件）软件界面，如图 10.36 所示。

（1）手动模式：用于模式切换，单击可切换到自动模式。机器人自动运行需切换到自动模式。

（2）坐标：显示定位到的坐标值 X、Y、Z、A、B、C，未定位到显示定位失败。

（3）实时显示：选择表示相机实时取图。

（4）更新图像：在不选择"实时显示"时，手动单击"更新图像"可以刷新图像。

（5）定位：用于手动测试。

（6）添加图像：用于手动添加以前保存的图片（必须去除"实时显示"选择）。

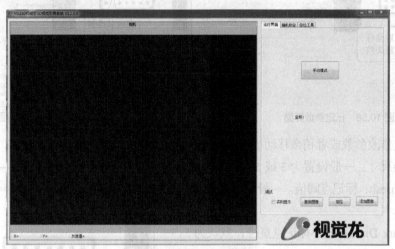

图 10.36 软件初始界面

3. 相机标定

（1）标定前准备：准备一个标定板并保持平整，使标定板的高度与定位物体高度一致。

（2）机器人操作：机器人工具选择世界坐标系，移动到拍照位（LR3），把标定板移至视野范围的中间位置，再移动到位置寄存器保存的点位 dm1（LR20）位置。

（3）单击"相机标定"标签进入图 10.37 所示的界面，单击"添加"按钮后再单击"取点"按钮。

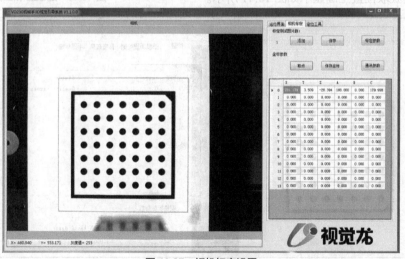

图 10.37 相机标定设置

（4）进入标定参数界面，查看是否获取坐标信息成功，图 10.38 表示不成功。

（5）进入图像质量检测界面，通过调节标定板提取设定参数来使标定 OK。

① 图 10.39 所示为未找到标定板。

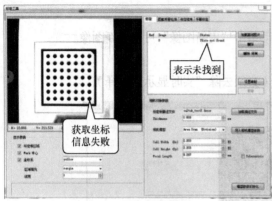

图 10.38　标定参数界面

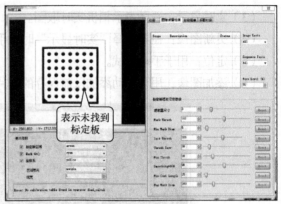

图 10.39　图像质量检测界面

② 可通过修改参数或者稍微移动机器人来找到标定板，定位正常显示效果如图 10.40 所示。

③ 滤波器尺寸：一般设置为 3 或 5。

• Mark Thresh：标记点阈值。一般设置为 112，可以适当地减小。

• Min Mark Diam：最小标记点直径，默认为 5，可以适当减小为 3。

• Init Thresh：初始化阈值。

• Min Thresh：最小阈值。

• Smoothing：平滑度，可以适当减小为 80。

• Min Cent Length：最小连续长度。

• Max Mark Diam：最大标记点直径。

（6）标定获取位置正确显示如图 10.41 所示。

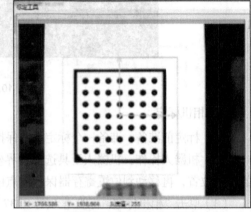

图 10.40　定位正常显示效果

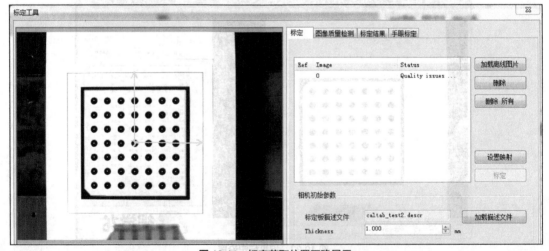

图 10.41　标定获取位置正确显示

（7）机器人的位置寄存器中保存了 14 个点位，移动一个机器人点位，重复步骤（3），分别获取 14 个点位信息并保持 OK，如图 10.42 所示。

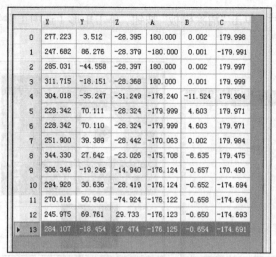

	X	Y	Z	A	B	C
0	277.223	3.512	-28.395	160.000	0.002	179.998
1	247.682	86.276	-28.379	-180.000	0.001	-179.991
2	285.031	-44.558	-28.397	180.000	0.002	179.997
3	311.715	-18.151	-28.368	180.000	0.001	179.999
4	304.018	-35.247	-31.249	-178.240	-11.524	179.984
5	228.342	70.111	-28.324	-179.999	4.603	179.971
6	228.342	70.110	-28.324	-179.999	4.603	179.971
7	251.900	39.389	-28.442	-170.063	0.002	179.984
8	344.330	27.642	-23.026	-175.708	-8.635	179.475
9	306.346	-19.246	-14.940	-176.124	-0.657	170.490
10	294.928	30.636	-28.419	-176.124	-0.652	-174.694
11	270.616	50.940	-74.924	-176.122	-0.658	-174.694
12	245.975	69.761	29.733	-176.123	-0.650	-174.693
▶ 13	284.107	-18.454	27.474	-176.125	-0.654	-174.691

图 10.42　机器人点位保存设置

（8）选中 Image0 行单击 "设置映射" 按钮，如图 10.43 所示。再单击 "标定" 按钮完成标定，可以看到标定结果，如图 10.44 所示。

图 10.43　位置映射设置

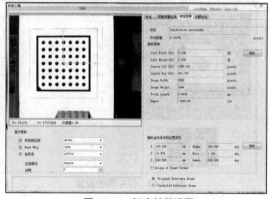

图 10.44　标定结果设置

（9）单击手眼标定界面中的标定，如图 10.45 所示，可以通过 "标定结果的质量" 的最大值来判断标定是否成功，一般越小越好，图 10.45 所示为 0.0010。

标定结果的质量：	均方根	最大值
Translation part in meter:	0.0006	0.0010
Rotation part in degree:	0.0853	0.1327

图 10.45　手眼标定详细参数设置

4. 定位工具

（1）单击 "定位工具" 标签，如图 10.46 所示，进入定位工具界面，去除工件下面的螺丝，单击 "添加" 按钮后单击 "保存" 按钮，保存一张图片做模板，再单击 "定位" 按钮进入创建模板界面。

（2）加载刚保存的图片，单击"清除模板"按钮，单击矩形1选中工件生成模板轮廓，如图10.47所示。

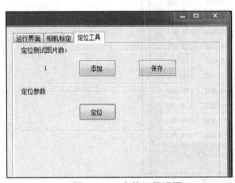

图10.46　定位工具设置

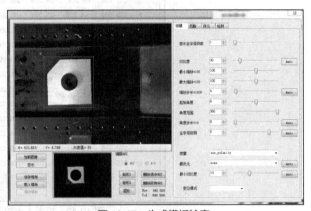

图10.47　生成模板轮廓

（3）单击圆形，选中"-"来删除中心多余的轮廓，再单击"保存模板"按钮，如图10.48所示。

（4）移动中间的矩形框到中心位置，如图10.49所示。

图10.48　保存模板设置

图10.49　模板中心位置设置

（5）进入匹配界面单击"查找模板"按钮，查看是否定位到，如果再来一次需重新做模板，成功则单击"保存参数"按钮完成模板的创建，如图10.50所示。

（6）手动测试：模板创建完成后单击运行界面的"定位"按钮，可以手动测试定位结果，如图10.51所示。

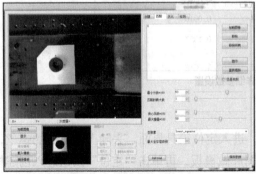

图10.50　模板定位结果判断

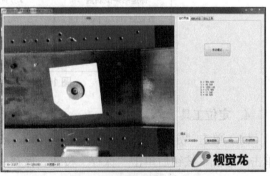

图10.51　手动测试定位结果

10.3.5 其他案例

读者可以扫描如下二维码观看案例视频。

3D 单目定位引导应用

3D 双目定位引导应用

10.4 小结

本章 10.1 节主要介绍了机器人视觉引导的理论基础，深入讲解了 2D 视觉与机器人的坐标变换，3D 视觉与机器人的坐标变换。10.2 节与 10.3 节分别介绍了螺丝机的视觉定位引导案例与金属工件单目 3D 定位引导案例。此外，本章还介绍了视觉应用工具，有校准工具、接收数据工具、条件执行工具、图像采集工具、几何定位工具、计算器、坐标转换工具、记录点位工具、输出数据工具、纠偏计算工具、抓取工具、旋转中心等。

习题与思考

1. 2D 视觉与机器人的坐标变换主要有哪几种？分别有什么用途？
2. 旋转中心的标定需要注意哪些输入参数？
3. 2D 视觉机器人引导与 3D 视觉机器人引导有什么区别？
4. 坐标转换工具的设置步骤是怎样的？

11 第11章 视觉测量

机器视觉的测量主要应用在品质检测阶段。通过视觉测量的方法，对加工后的产品进行全自动化检测，如测量尺寸、平面度（产品是否凹凸不平）等是否合格。尺寸测量主要通过 2D 的测量方式，平面度测量主要通过 3D 的测量方式。

11.1 测量算法

视觉测量又称"影像测量"，应用十分广泛，市场上常见的"二次元"和"三次元"测量机都属于视觉测量的产物，但视觉测量远远不止于此。本节主要介绍机器视觉中常见的一些测量功能及其算法基础。

视觉测量是图像分析的一个重要的应用领域，它与传统的测量相比具有相当大的优势：它是非接触式的，无须触碰物体，避免损伤检测对象；检测速度快，位置转换也快；视觉测量容易获得比较高的测量精度。除了 X、Y、Z 三个方向的尺寸测量，对被测物体进行形状分析也很常用，如矩形度、圆度、曲面拟合等。2D 测量采用 2D 相机，3D 测量采用 2D 相机或 3D 视觉传感器。算法工具可以多种多样，但都离不开测量系统的精度分析。本节重点介绍精度分析的相关基础知识。

11.1.1 尺寸测量

尺寸测量是常见的测量需求。当人眼精度满足不了时，就必须用量具和仪器测量。

1. 面积与周长

图像面积只与该物体的边界有关，而与其内部灰度的变化无关。图像的周长在区别具有简单或复杂形状物体时特别有用，是一种重要的特征。面积和周长可以从已分割的图像抽取物体的过程中计算出来。面积就是一个斑点内所有像素之和。周长则是通过"跟踪"（一种把斑点最边缘上的像素遍历一遍的技术），把走过的"里程"记录下来。当然，这是比较朴素的、基本的理解方法。这里数学算法不难，读者可以参考 BLOB 分析。

2. 质量和质心

数字图像当中，物体的"质量"或"重量"都是可以提取的，它是物体所有像素的灰度值之和，该参数又称为综合灰度 I。

综合灰度可直接从图像的直方图计算得到。

$$I = \int_0^a \int_0^b G(x, y)\, \mathrm{d}x\mathrm{d}y$$

其中，$G(x,y)$ 是图像的灰度函数，a 和 b 是所划定的图像区域的边界。如果在灰度级为 0 的背景上有深色的物体，则综合灰度反映了物体的面积和灰度的组合。

222

3. 长度和宽度

当一个物体从一幅图像中分割出来后，它在水平方向和垂直方向的跨度只需知道物体的最大和最小行/列长就可以计算。但对具有随机走向的物体，水平方向和垂直方向并不一定是正确的方向，往往需要采用所谓基于模板（Model-Based）的技术，即长度和宽度的测量都是基于"卡尺测量法"（像用游标卡尺一样），但卡尺的放置和物体的具体形状相关。每次测量时，先对物体进行定位，矫正其随机方向，再进行测量。

11.1.2 形状分析

1. 矩形度

矩形度是用物体的面积与其最小外接矩形的面积之比来定义的：

$$R = \frac{A_O}{A_R}$$

其中，A_O 是该物体的面积，A_R 是该物体的最小外接矩形的面积。R 取值范围在 0～1，如果为 1，则说明该物体矩形度最大。对于圆形物体 R 取值为 $\pi/4$，对于纤细的曲线状的物体取值变小。最小外接矩形的面积计算可以参见 BLOB 分析。

另外一个与形状有关的特征是长度比 $A = \frac{W}{L}$，它是最小外接矩形的宽度与长度的比。这个特征可以把较纤细的物体与方形或圆形物体区分开。

2. 圆度

圆度定义：

$$C = \frac{P^2}{A}$$

其中，C 为圆度，P 为周长，A 为面积。

圆度被用来表示物体边界的复杂程度，这个特征对圆形形状取最小值 4π。越复杂的形状取值越大。这种圆度的定义和紧凑度（Compactness）类似。

工程实践中的圆度往往有另外一种定义。

物体的圆度：在物体的边缘上选取最少 8 个点，并拟合出一个圆，最佳拟合圆的圆心距离这 8 个点最大值或最小值的差，就是圆度。

$$C = R_{max} - R_{min}$$

其中，C 为圆度，R_{max} 为最佳拟合圆圆心到边缘诸点最远的距离，R_{min} 为最近的距离。

3. 曲线和曲面拟合

在图像分析中，为了描述物体的边界或其他特征，有时需要根据一组数据点集来拟合曲线或曲面。曲线或曲面的拟合是数值分析中重要的内容，通常使用最小均方误差准则来找出一定参数形式下的最佳拟合函数。具体选择什么参数形式与问题有关，通常采用多项式形式特别是二次多项式形式，而对于更为一般的情况，也可采用样条函数形式。

曲线拟合可以用来估计混有噪声的观察值的基本函数，条件是函数的形式已经知道或被假定。曲面拟合可用来从一幅图像中抽取感兴趣的物体，或估计物体的幅度、尺寸、形状参数。曲面拟合也应该能对一些其他的因素进行估计，从而将它去除。如果所关注的物体有一个已经或可假设的函数形式，曲面拟合可用作测量目的。如宇宙空间图像中的星星，可以用二维高斯函数建模。由于拟合过程可确定描述每个物体的各个参数（如位置、尺寸、形状、幅度），它也可用作测量函数。

给定一个子集 (x,y)，一个常用的拟合技术是找出函数 $f(x)$，使其均方误差最小，即最小均方误差拟合。这可以通过下式给出：

$$MSE = \frac{1}{N}\sum_{i=1}^{N}\left[y_i - f(x_i)\right]^2$$

其中，$i=1,2,\cdots,N$ 是数据点。

假定 $f(x)$ 是抛物线，那么它的参数形式如下：

$$f(x) = C_0 + C_1 x + C_2 x^2$$

曲线拟合的过程就是用来确定系统 C_0、C_1、C_2 的最佳取值。也就是说，希望确定这些系数的值，以使该抛物线到给定点的误差在均方误差的意义下最小。这是经典的最小二乘法问题。

上述方法很容易推广到其他参数形式的拟合函数中。通常采用的拟合函数有圆或椭圆，或其他二次、三次多项式函数，此外还有高斯函数等。实现时可用 MATLAB 工具，非常方便。

11.2　手机摄像头底座金属框 2D 尺寸测量案例

2D 尺寸测量主要应用于各种平面尺寸测量，如半径、宽度、长度、角度、轮廓度等。下面介绍手机摄像头底座的金属框 2D 尺寸测量案例。

11.2.1　案例背景

随着人们对电子产品质量的要求越来越高，制造厂家为了提高市场竞争力，各种电子产品内部的加工件越做越精密，尺寸精度要求越来越高，这就需要加强产品品质的管控。目前尺寸品质管控主要通过千分尺和二次元的测量方式进行数据测量。这种品质监控速度慢，所以只能用作抽检，无法进行在线全面检测。引入机器视觉在线尺寸监控系统后，改善了无法全检的痛点，有效地提高了产品品质。下面以测量摄像头底座金属框加工件为例进行介绍，如图 11.1 所示。

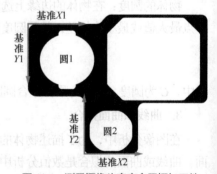

图 11.1　测量摄像头底座金属框加工件

11.2.2　视觉检测需求

（1）判断两个圆孔的位置度（即被标注对象在实际物体上的位置所允许出现的误差范围）。

（2）视野范围不小于 26mm×20mm。

（3）安装高度不超过 300mm。

（4）检测精度优于 0.035mm。

（5）检测速度 2 片/秒。

11.2.3　视觉系统总体实施方案

视觉检测需求：通过第 7 章的学习，可以判断，检测内容需通过两个任务来完成，一个任务是实时查询输入信号，另一个任务是测量尺寸。

根据以上需求，此处的图像处理任务具体如下。

（1）高精度的尺寸测量，数据相关性测试时，只通过标定校准工具进行校准精度是不够的，还需要进行手动数据补正，所以在此直接通过手动补正换算比例系数的方式进行图像数据补正。

（2）测量圆 1 到基准 1 的位置度，它是指图 11.1 所示圆 1 的圆心到基准 $X1$ 的距离与标准距离的最大差值的 2 倍。需要利用几何定位工具找到右方矩形工具中心位置，利用圆弧工具检测圆心位置，然后利用直线工具基准线测量基准 $Y1$，并由此计算圆 1 到基准 $Y1$ 的位置度。

（3）测量圆 2 到基准 2 的位置度，是指图 11.1 所示圆 2 的圆心到基准 $X2$ 和 $Y2$ 的距离与标准距离的最大差值的 2 倍。

11.2.4　硬件选型与安装

视觉硬件相机、镜头、光源、视觉控制器的选型参考 9.1.4 小节。

1. 视觉检测硬件配置

根据前面的选型，可以配置相应硬件，如表 11.1 所示。

表 11.1　硬件配置

名称	型号	数量	性能参数	备注
视觉控制器	VDCPT-2	1	CPU：i7 及以上。内存：不小于 4GB。硬盘：不小于 500GB	含工控机、加密狗
1000 万像素相机	VDC-M1070-A010-E	1	颜色：黑白。帧率：10 帧/秒。接口：GigE	含电源线、网线
35mm 镜头	VDLF-C3514-9	1	分辨率：1000 万像素。像面：1.1。光圈：1.4～16	
光源控制器	VDLSC-APS24-2	1	类型：模拟控制。通道：双通道	含电源线
背光源	VDLS-F50*50W	1	颜色：白色。功率：3.2W。尺寸：50mm×50mm×16mm	含延长线

2. 视觉检测硬件安装

检测尺寸时，单相机的镜头向下安装，如图 11.2 所示。

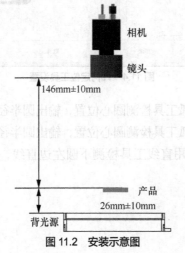

图 11.2　安装示意图

11.2.5　软件应用

（1）手机摄像头底座金属框尺寸测量软件设置流程如图 11.3 所示。

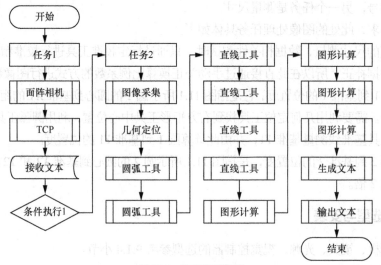

图 11.3　软件设置流程

（2）检测右侧矩形中心：利用几何定位工具找到右侧矩形工具中心位置，如图 11.4 所示。

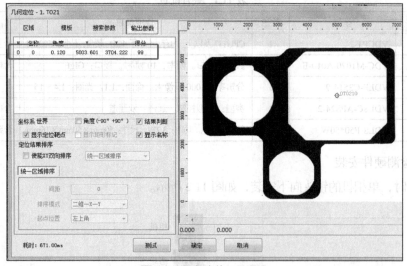

图 11.4　几何定位工具设置

（3）检测左侧圆心：利用圆弧工具检测圆心位置，输出圆半径，如图 11.5 所示。

（4）检测下方圆心：利用圆弧工具检测圆心位置，输出圆半径，如图 11.6 所示。

（5）检测下圆左边直线：利用直线工具检测下圆左边直线，作为判定左侧距离的基准线，如图 11.7 所示。

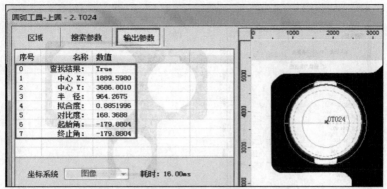

图 11.5　圆弧工具设置 1

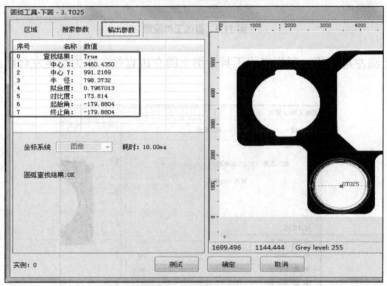

图 11.6　圆弧工具设置 2

图 11.7　直线工具设置 1

（6）检测下圆下边直线：利用直线工具检测下圆下边直线，作为判定下方距离的基准线，如图 11.8 所示。

227

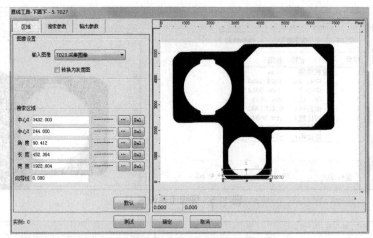

图 11.8 直线工具设置 2

（7）检测上圆左边直线：利用直线工具检测上圆左边直线，作为判定左侧距离的基准线，如图 11.9 所示。

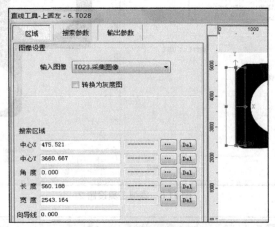

图 11.9 直线工具设置 3

（8）检测上圆上边直线：利用直线工具检测上圆上边直线，作为判定上方距离的基准线，如图 11.10 所示。

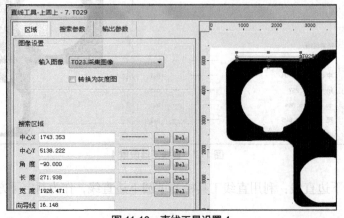

图 11.10 直线工具设置 4

（9）利用图形计算工具，调用之前圆弧工具检测的上圆圆心与直线工具检测的左边直线，最后利用图形计算里的"点到线的距离"，检测圆心到左侧边缘的距离，如图 11.11 所示。

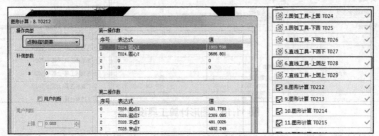

图 11.11 图形计算工具设置 1

（10）利用图形计算工具，调用之前圆弧工具检测的上圆圆心与直线工具检测的上边直线，最后利用图形计算里的"点到线的距离"检测圆心到上方边缘的距离，如图 11.12 所示。

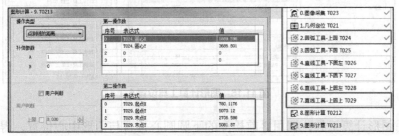

图 11.12 图形计算工具设置 2

（11）利用图形计算工具，调用之前圆弧工具检测的下圆圆心与直线工具检测的左边直线，最后利用图形计算里的"点到线的距离"检测圆心到左侧边缘的距离，如图 11.13 所示。

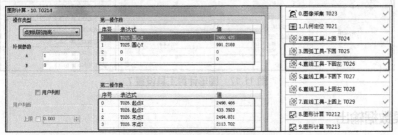

图 11.13 图形计算工具设置 3

（12）利用图形计算工具，调用之前圆弧工具检测的下圆圆心与直线工具检测的下边直线，最后利用图形计算里的"点到线的距离"检测圆心到下方边缘的距离，如图 11.14 所示。

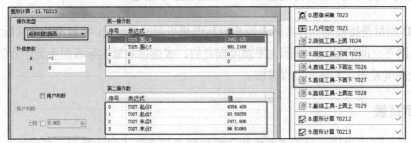

图 11.14 图形计算工具设置 4

（13）利用图形计算工具，调用之前检测的两圆圆心位置，得出圆心距，如图 11.15 所示。

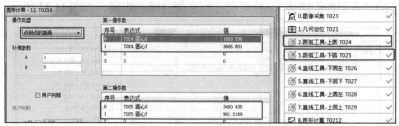

图 11.15　图形计算工具设置 5

（14）利用图形计算工具，调用之前检测的上圆圆心位置与矩形中心位置，得出中心距，如图 11.16 所示。

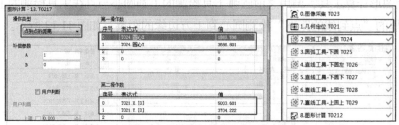

图 11.16　图形计算工具设置 6

（15）利用图形计算工具，调用之前检测的下圆圆心位置与矩形中心位置，得出中心距，如图 11.17 所示。

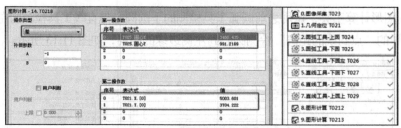

图 11.17　图形计算工具设置 7

11.2.6　结果数据输出

结果数据输出，参考 7.8 节系统工具的设置以及 9.1.5 小节数据结果输出设置。

11.3　金属标定块平面度 3D 测量案例

平面度 3D 测量是指被测物体实际表面相对其理想平面的变动量。将被测物体实际表面与理想平面进行比较，两者之间的最大距离即为平面度误差值；或通过测量实际表面上若干点的相对高度差，再换算以最大高度差表示的平面度误差值。

11.3.1　案例背景

金属标定块加工出来后，对于表面检测的粗糙程度都会有不同的要求，最初的高度测量仪是通过一个触点不断测试产品表面的高度,人工进行产品的平面度测量,测试时间长,效率低。

平面度误差测量的常用方法有如下几种。

(1)平晶干涉法。

平晶干涉法用光学平晶的工作面体现理想平面,直接以干涉条纹的弯曲程度确定被测表面的平面度误差值。平晶干涉法主要用于测量小平面,如量规的工作面和千分尺测量面的平面度误差。

平面是由直线组成的,因此直线度测量中直尺法、光学准直法、光学自准直法、重力法等也适用于测量平面度误差。测量平面度时,先测出若干截面的直线度,再把各测点的量值按平面度公差带定义,利用图解法或计算法进行数据处理,即可得出平面度误差。也有利用光波干涉法和平板涂色法测量平面度误差的。

光波干涉法常利用平晶进行,干涉条纹是直的,而且间距相等,只在周边稍有弯曲。这说明被检验表面是平的,但与光学平晶不平行,而且在圆周部分有微小的偏差。干涉条纹弯曲而且间隔不相等,表明被检验表面是球形的,平晶有微小倾斜。干涉条纹呈椭圆形排列,说明被检验表面是桶形的。可以把干涉图案作为被检验表面的等高线,因此可以画出该表面的形状。这种方法仅适用于测量高光洁表面,测量面积较小,但测量精确度很高。

(2)打表测量法。

打表测量法是将被测零件和测微计放在标准平板上,以标准平板作为测量基准面,用测微计沿实际表面逐点或沿几条直线方向进行测量。打表测量法按评定基准面分为三点法和对角线法。三点法是用被测实际表面上相距最远的三点所决定的理想平面作为评定基准面。实测时,先将被测实际表面上相距最远的三点调整到与标准平板等高。对角线法实测时,先将实际表面上的 4 个角点按对角线调整到两两等高,然后用测微计进行测量。测微计在整个实际表面上测得的最大变动量,即为该实际表面的平面度误差。

(3)液平面法。

液平面法是用液平面作为测量基准面,液平面由"连通罐"内的液面构成,然后用传感器进行测量。此法主要用于测量大平面的平面度误差。

(4)光束平面法。

光束平面法是采用准值望远镜和瞄准靶镜进行测量,选择实际表面上相距最远的三个点形成的光束平面作为平面度误差的测量基准面。

(5)激光线扫描 3D 视觉平面度测量法。

该方法基于 3D 视觉系统,是非接触式的,测量速度快。随着 3D 相机的分辨率越来越高,成本越来越低,激光线扫描 3D 视觉平面度测量精度能达到微米级,相比其他平面度测量法具有明显的优势。该方法采用线扫描光谱共焦视觉传感器进行测量,可以获得更高的精度,尤其在表面粗糙度的测量领域,读者可以参考相关案例介绍。

11.3.2 视觉检测需求

(1)取样范围,去除弧边区域取样基准面。

(2)视野范围不小于 20mm×25mm。

(3)安装高度不超过 100mm。

(4)平面度检测精度优于 0.03mm。

(5)检测速度 1 片/秒。

11.3.3 视觉系统总体实施方案

1. 硬件需求

选择满足客户检测需求的 3D 视觉传感器、视觉控制器等硬件（参考 11.3.4 小节）。

2. 软件检测流程

（1）通信输入：通信方式参考 9.1.3 小节。

（2）图像采集：通过 VD300 相机工具连接 3D 视觉传感器，用 VD300 工具采集 3D 图像数据。

（3）图像处理：客户的要求是测量这个金属标定块的平面度，所以需要用几何定位工具进行位置补正，用平面度误差工具进行平面度测量。

（4）数据输出：测量后的数据直接通过输出文本工具输出给上位机进行保存。

11.3.4 硬件选型

（1）视觉控制器的选择：目前从需求应用确认，只需要一台 3D 视觉传感器，所以需要配备 2 个千兆以太网口，1 个网口用来连接 3D 视觉传感器，另外 1 个网口用来与上位机进行通信。3D 视觉传感器处理速度要求较快，所以视觉控制器选择 VDCPT-2，参数如表 9.1 所示。

（2）3D 视觉传感器的选择：目前视野范围最小是 20mm×25mm，我们可以选择检测的实际视野范围为 25～29mm，检测精度需要优于 0.03mm，目前 VD300-20 视觉传感器检测视野范围 X 方向是 29mm，Z 方向检测精度 0.03mm，且安装高度为 40mm，满足客户检测精度和安装要求。

（3）视觉检测硬件配置：根据前文的选型，可以配置相应硬件，如表 11.2 所示。

表 11.2　硬件配置

名称	说明	数量	备注
3D 视觉传感器	VD300-20	1	含电源线、I/O 线
视觉控制器	VDCPT-2	1	

11.3.5 软件应用

（1）软件设置流程。金属标定块平面度 3D 测量软件设置流程如图 11.18 所示。软件处理流程分为 2 个任务。任务 1 进行通信监控，任务 2 进行图像采集、检测与输出。

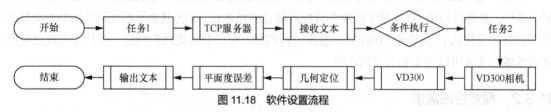

图 11.18　软件设置流程

（2）首先打开智能相机软件采集 3D 高度伪彩图。

（3）打开软件后添加软件通信工具：工具箱→文件通信→TCP 服务端→接收文本→条件执行，如图 11.19 所示。

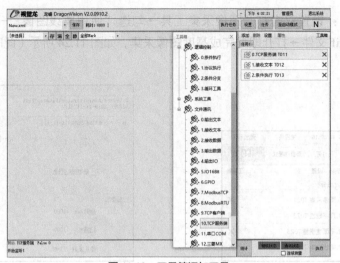

图 11.19　工具箱添加工具

（4）TCP 服务端设置：设置监听端口为 54600（可以任意设置），设置访问的 IP 地址为 192.168.1.2（可以任意设置）；通信未连接前一直监听，连接后则显示为连接成功，如图 11.20 所示。

图 11.20　TCP 服务端工具设置

（5）接收文本：通信选择→TCP 服务端→读取数据→设置保存→关闭。接收文本工具主要是用来读取 TCP 服务端接收到的文本数据，如图 11.21 所示。

（6）条件执行：判断接收文本工具读取到的接收数据为 2 时，执行任务 2，如图 11.22 所示。

图 11.21　接收文本工具设置　　　　　　图 11.22　条件执行工具设置

（7）任务 2 从工具箱①中添加工具（见图 11.23）：图像处理→图像采集，位置定位→几何定位，专用工具→平面度误差，文件通信→输出文本。

233

（8）图像采集：设置双击打开图像采集工具→勾选"使用离线图像"→单击"…"→选择67096_2019-11-11.tif文件→打开即可完成高度图像采集，如图11.24所示（此时显示图像为标定前图像）。

图 11.23　从工具箱添加工具到任务栏

图 11.24　图像采集

（9）图 11.25（a）所示是标定前的图像，图 11.25（b）所示是标定后的图像。从图中可看出标定前后图像显示有差异，但不影响实际测量。

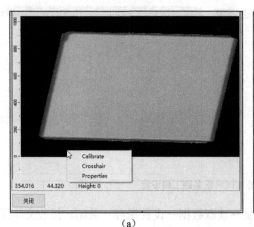

（a）

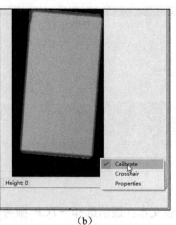

（b）

图 11.25　标定前后图像对比

（10）如图 11.26 所示，设置显示界面→①单击"刷"（刷新界面显示）→②选择采集图像，主界面设置显示正常。

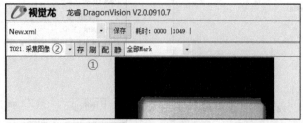

图 11.26　图像界面显示

（11）设置显示判断测量状态，如图 11.27 所示。选择①T02→②选中任务 2→③单击"确定"按钮即可设置好测量状态。

（12）几何定位设置。

① 区域设置：选择区域→采集图像→选择"使用全图搜索"，如图 11.28 所示。

图 11.27　检测结果显示选择

图 11.28　几何定位区域设置

② 模板设置：选择"模板"→设置绿色 ROI 区域→添加模板，如图 11.29 所示。

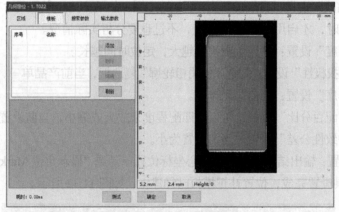

图 11.29　几何定位模板设置

③ 编辑模板：创建模板→选择序号 0→单击中心→裁剪→单击"确定"按钮，模板设置完成，如图 11.30 所示。

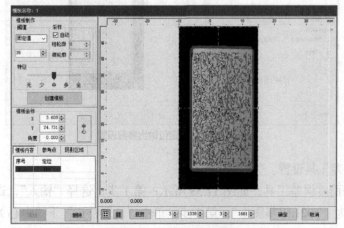

图 11.30　几何定位编辑模板

④ 搜索参数设置，如图 11.31 所示。

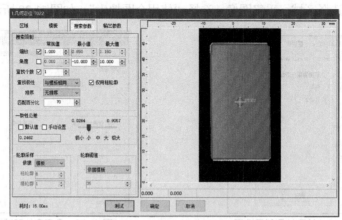

图 11.31　几何定位搜索参数设置

- 第 1 步，选择 "搜索参数"，进入编辑界面。
- 第 2 步，"缩放" 设置：常规设置为 1∶1 的比例，如果检测的产品尺寸有大小误差且误差值超过原有模板的 2%时，才启用最大值/最小值，不过也要分析实际情况。
- 第 3 步，"角度" 设置：角度范围设置越大，定位时间越长。
- 第 4 步，"查找极性" 设置：勾选 "仅用粗轮廓" 复选框，当前产品单一，粗轮廓已经很稳定。
- 第 5 步，"排序" 设置：当前为无排序。
- 第 6 步，"匹配百分比" 设置：可以按匹配程度来放大或缩小，当前设置为 70。
- 第 7 步，"一致性公差" 设置：当前设置为小。

⑤ 输出参数设置：输出结果显示产品中心坐标位置→勾选 "显示定位 Mark" 复选框→单击 "确定" 按钮，模板工具设置完成，位置补正模板已经建立，如图 11.32 所示。

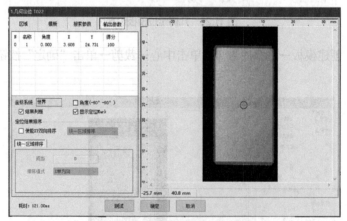

图 11.32　几何定位输出参数设置

（13）平面度误差工具设置。

① 双击打开平面度误差工具，如图 11.33 所示：第 1 步，选择 "输入"，进入设置页面；第 2 步，选择输入图像为 "T021.采集图像"；第 3 步，单击 "位置补正" 下 "中心 X" 后面的 "…" 进入引用；第 4 步，引用几何定位；第 5 步，选中 XYR；第 6 步，选中 0；第 7 步，单击 "确定"

按钮，完成位置补正的引用。

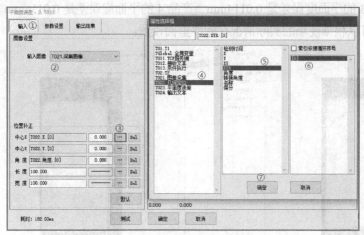

图 11.33 平面度误差工具设置 1

② 参数设置：移动 ROI 区域后，设置九宫格平面布点参数，如图 11.34 所示。

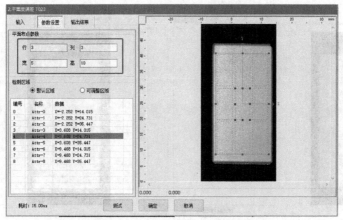

图 11.34 平面度误差工具设置 2

③ 直接查看输出结果：平面度误差 0.0117mm，如图 11.35 所示。

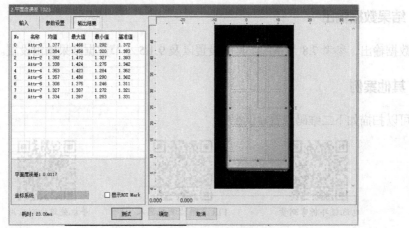

图 11.35 平面度误差工具设置 3

④ 测试结果，如图 11.36 所示，产品 1 的平面度误差是 0.0117mm、产品 2 的平面度误差是 0.0112mm，产品 3 的平面度误差是 0.0114mm、产品 4 的平面度误差是 0.0116mm。判断良品与不良品的上下限区间可以根据现场的实际情况在软件里面设置。

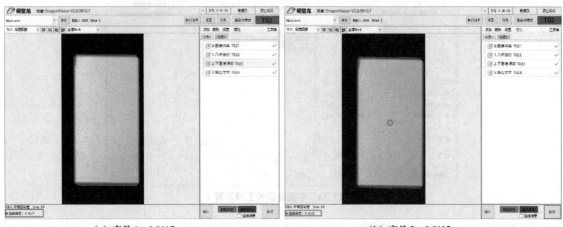

（a）产品 1：0.0117mm　　　　　　　　　　（b）产品 2：0.0112mm

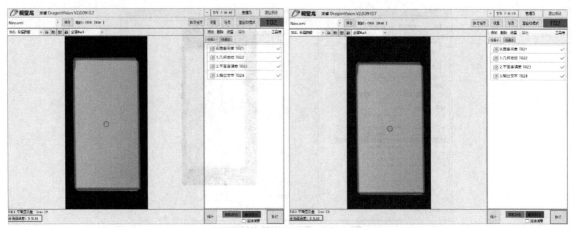

（c）产品 3：0.0114mm　　　　　　　　　　（d）产品 4：0.0116mm

图 11.36　产品测试结果

11.3.6　结果数据输出

结果数据输出，参考 7.8 节系统工具的设置以及 9.1.5 小节数据结果输出设置。

11.3.7　其他案例

读者可以扫描如下二维码观看案例视频。

电池极耳折弯测量　　　　　FIR 柔性检测机器人　　　　手机胶路检测应用

11.4　小结

本章主要介绍了手机摄像头底座金属框 2D 尺寸测量与金属标定块平面度 3D 测量的实际应用，介绍的视觉应用工具有接收数据工具、条件执行工具、图像采集工具、几何定位工具、保存数据工具、保存图像工具、圆弧工具、平面度误差工具、图形计算工具等。

习题与思考

1. 尺寸测量有哪些测量项？
2. 平面度误差工具的基面设置有几个？
3. 平面度误差测量的常用方法有哪几种？
4. 图形计算工具需要输入哪些数据才能计算？

第12章 视觉读码与识别

机器视觉中的读码与识别应用十分广泛，主要用来确定物体的身份（ID），也可以针对加工后的产品，用视觉读码与识别的方法进行自动检测，如有无条码、条码是否贴错、条码是否合格等。读码和识别主要通过 2D 检测方式来实现。

12.1 电池条码视觉读取案例

视觉读码主要对各种类型的一维码、二维码进行读取和识别。下面介绍电池上的条码识别案例。

12.1.1 案例背景

条码技术是在计算机应用和实践中产生并发展起来的一种广泛应用于商业、邮政、图书管理、仓储、工业生产过程控制、交通等领域的自动识别技术，在当今热门的电子商务产、供、销一体化的供应链管理中都得到广泛的应用。它具有输入速度快、准确度高、成本低、可靠性强等优点，在当今的自动识别技术中占有重要的地位。本案例通过读取电池上的条码，判断条码是否能够准确地读取出来。如果无法读取条码或者电池上条码印刷错误，后工段会进行返工处理。

12.1.2 视觉检测需求

（1）读取条码。

（2）视野范围不小于 100mm×100mm。

（3）安装高度未限制。

（4）能稳定完整识别出条码。

（5）检测速度优于 1 片/秒。

检测需求初步分析：通过第 7 章的学习，可以判断，检测内容可以通过两个任务来完成。一个任务是输入信号实时查询；另一个任务是添加条码识别工具来读取条码，对读取的数据进行相应的判断或者输出相应数据。

12.1.3 硬件选型与安装

视觉检测硬件相机、镜头、光源、视觉控制器的选型参考 9.1.4 小节。

1. 视觉检测硬件配置

根据前文的选型，可以配置相应硬件，如表 12.1 所示。

表 12.1 硬件配置

名称	型号	数量	性能参数	备注
视觉控制器	VDCPT-2	1	CPU：i7 及以上。内存：不小于 4GB。硬盘：不小于 500GB	含工控机、加密狗
1000 万像素相机	VDC-M1070-A014-E	1	颜色：黑白。帧率：10 帧/秒。接口：GigE	含电源线、网线
12mm 镜头	VDLF-C1214-9	1	分辨率：900 万像素。像面：1.1。光圈：1.4~16	
光源控制器	VDLSC-APS24-2	1	类型：模拟控制。通道：双通道	含电源线
中孔背光源	VDLS-FC205*170W	1	颜色：白色。功率：10W。尺寸：150mm×94mm×24.5mm	含延长线

2. 视觉检测硬件安装

因为电池在流水线上，所以相机最好是镜头向下安装，如图 12.1 所示。

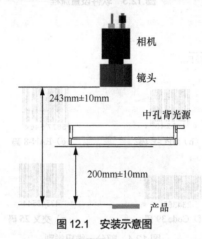

图 12.1 安装示意图

12.1.4 软件应用

软件应用设置以龙睿智能相机软件演示为例。龙睿智能相机提供了一维码和二维码读取功能，不管条码的符号、大小、质量、打印方法或条码所在表面如何，都能准确快速读取。

龙睿智能相机软件有专门处理由于编码质量下降造成的各种极端差异的算法，可以从任意方向读取条码并可同时读取多个条码，还可解决打标质量较低或代码图案损坏等问题，软件包装如图 12.2 所示。

1. 软件设置流程

软件设置流程如图 12.3 所示。本案例采用 2 个任务，任务 1 主要用于信号输入监测，监测到触发信号时触发任务 2 进行检测。任务 2 添加条码识别工具，对电池上的条码进行提取识别，判断出产品是否为合格品，并且输出相应的数据给客户的上位机。

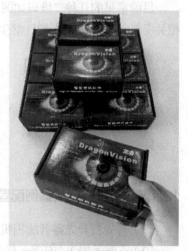

图 12.2 龙睿智能相机软件包装

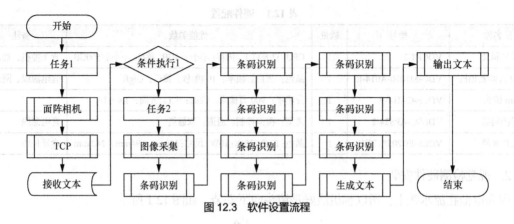

图 12.3　软件设置流程

2. 一维码类别

部分一维码类别如图 12.4 所示。

（a）UPC-A 码　　（b）UPC-E 码　　（c）EAN-8 码　　（d）EAN-13 码

（e）EAN-14 码　（f）Code 39 码　　（g）交叉 25 码　　（h）ITF-14 码

图 12.4　部分一维码类别

3. 二维码类别

目前常见的几种二维码如图 12.5 所示（只列举了 4 种二维码，其他类别的二维码读者可以查阅相关资料）。QR 码在人们日常生活中经常使用，DM 码则在工业生产中经常使用。

（a）QR 码　　（b）PDF417 码　　（c）DM 码　　（d）Maxi 码

图 12.5　常见二维码类别

12.1.5　一维码读取案例配置

（1）首先打开龙睿智能相机软件，进入管理员登录界面，如图 12.6 所示。

（2）需要添加 2 个任务，任务 1 是配置通信信号监控的，任务 2 主要用来做条码识别与测量（本小节提到的条码即为一维码），如图 12.7 所示。

图 12.6 管理员登录界面

图 12.7 任务添加界面

（3）在任务 2 里添加面阵相机工具，用来连接相机。进入面阵相机设置界面（见图 12.8），在对话框内的相机类型选择需要的相机类型，这里选择 VDC，选择相机个数为 1，相机安装方式选择固定向下看，相机 IP 地址为 161.254.1.1，相机 IP 地址必须与此 IP 地址相同，配置完单击"确定"按钮，然后选择实时显示。

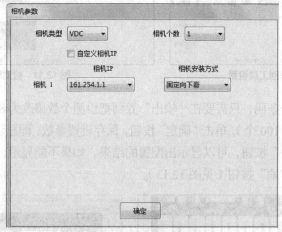

图 12.8 面阵相机设置界面

（4）单击工具箱，进入图像采集设置界面，选择相机在线，在下拉项中选择面阵相机，单击"应用"按钮，然后单击"执行"和"关闭"按钮。这里既可以选择仿真图像，也可以选择相机在线（见图 12.9）。

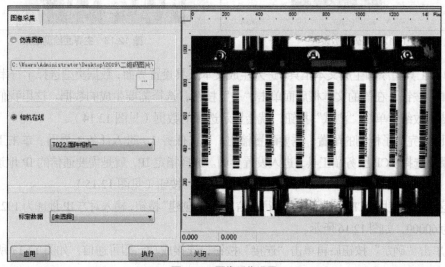

图 12.9 图像采集设置

（5）因为要读取条码，所以需要添加条码识别工具。单击工具箱，在检测识别模块里添加条码识别工具，单击条码识别工具，进入条码识别工具设置界面，在"输入图像"中选择采集图像（见图12.10）。

（6）选择全图搜索后单击"读码"按钮，读码结果会显示读取的条码，默认只会出现一个检测结果（见图12.11）。

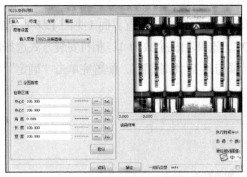

图 12.10　条码识别工具设置

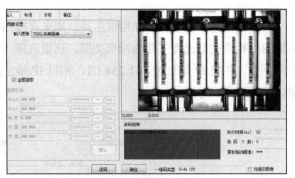

图 12.11　检测结果

（7）如果需读取多个条码，只需要在"输出"界面把检测个数修改为8。8代表最多识别条码数为8个（最多可同时识别100个），单击"确定"按钮，保存设置参数，即显示读码结果（见图12.12）。

（8）单击"执行任务"按钮，可以显示出配置的结果。如果不能显示，可能是因为修改了配置，这时需要单击主界面的"刷"按钮（见图12.13）。

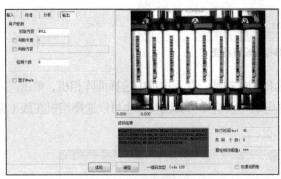

图 12.12　条码个数设置

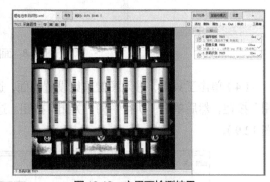

图 12.13　主界面检测结果

（9）单击工具箱添加生成文本工具，进入生成文本工具设置界面，数据类型选择字符串（String），单击"添加"按钮，在值的文本框后面单击"…"按钮，选择需要生成的数据。这里我们选择条码工具内的结果数组，单击"测试"按钮，就会显示选择的数据（见图12.14）。

（10）已经完成了检测的配置，需要配置输出。单击任务1，进入任务1界面。单击工具箱，在文件通信模块选择TCP服务端工具，进入设置界面。选择指定IP，就是需要通信的IP地址，这里选择192.168.2.104，监听端口为60000，单击"开始监听"按钮（见图12.15）。

（11）这里可以使用TCP模拟工具来进行通信，单击"创建"按钮，输入对方IP地址为192.168.2.104，对方端口为60000，如图12.16所示。

（12）单击"确定"按钮后再单击"连接"按钮，连接成功，即可通信，如图12.17所示。

图 12.14 生成文本工具设置

图 12.15 TCP 服务端工具设置

图 12.16 客户端通信设置

图 12.17 TCP 服务端连接成功

（13）通信连接成功，设置接收外部发过来的数据。单击工具箱，在文件通信模块内添加接收文本工具，进入接收文本工具设置界面，通信选择为 TCP 服务端接收，单击"读取数据"按钮就完成配置了（见图 12.18）。

（14）接收了外部的数据后，需要对数据选择判断，所以需要添加条件执行工具。在逻辑控制模块内添加条件执行模块，然后进入设置界面，如图 12.19 所示。

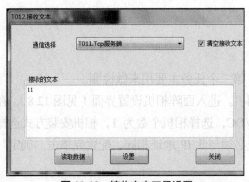

图 12.18 接收文本工具设置

图 12.19 条件执行工具设置

（15）选中依据执行表达式后，选择接收文本内的接收数据，在旁边单击"="和"1"的按钮添加，单击"确定"按钮，然后退出界面（见图 12.20）。

（16）在"执行工具/任务"中选择任务 2，单击"执行"→"设置"→"关闭"按钮，退出界面（见图 12.21）。

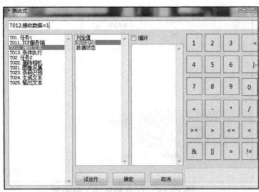

图 12.20　条件执行工具条件添加　　　　图 12.21　条件执行工具设置完毕

（17）修改任务的属性，这里也可以修改任务的名称。把任务 1 的执行类型改为主动执行，单击"确定"按钮，退出界面（见图 12.22）。

（18）回到任务 2 界面，设置输出文本工具，通信选择为 TCP 服务端，发送内容选择生成文本，单击"关闭"按钮，退出界面（见图 12.23）。

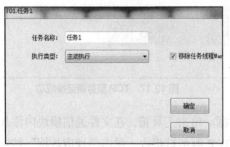

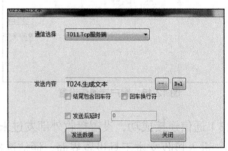

图 12.22　任务 1 设置　　　　　　　　图 12.23　输出文本工具设置

（19）在主界面单击自动模式，开始在 TCP 模拟协议发送数据触发。因为设置的是收到 1 就触发，所以只有输入 1 才能触发，软件触发后客户端就会收到软件设置的输出结果。

12.1.6　二维码读取案例配置

（1）首先进入管理员登录界面，如图 12.6 所示。

（2）添加 2 个任务。一般第一个任务用来通信，第二个任务主要用来做检测。

（3）在任务 2 里添加面阵相机工具，用来连接相机。进入面阵相机设置界面（见图 12.8），在对话框内的相机类型选择需要的相机类型，这里选择 VDC，选择相机个数为 1，相机安装方式选择固定向下看，相机 IP 地址为 161.254.1.1，相机 IP 地址必须与此 IP 地址相同，配置完单击"确定"按钮，然后选择实时显示。

（4）单击工具箱，进入图像采集配置界面，选择相机在线，在下拉项中选择面阵相机，单击"应用"按钮，然后单击"执行"和"关闭"按钮。这里也可以选择仿真图像，选择一张二维码图片（见图 12.24）。

（5）因为要读取二维码，所以需要添加二维码识别工具。单击工具箱，在检测识别模块里添加二维码识别工具，单击二维码识别工具，进入二维码工具设置界面，在"输入图像"中选择采集图像（见图 12.25）。

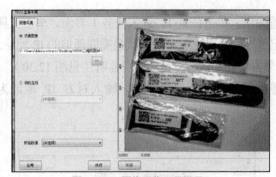

图 12.24　图像采集工具设置

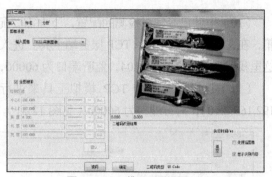

图 12.25　二维码工具设置

（6）选择全图搜索，然后单击"读码"按钮，就会在读码结果里显示结果，默认只会出现一个（见图 12.26）。

（7）如果需读取多个二维码，只需要在"标准"界面把读码个数修改为 3。3 代表最多识别二维码数为 3 个，单击"确定"按钮，保存设置参数，即显示识别结果（见图 12.27）。

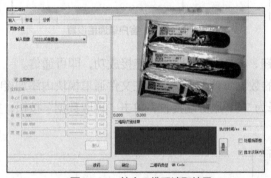

图 12.26　单个二维码读取结果

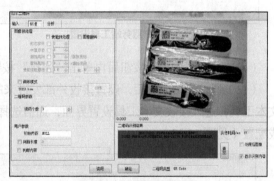

图 12.27　二维码个数设置

（8）单击"执行任务"按钮，可以显示出配置的结果。如果不能显示，可能是因为修改了配置，这时需要单击界面的"刷"按钮（见图 12.28）。

（9）单击工具箱添加生成文本工具，单击进入生成文本工具配置界面，数据类型选择 String，单击"添加"按钮，在值的文本框后面单击"…"按钮，选择需要生成的数据。这里选择二维码工具内的结果数组，单击"测试"按钮，就会显示出选择的数据（见图 12.29）。

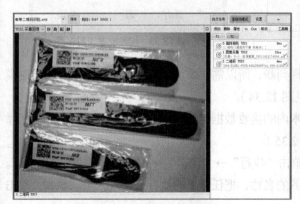

图 12.28　运行界面二维码显示

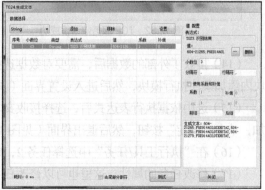

图 12.29　生成文本工具显示

（10）至此已经完成检测的配置，下面需要配置输出。单击任务 1，进入任务 1 界面，单击工具箱，在文件通信模块选择 TCP 服务端工具。进入配置界面，选择指定 IP，就是需要通信的 IP 地址，这里我们选择 192.168.2.104，监听端口为 60000，单击"开始监听"按钮即可监听（见图 12.30）。

（11）这里可以使用 TCP 模拟工具来进行通信，单击"创建"按钮，输入对方 IP 地址为192.168.2.104，对方端口为 60000（见图 12.31）。

图 12.30　TCP 服务端工具设置

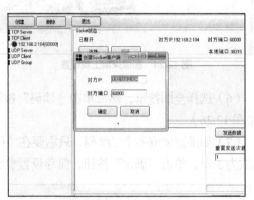

图 12.31　客户端通信设置

（12）单击"确定"按钮后再单击"连接"按钮，如图 12.32 所示，连接成功，即可通信。

（13）通信连接成功后，设置接收外部发过来的数据。单击工具箱，在文件通信模块内添加接收文本工具，进入接收文本工具设置界面，通信选择为 TCP 服务端接收，单击"读取数据"按钮，完成配置（见图 12.33）。

图 12.32　TCP 服务端通信成功

图 12.33　接收文本工具设置

（14）接收了外部的数据后，需要对数据选择判断，所以需要添加条件执行工具。在逻辑控制模块内添加条件执行模块，然后进入设置界面（见图 12.34）。

（15）选中依据执行表达式后，选择接收文本内的接收数据，在旁边选择"="和"1"的按钮添加，单击"确定"按钮，然后退出界面（见图 12.35）。

（16）在"执行工具/任务"中选择任务 2，单击"执行"→"设置"→"关闭"按钮，退出界面。

（17）修改任务的属性，这里也可以修改任务的名称，把任务 1 的执行类型改为主动执行，单击"确定"按钮退出界面（见图 12.36）。

（18）回到任务 2 界面，设置输出文本工具，通信选择 TCP 服务端，发送内容选择生成文本，单击"发送数据"按钮，退出界面（见图12.37）。

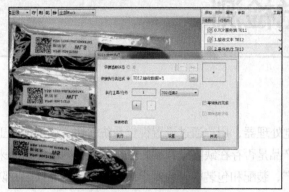

图 12.34 条件执行工具设置

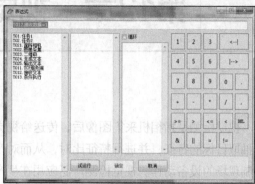

图 12.35 条件执行工具条件添加

图 12.36 任务 1 设置

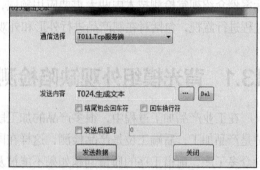

图 12.37 输出文本工具设置

（19）在主界面单击自动模式，开始在 TCP 模拟协议发送数据触发。因为设置的是收到 1 就触发，所以只有输入 1 才能触发，软件触发后客户端就会收到软件设置的输出结果。

12.1.7 其他案例

读者可以扫描二维码观看条码读取案例。

条码读取案例

12.2 小结

本章主要介绍了一维码与二维码的读码案例，通过读码案例讲解了一维码与二维码读码的区别，主要介绍的视觉应用工具有接收文本工具、条件执行工具、图像采集工具、条码识别工具、二维码工具等。

习题与思考

1. 一维码有哪些类型？
2. 条码识别工具可以读取多少个条码？
3. 二维码识别工具有哪些参数设置？
4. 读取的一维码和二维码结果在生成文本工具中需要如何进行设置？

13 第13章 视觉检测

视觉检测是指相机采集图像后，传送给视觉处理器，用户通过设置视觉系统软件，调用检测工具抽取目标的特征，并进行特征比对，从而对产品是否存在缺陷进行判断，进而根据判断的结果来控制现场的设备动作。视觉检测广泛应用在生产、装配和包装中。它对于用户在检测产品缺陷并防止缺陷产品被配送到消费者手中具有极大的价值。视觉检测包含外形检测和外观检测。本章通过实际案例介绍视觉检测技术中两大重要应用领域，即外观检测和过程监视。过程监视是指在线对生产过程进行监视，包括对在制产品进行外形和外观的检测。

13.1 背光模组外观缺陷检测案例

在工业产品加工过程中，很多产品的加工段和品质检测段是分开的。在同一个生产线，前端工位是产品加工，后端工位是产品检测，这样在同一个生产线上的检测称为在线检测。一般生产都包含众多工序，前道工序的质量问题如果不能被及时地发现，等到最后的工序才被检测出来，往往会造成极大的浪费。如果能尽早地发现问题，制造工厂可以及时地返修或者报废，避免后续工序不断追加成本。业内通常的做法就是在每一道生产工序后面，加一台检测设备，对在制品进行在线检测，这种生产方式在日本被称为In-pro检测，即In Process（在过程中）。

13.1.1 案例背景

背光模组为液晶显示面板的关键组件之一。由于液晶本身不具发光特性，因此必须在面板底面加上一个发光源。背光模组的功能即在于供应充足的亮度与分布均匀的平面光源，使液晶模块能正常显示影像。背光模组的质量决定了液晶显示屏的亮度、出射光均匀度、色阶等重要参数，很大程度上决定了液晶显示屏的显示效果。因此在背光模组生产过程中，对内外层异物、白点、划伤、贴合不到位及发光亮度不均等缺陷的检测就显得尤为重要。

目前大部分工厂主要依靠人工对背光模组进行检测，这种检测方法不但耗费大量人工成本、效率较低，而且人工长时间检查会产生视觉疲劳，造成漏检现象。不同的人检测结果也会存在差异性。而使用视觉检测系统代替人工进行检测，可以大大降低人工成本，设备可以长时间连续工作不会疲劳，并且检测参数的优化设置可以保证检测结果的一致性。

13.1.2 视觉检测需求

（1）检测表面的划痕面积小于 0.02mm^2。
（2）检测表面的刮伤面积小于 0.02mm^2。

（3）背光模组暗屏时检测划伤、灰尘异物、污染、黑框变形等。

（4）背光模组亮屏时检测白团、白点、漏光、点光源、细毛等。

（5）兼容 7 英寸（127mm×178mm）以下的背光屏幕。

13.1.3 视觉应用优势

（1）目前检测精度由原来人工检测的 $0.05mm^2$ 提升到 $0.02mm^2$。

（2）机器可以进行不间断的生产，检测效率提升了 50%。

（3）可以大幅度降低人工成本。

13.1.4 硬件选型

视觉检测硬件相机、镜头、光源、视觉控制器的选型参考 9.1.4 小节。

根据前文的选型，可以配置相应硬件，如表 13.1 所示。

表 13.1 硬件配置

名称	型号	数量	性能参数	备注
视觉控制器	VDCPT-2	2	CPU：i7 及以上。内存：不小于 4GB。硬盘：不小于 500GB	含工控机、加密狗
500 万像素相机	VDC-M500-A014-E	5	颜色：黑白。帧率：14 帧/秒。接口：GigE	含电源线、网线
2900 万像素面阵相机	VDC-M2900-4GM2	1	颜色：黑白。帧率：4 帧/秒。接口：GigE	含镜头、电源线、数据线
线阵相机	VDC-16K05A-00-R	1	颜色：黑白。线频：48kHz。接口：CameraLink	含镜头、电源线、数据线
16mm 镜头	VDLF-C1614-2	5	分辨率：500 万像素。像面：2/3。光圈：1.4～16	
光源控制器	VDLSC-APS24-4	2	类型：模拟控制。通道：双通道	含电源线
定制光源	VDLS-PL45-W	1		含延长线

13.1.5 案例场景

以背光模组视觉检测设备为例，如图 13.1 所示，本项目可用于手机、汽车、设备领域 4.0～6.0 英寸背光屏外观缺陷检测。背光屏自动检测设备主要由转盘机构、上下料机构、电控驱动系统、相机成像系统、视觉处理系统构成，下面介绍部分系统。

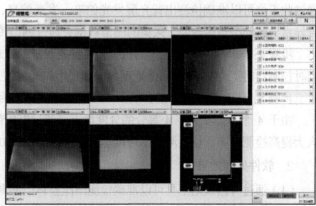

图 13.1 背光模组视觉检测设备与视觉软件界面

（1）上下料机构：承载背光模组，保持视觉检测时背光模组的相对位置，给电控驱动系统提供硬件支持。

（2）电控驱动系统：控制上下料机构，保证背光模组正常上下料；背光模组移动到相机拍照位置后需要给出相对应的检测信号给视觉处理系统检测；接收视觉系统传输过来的好样品或者坏样品信号进行物料分类处理。

（3）视觉处理系统：控制相机对背光模组进行抓拍，将抓拍到的高像素产品图片高速传输给视觉处理系统进行处理；根据产品不良特征库和视觉工具算法，对每个产品图片进行高速运算处理，处理完之后输出好样品或者坏样品结果信号给电控驱动系统。

此方案可有效检测出背光屏产品的缺陷，如白点、白雾、划伤、漏光、灰尘异物、黑框变形、移位、点光源、分层、暗影、细毛、污染、死灯等。

13.1.6　方案检测流程

该方案采用龙睿智能相机，由 5 个面阵相机采集模块、1 个线阵相机采集模块、软件处理模块组成，视觉检测设备共 4 个工位。拍照效果如图 13.2 所示。

图 13.2　面阵相机 5 个不同方向的拍照效果

1. 项目流程介绍

步骤 1：背光模组的保护膜撕掉后将产品及保护膜分别放在工位 1 的左右两个定位槽内，设备感应到产品后通过 PLC 转动到工位 2 线阵相机处触发相机采集图像。

步骤 2：工位 2 线阵相机在背光模组不点亮情况下，通过线阵相机加外部条形光源照亮产品采集图像。通过此工位的检测，可以准确检测出产品表面的划伤、灰尘异物、污染、黑框变形、黑框贴合不到位等缺陷。工位 2 线阵相机采集到的图像数据会通过 CameraLink 接口传送到控制器中进行数据处理，采集完成后产品会自动转到工位 3。

步骤 3：产品到达工位 3 后通过机械装置点亮产品。工位 3 的 5 个面阵相机从不同角度采集图像，通过此工位可以准确检测出背光屏发光偏暗、发光偏亮、白点、黑点、白印、内层划伤、异物、贴合异常导致的亮边等缺陷。采集的图像数据会通过网口传送到控制器中进行数据处理。

步骤 4：采集完成后工位 3 的机械装置会将保护膜吸起并贴回产品表面，完成后自动转到工位 4，同时控制器将工位 2、3 的图像处理结果通过串口通信发送给 PLC。

步骤 5：工位 4 取料装置会根据 PLC 给的信号将产品放在相应的好样品区域或者坏样品区域。

由于 4 个工位安装在 4 等分的分度盘上，通过电机带动旋转，故各个工位之间循环运行，可以大大提高检测效率，使检测效率可以达到每小时 500～600 片。

2. 软件处理效果

（1）通过分割缺陷工具可以准确检测出比整体产品灰度值亮的区域，如图 13.3 所示。

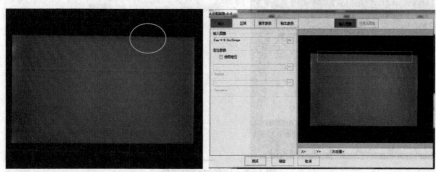

图 13.3　分割缺陷工具

（2）通过差异检测工具，可以准确找出与整体区域灰度值不同的缺陷区域，主要为白点、异物、白雾、划伤等，如图 13.4 所示。

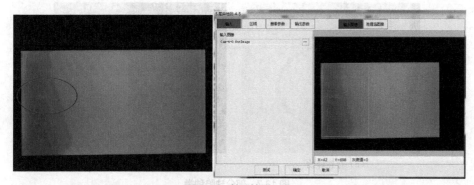

图 13.4　差异检测工具

（3）通过差异分析工具，可以准确检测出轮廓区域内的白点、黑点、灰尘异物、划伤等缺陷，如图 13.5 所示。

图 13.5　差异分析工具

（4）通过兴趣域缺陷工具，可以准确检测出设置区域的亮斑或者暗斑，如图 13.6 所示。

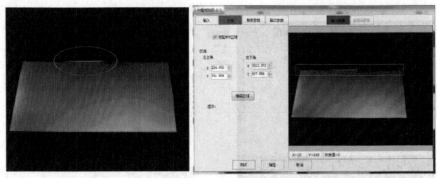

图 13.6　兴趣域缺陷工具

（5）通过分割缺陷工具可以准确检测出比整体产品灰度值亮的地方（即存在异物），通过兴趣域缺陷工具检测出黑框变形，如图 13.7 所示。

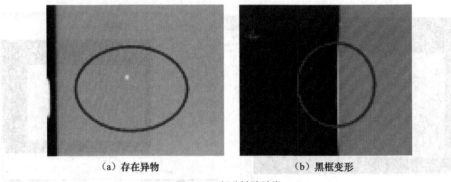

（a）存在异物　　　　　　　　　　（b）黑框变形

图 13.7　部分缺陷种类

（6）API 检测主要功能为检测屏幕表面的灰尘脏污，点灯自发光状态下检测屏内白点、黑点、白线、黑线、白团、黑印、蓝团、黑团等，如图 13.8 所示。

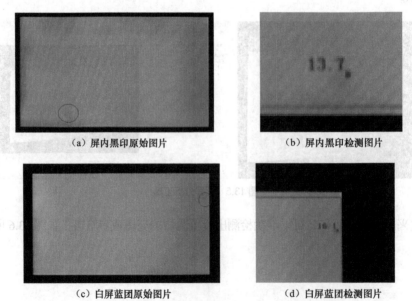

（a）屏内黑印原始图片　　　　　　　（b）屏内黑印检测图片

（c）白屏蓝团原始图片　　　　　　　（d）白屏蓝团检测图片

图 13.8　API 检测部分缺陷种类

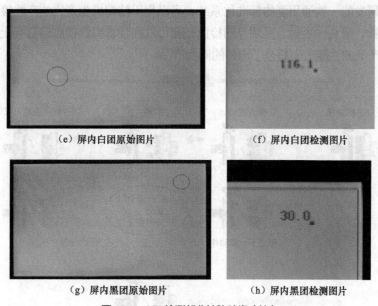

（e）屏内白团原始图片　　　　　（f）屏内白团检测图片

（g）屏内黑团原始图片　　　　　（h）屏内黑团检测图片

图 13.8　API 检测部分缺陷种类（续）

13.1.7　结果数据输出

结果数据输出，参考 7.8 节系统工具的设置以及 9.1.5 小节数据结果输出设置。

13.1.8　其他案例

读者可以扫描如下二维码观看更多的检测案例。

手机背光模组的检测　　　笔记本键盘螺丝检测　　　水晶头连接器检测

13.2　模具保护器案例

模具保护器是指利用机器视觉对比功能和计算机的强大运算能力对影像数据进行实时运算处理，通过分析机器运行过程中抓拍的图像，智能化地监控机器的运行情况，有效检测在合模前模具中有无残留物的一种保护系统。通过这种模具保护系统，可以减少作业过程中因为小概率的错误造成模具维修或者模具报废的情况。模具保护是一种典型的机器视觉过程监视应用。

13.2.1　案例背景

模具保护器又称模具监视器，可以对各类注塑机运行情况实时监视、检测和控制。注塑机的工作流程如图 13.9 所示。在制造行业，很多公司在模具方面的损失很大。由于不同产品的特殊性、不规则性，尽管有很多模具保护措施，仍然不能避免模具损坏带来的损失。视觉龙模具保护器主要是针对保护模具而研发的一款通用型的标准化系统，可以用于注塑机生产线的在线检测，如对模具的粘模、嵌件、顶针、滑块、短射、毛刺等的检测；还可以在注塑机合模前检查有无残留物，以防止模具夹损。此款产品的性能大大超过了国外的同类产品。

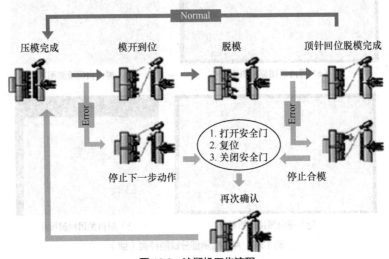

图 13.9　注塑机工作流程

13.2.2　视觉检测需求

（1）检测项：粘模检测、嵌件检测、顶针检测、滑块检测、短射检测、毛刺检测。

（2）检测模式：产品脱落检测、再顶出检测、在线监测、远程监控。

（3）视野范围：大于等于 300mm×200mm。

（4）安装高度：未限制。

（5）检测精度：能稳定识别出检测项。

（6）检测速度：0.5 片/秒。

13.2.3　视觉应用优势

模具作为制造业注塑产品加工最重要的成型设备，其质量优劣直接关系到产品质量优劣。此外由于模具在注塑加工生产成本中占较大比重，其使用寿命直接影响产品成本。因此，提高模具质量，并对其进行适当的维护和保养，延长其使用周期，是注塑产品加工业降低成本、提高效率的重要保证。而在实际生产中，由于模具更换频繁，注塑机运行时，每个生产周期内价值高昂的模具都可能因为产品残留或滑块错位等而有损坏的危险。模具保护器可以有效应对各种潜在问题，从而避免停机修模，降低生产成本，提高产品质量，保障交货工期。模具保护器的视觉应用优势如下。

（1）近红外（Near Infrared，NIR）光源和摄像头结合技术可解决工厂四周环境光线明暗产生的潜在问题。

（2）可随生产的需要进行任意监测区域设定，可以应付多型腔及特殊镶件位置的监测。

（3）每个区域独立调整敏感度，适合深型腔及多穴的调整，避免误报警。

（4）强大的图像处理软件（几何特征定位算法，对光线不敏感），大大减少系统的误报警。

（5）可设置存储程序，进行多程序界面切换（换模无须调整参数）。

（6）具有不良品输出信号，可以配合机器人及注塑机翻转阀以自动控制不良品的放置。

（7）具有监视区域放大功能，适合微型零件的生产监视及警报查看。

（8）当图像效果不佳时能采用"粗定位"使识别结果更好（稳定可靠）。

（9）在工作机振动、取图不清晰的状态下能采用"漂移系数"进行补偿。

（10）智能学习功能：当模具或嵌件等具有多样性时，能学习不同的标准模板，增强系统的容错能力。

13.2.4 硬件选型

视觉硬件相机、镜头、光源、视觉控制器的选型参考 9.1.4 小节。

根据前文的选型，可以配置出硬件参数，如表 13.2 所示。

表 13.2 硬件配置

名称	型号	数量	性能参数	备注
视觉控制器	VDCPT-1	1	CPU：奔腾及以上。内存：不小于 4GB。硬盘：不小于 128GB	含工控机、加密狗
130 万像素相机	VDC-M132-A030-E	1	颜色：黑白。帧率：30 帧/秒。接口：GigE	含电源线、网线
12～36mm 镜头	VDLF-12-36	1	分辨率：500 万像素。像面：2/3。光圈：1.4～16	特种镜头
光源控制器	VDLSC-APS24-2	1	类型：模拟控制。通道：双通道	含电源线
近红外光源	VDLS-NIR	1	定制近红外光源	含延长线

13.2.5 软件应用

视觉龙模具保护器软件是通过机器视觉的检测算法针对监控模具、保护模具而研发的软件，使用 Windows 操作系统，在软件安装后，直接单击相应图标，就可以显示软件的主菜单，进行需要的软件设置。

（1）软件设置流程。模具保护器软件内部处理流程如图 13.10 所示。模具保护器软件已经标准化，所以内部的检测模块都已经固化，这样方便客户使用。

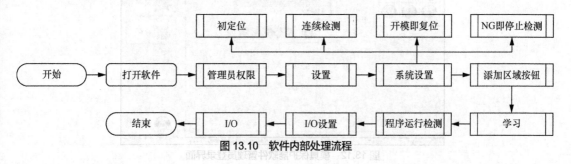

图 13.10 软件内部处理流程

（2）运行视觉龙模具保护器软件，主界面如图 13.11 所示。

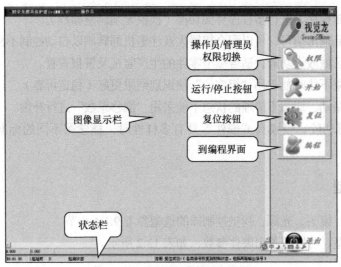

图 13.11　模具保护器软件主界面

状态栏包括如下内容。

- I/O：输入、输出状态显示。
- 检测延时：显示各检测的延时（可同时设置 4 个检测）。2 检、3 检或 4 检延时时间的设定需把前面 1 检或其他检测的数量和计算输出结果的时间全部加进去。该数值相当于"检测时间轴"上的坐标。
- 检测状态：显示检测总数、良品数、不良品数。
- 说明：显示当前操作的状态信息（包括检测时的检测结果）。

（3）管理员权限：此时的界面为操作员管理界面，"编程"按钮为灰色，无权限进入编程管理界面进行操作，需要切换到管理员用户，单击"权限"按钮，如图 13.12 所示。

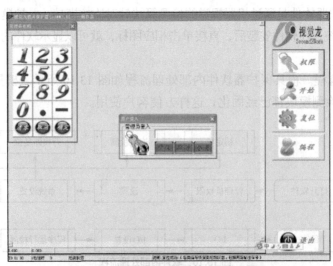

图 13.12　模具保护器软件管理员登录界面

输入管理员密码（默认密码为 1234）后单击"确定"按钮并单击"登入"按钮进入管理员界面，此时的编程按钮为可操作状态。

（4）单击"设置"按钮，如图 13.13 所示。

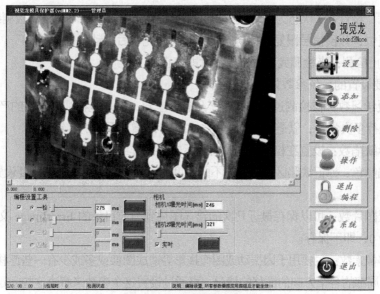

图 13.13　编程设置参数界面

在界面左下出现编程设置工具和相机设置栏。

- 编程设置工具：可设置 1～4 个检测项目，每个检测项目后有个滚动条用来设置该检测的延时时间，单位为 ms。
- 相机：可同时接 2 台相机，每台相机的曝光时间可以通过其下的滚动条设置；实时选择框选中后将显示相机实时的图像信息。

（5）单击"系统"按钮，进入系统设置界面，如图 13.14 所示。

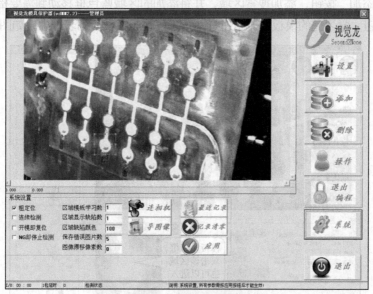

图 13.14　系统设置界面

① 系统设置包括以下内容。

- 粗定位：此选项在区域设置中选定定位后才生效，即选用粗定位使软件在图像质量不是很好的情况下可以使模板准确定位，也可以加快定位的速度，但是定位精度会有所下降。

- 连续检测：设置 I/O 状态为连续模式。当检测到不合格产品时不停止，检测继续无须复位。
- 开模即复位：开模信号跟复位信号同步，即检测完毕后自动复位。
- NG 即停止检测：当检测到不合格产品时即停止。

② 其他需要设置的系统参数如下。

- 区域模板学习数：在检测过程中有些产品有小差异，但是也被视为合格的产品。这时需要对同一检测区域进行多次学习，以避免检测误差，如此可以增加系统的容错能力。
- 区域显示缺陷数：设置在检测界面是否显示缺陷的详细信息。
- 区域缺陷颜色：标记缺陷区域，填充不同灰度的背景图案，可以依据需要设置为 0~255 的灰度范围。
- 保存错误图片数：可以保存最近几次的错误图片到当前目录的 ErrorImage 文件夹中，如果不想保存则设置为 0，即不保存。
- 图像漂移像素数：主要用于因振动或图像拖影等造成图像或多或少有一些漂移，或其他原因造成了图像全局或局部的各个方向的漂移的情况，可通过设置这个参数来解决这些问题。这里可以输入 0~8 的数值，意味着可以解决各个方向 8 个像素的漂移，此参数会影响检测的精度和速度，数值越大精度越差。如果检测区域图像比较大，也会影响速度。如果区域不是很大，速度基本没有影响，一般设置为 3 即可。默认为 0，即没有漂移。
- 连相机：当相机线接上后，单击此按钮即可连接相机到软件中进行拍照。
- 导图像：可以导入预存图片进行测试。
- 最近记录：查看最后一次检测结果记录。
- 记录清零：将所有检测记录清空。

（6）单击"添加"按钮，添加搜索区域，并将添加的区域蓝色框移动到需要检测的区域。然后单击"学习"按钮，学习完的模板将显示在右下角，模板名在模板列表框中，如图 13.15 所示。

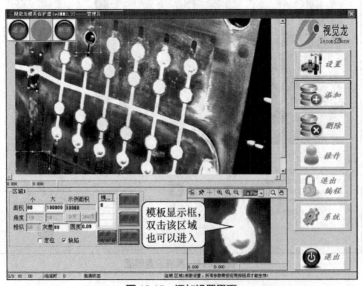

图 13.15　添加设置界面

① 可同时学习多个模板（每个区域学习模板数可设置），有的时候同一产品需要学习多个模板，可在此操作。模板名在模板列表中以 0、1、2、3…依次命名。

② 可通过添加区域/删除区域来添加或者删除检测区域，模板学习完毕后需要对每个区域的检测参数进行设置，检测参数在左下角的区域栏中进行设置。参数说明如下。

● 面积：设置面积范围。检测的产品图像面积与模板图像面积相减后得到的面积值在设置的面积范围内为合格，否则为不合格产品。

● 角度：设置待检测的产品与实际模板的偏转角度范围，−180°～180°。这里可以设小一些，因为实物角度基本不会变（0°、360°按钮可快速设置0°或±180°）

● 相似：设置产品检测相似度（0～100），相似度越大越相似。

● 灰差：一个图像由256（0～255）个灰度级别组成。当用模板与实际图像相减时，灰度不同的地方就能减出来，相减的值大于设置的值为不合格产品。

● 圆度：几何形状接近理论圆程度的表示方法，参数最大为1，表示为一个圆。这个值越小，形状就越不像一个圆，就越扁平、越狭长。该设置与面积设置配合起来使用，构成一个"与"的关系，当两者同时满足时系统才判断为"NG"，即不合格产品或有问题的模具状态。

● 定位/缺陷：两者都选择的话，在做缺陷检测时会先进行定位，依据定位的结果来进行缺陷检测；只选"定位"表示区域只做有无判断，不做缺陷检测；如果只选择"缺陷"，则程序在做缺陷检测前不进行定位，只根据当前绿色的区域框来确定做缺陷检测的位置。一般在检测区域的边缘轮廓不是很清楚时，没办法进行定位，所以只能依据当前一开始就设置好的绿色区域框的位置来进行缺陷检测，只要勾选"缺陷"即可（注意：当学习好模板后，区域框的位置一定不要移动，移动后精度会差很多）。

参数设置完毕后必须单击"应用"按钮保存上述设置，至此编程配置基本完毕，若为相机实时模式，则需要设置为在线状态；若为图片仿真模式，则需要设置为离线状态（默认为在线状态，单击"在线/离线"按钮后变为离线状态），编程完毕后可单击"退出编程"按钮回到操作界面，如图13.15所示。

（7）程序检测运行：编程配置完回到操作界面，此时可以进行检测了，单击"开始/停止"按钮即进行检测，检测界面如图13.16所示。检测结果将以图案形式显示在图13.16所示部位，程序将连续检测直到出现不合格产品，等待人工进行干预，排除模具的故障后按复位按钮，再单击"开始/停止"按钮（按钮界面只显示一种状态，运行时只显示"停止"）进行检测。检测完毕直接退出程序即可，下次打开程序后将自动读取最后一次修改的配置结果。

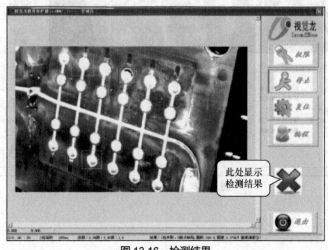

图13.16 检测结果

261

（8）实例：图 13.17（a）所示为一模具注塑过程中的实时图，图 13.17（b）所示为满模良品，图 13.17（c）所示为不满模的不良品。

(a)

(b)

(c)

图 13.17　实时模具监视

操作方法如下（在所有硬件都连接好的前提下）：运行软件并登录到管理员权限，进入编程下的系统菜单，单击"连相机"按钮将相机连接到软件，并调节好相机，使其拍摄的图片如图 13.18 所示。设置每个区域模板学习数和显示缺陷数，并选择复位方式（连续检测、开模即复位、NG 即停止检测），设置好后单击"应用"按钮，然后单击"添加"按钮添加检测区域，如图 13.19 所示。编辑区域框使其标注需要检测的区域后单击"学习"按钮学习模板，完毕后单击设置下的"I/O"按钮设置输入/输出信号，最后回到操作界面，单击"开始"按钮检测即可。

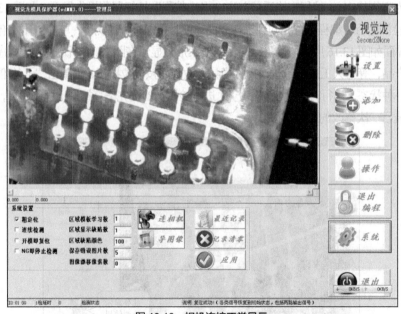

图 13.18　相机连接正常显示

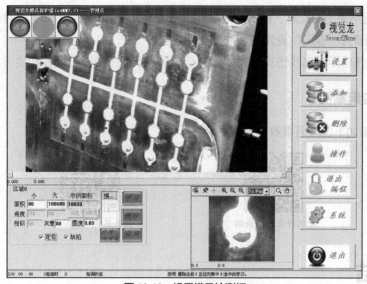

图 13.19　设置模具检测框

13.2.6　结果数据输出

（1）I/O 设置：单击编程设置工具下的"I/O"按钮进入 I/O 设置界面，如图 13.20 所示。

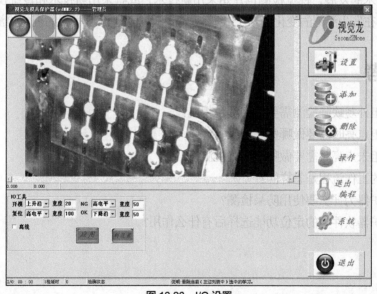

图 13.20　I/O 设置

（2）有两路输入、两路输出，可以分别设置其有效状态为高电平、低电平及上升沿、下降沿，并可以设置其脉冲宽度，具体内容如下。

① 开模：为相机触发拍照信号。

② 复位：为 NG 复位信号。

③ NG：设置结果为 NG 时输出信号是高电平有效，还是低电平有效，或者是脉冲输出；当设定为"脉冲"输出时，"宽度"设定为脉冲输出宽度。

④ OK：设置结果为 OK 时，输出信号是高电平有效，还是低电平有效，或者是脉冲输出；当设定为"脉冲"输出时，"宽度"设定为脉冲输出宽度。

⑤ 离线：选择后即为离线仿真模式。仿真是指采用预存图像进行设置和学习，没有连接相机。

13.2.7　其他应用案例

读者可以扫描如下二维码观看案例视频。

冲压行业防呆检测

模具监视现场应用

13.3　小结

本章主要介绍了背光模组的外观缺陷检测与模具保护器实际应用，并针对模具保护介绍了一款视觉检测软件，还详细讲解了软件的操作与应用。

视觉检测是机器视觉最大的细分市场，多年来也积累了大量的检测算法。由于近年来人工智能和深度学习等技术的发展，视觉检测也开始采用新技术，或者采用新技术和传统技术结合的方式，这个技术领域正在发生深刻的变化。第 15 章将会深入讨论基于深度学习的视觉检测。

习题与思考

1. 背光模组外观缺陷检测需要用到几台相机？
2. 背光模组点亮时需要做哪些缺陷检测？
3. 背光模组未点亮时需要做哪些缺陷检测？
4. 注塑机的工作流程是怎样的？
5. 模具保护器为什么要使用防呆检测？
6. 模具保护器软件中的定位功能选择后有什么作用？

14 第14章 颜色分析

现在的机器视觉系统软件已经具备"全彩色"功能，基本实现了从黑白到彩色的进化，基于彩色图像的定位、测量、检测等功能都已经广泛应用于汽车、电子、半导体、食品包装、印刷、制药、运输等诸多行业。颜色信息能带来更大的便利，因为它为图像像素提供了多个测量值。花花世界是彩色的，先前之所以大量采用黑白图像，是因为对彩色图像进行处理需要大量的算力，超出了当时计算机硬件的能力。而且，处理彩色图像对算法的设计要求也高。过去基于黑白相机的视觉系统，只能做到一些不需要彩色信息的应用，而这种情形目前正在发生变化。

基于彩色的视觉系统功能已能覆盖定位、测量、检测，本章把彩色视觉作为重点介绍，是因为今后彩色视觉的应用会越来越广，占全部视觉应用的比例也会越来越大。除了常见的 2D 视觉功能，如边缘检测、测量、BLOB 分析、定位、颜色查找、卡尺测量、圆弧测量等，3D 视觉的应用也离不开对彩色图像的分析。一般的 3D 视觉传感器输出表征对象 3D 形状轮廓的点云数据，在处理时往往被转换成伪彩图进行处理。对伪彩图的处理采用的视觉工具就是彩色视觉常用的工具。另外，除外形测量和外观检测（2D/3D）之外，还有大量的应用需要进行与彩色图像相关的色差测量、色度测量等，这些都需要对彩色视觉进行深入的研究。

颜色对于机器视觉的处理来说是非常重要的，机器视觉通过颜色辨别产品各个部件之间的渐变信息，还通过对两种颜色的交接处的边界提取，实现定位、测量或检测。产品可能存在色差、色度、亮度之间的差异，可以通过细致的颜色分析进行产品等级分类，从而进行工业测控。

本章主要介绍色彩系统的分析与建立、色差测量的原理、色度与亮度测量的原理。本章还介绍两个重要的应用场景：色差测量和色度/亮度测量，并且对相关的实际案例进行分析。

14.1 色彩系统

本节先介绍一些与彩色图像相关的基本概念，如 RGB 色彩系统，以及其他色彩系统，如 CMY、HSI、YUV 等，帮助读者了解色彩信号的编码和表示。接着介绍彩色视觉系统的基本功能，包括彩色图像采集、颜色定位器、颜色识别、彩色边缘检测、彩色卡尺测量工具等。

对颜色物理学和彩色视觉进行深入的剖析，需要大量的篇幅，本章只介绍一些基础知识，为实际案例的学习做好铺垫。彩色视觉还有大量待开发的应用领域，留给读者们研究。

14.1.1 RGB 色彩系统

RGB 系统是一个加色系统（Additive Color System），它向黑色（0，0，0）中加入不同成分，可生成各种新颜色，这与 RGB 显示器有着很好的对应关系。RGB 显示器（以阴极射线管为例）中有 3 种荧光粉能够发射出光线，3 个相邻的荧光点构成一个像素，这些荧光点受到 3 束强度分别为 C_1、

C_2、C_3 的电子束的轰击，便产生不同颜色的荧光。来自显示器屏幕上小片区域的 3 条光波，在物理上被叠加或者混合到一起，便构成了一个像素的颜色。人眼对 3 种荧光进行综合，产生出颜色（C_1，C_2，C_3）的感觉。

颜色传感器把数字图像上的一个像素编码成（R，G，B），对应每个像素的三基色分量的组合，其中每个坐标的取值范围是[0, 255]。下面的公式是一种对图像数据进行规范化处理的方法，这样可以为计算机程序和人的判读带来方便，同时也方便进行颜色系统的转换。想象一台彩色相机在光照发生变换的场景下工作。如物体表面上的点离光源的距离是不一样的，甚至对于某些光源来说有的点位于阴影之中，如果不先进行规范化处理，算法的结果将非常糟糕。

强度规范化：$I=(R+G+B)/3$ 红色规范化：$r=R/(R+G+B)$

绿色规范化：$g=G/(R+G+B)$ 蓝色规范化：$b=B/(R+G+B)$

利用上述公式的计算方法，规范化后的 r、g、b 值的和始终为 1。还有其他的规范化方法，如我们可以用（R，G，B）中每个通道的最大值相加的和做规范化公式的分母。

颜色坐标之间的关系能够通过 2D 图方便地绘出，如图 14.1 所示。颜色值用三角形的三定点表示。如消防红色在右下角(1,0)附近，草绿色位于上面(0,1)附近处，而白色位于中心(1/3, 1/3)。在图 14.1 中，蓝轴 b 与红轴 r 和绿轴 g 垂直，方向由纸面向外，这样三角形实际上是通过点[1, 0, 0]、[0, 1, 0]和[0, 0, 1]的三维坐标系中的一个薄面。对于三角形内部不同的 r–g 取值，蓝色值可以通过 $b=1-r-g$ 算出。

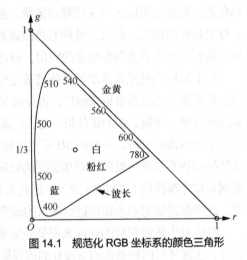

图 14.1　规范化 RGB 坐标系的颜色三角形

14.1.2　CMY 色彩系统

CMY 色彩系统是在白纸上印刷的模型，它是从白色值上减去某个数值，而不是像 RGB 系统那样向黑色值上加上某个数值。CMY 是 "Cyan-Magenta-Yellow" 的缩写，这是 CMY 系统的三基色，对应 3 种墨水：青、品红、黄。青色吸收红光，品红色吸收绿光，黄色吸收蓝光，因此当印好的图像被白光照射时会产生合适的反射。该系统被称为减色系统，因为它是为了吸收而编码。以下是部分颜色的编码情况：白色编码（0，0，0），因为白色光不会被吸收；黑色编码（255，255，255），因为白光的所有成分都会被吸收；黄色编码（0，0，255），因为入射白光中的蓝色成分容易被墨水吸收，从而留下了红色和绿色的成分，就产生了黄色的感觉。

14.1.3　HSI 色彩系统

HSI（色调 Hue，饱和度 Saturation，强度 Intensity）色彩系统对颜色信息进行编码，从两个色度（Chromaticity）编码值中分离出总强度 I，这两个色度是色调 H 和饱和度 S。图 14.2 所示的颜色立方体与图 14.1 所示的 RGB 颜色三角形有关。在立方体表示中，每个 R、G、B 值可以独立在[0.0,1.0]范围内编码。如果沿主对角线对立方体进行投影，就得到图 14.3 所示的六边形。在这个表示方法中，原来沿着颜色立方体对角线的灰色现在都投影到中心白色点，而红色点[1,0,0]现在则位于右边的角上，绿色点[0,1,0]位于六边形的左上角。图14.4所示为六棱锥（Hexacone）的3D颜色表示法。3D颜色表示法允许把颜色立方体的对角线看成一条竖直的强度轴I。定义色调H的角度范围是离红色轴0到2π之间，其中红色的角度为0，绿色的角度为$2\pi/3$，蓝色的角度为$4\pi/3$。为了在这个颜色空间中完全确定一个点，饱和度S是第三个坐标值。饱和度是颜色纯度或者色调的模型，用1表示完全纯净或完全饱和色；用0表示完全不饱和色，也就是说有一些灰色成分。

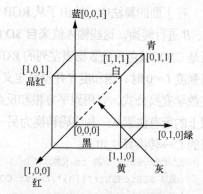

图 14.2 规范化 RGB 坐标系的颜色立方体

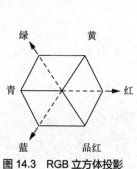

图 14.3 RGB 立方体投影

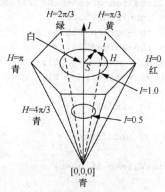

图 14.4 六棱锥

HSI系统有时也被称为HSV系统，在HSV系统中用值（Value）代替强度（Intensity）。对于图形学设计人员，HSI系统更为方便一些，因为它提供了对亮度和色调的直接控制。浅色被放在中间且靠近I轴的地方，而深色和浓色则在六棱锥的外围。HIS系统也可以对机器视觉算法提供更好的支持，因为它可以对照明进行规范化处理，还可以聚焦在两个色度参数上，这两个色度参数与该物体表面的固有特性密切相关，而不是与照射光源密切相关。表14.1所示为几种不同的三基色颜色编码系统。

表 14.1 几种不同的三基色颜色编码系统

颜色	RGB 编码	CMY 编码	HSI 编码
红	255,0,0	0,255,255	0.0,1.0,255
黄	255,255,0	0,0,255	1.05,1.0,255
	100,100,50	−155,155,205	1.05,0.5,100
绿	0,255,0	255,0,255	2.09,1.0,255
蓝	0,0,255	255,255,0	4.19,1.0,255
白	−255,255,255	63,63,63	−1.0,0.0,255
	−192,192,192	0,255,255	−1.0,0.0,192
灰	−127,127,127	−128,128,128	−1.0,0.0,127
	63,63,63	−192,192,192	−1.0,0.0,63
	……		
黑	0,0,0	255,255,255	−1.0,0.0,0

　　在下面的算法中，给出了从 RGB 坐标系到 HSI 坐标系的推导过程。这个算法可以对输入值 R、G、B 进行转换，这些输入值来自 3D 颜色立方体，或者经 14.1.1 小节的强化公式规范化处理过，甚至是 CMY 减色系统数据表左列的 RGB 字节编码值。强度 I 的输出值范围与输入值的取值范围相同。当强度 $I = 0$ 时，饱和度 S 并没有定义；当 $S=0$ 时色调 H 也没有定义。H 的范围是 $[0, 2\pi]$。而为了确定数学变换公式，要用到平方根和反余弦运算。该算法使用很简单的运算方法，因此即使把一整幅图上的所有像素从一种编码转换为另一种编码时，算法运行起来也是非常快的。RGB 编码到 HSI 编码的 C++ 转换算法如下。

```cpp
// Converts RGB to HSL
void RGBtoHSL(/*[in]*/const COLOR_RGB *rgb, /*[out]*/COLOR_HSL *hsl)
{
    float h=0, s=0, l=0;
    // normalizes red-green-blue values
    float r = rgb->red/255.f;
    float g = rgb->green/255.f;
    float b = rgb->blue/255.f;
    float maxVal = max(r, g, b);
    float minVal = min(r, g, b);
    // hue
    if(maxVal == minVal)
    {
        h = 0; // undefined
    }
    else if(maxVal==r && g>=b)
    {
        h = 60.0f*(g-b)/(maxVal-minVal);
    }
    else if(maxVal==r && g<b)
    {
        h = 60.0f*(g-b)/(maxVal-minVal) + 360.0f;
    }
    else if(maxVal==g)
    {
        h = 60.0f*(b-r)/(maxVal-minVal) + 120.0f;
    }
    else if(maxVal==b)
    {
        h = 60.0f*(r-g)/(maxVal-minVal) + 240.0f;
    }
    // luminance
    l = (maxVal+minVal)/2.0f;
    // saturation
    if(l == 0 || maxVal == minVal)
    {
        s = 0;
    }
    else if(0<l && l<=0.5f)
    {
        s = (maxVal-minVal)/(maxVal+minVal);
    }
    else if(l>0.5f)
    {
        s = (maxVal-minVal)/(2 - (maxVal+minVal));
    }
}
```

```
hsl->hue = (h>360)? 360 : ((h<0)?0:h);
hsl->saturation = ((s>1)? 1 : ((s<0)?0:s))*100;
hsl->luminance = ((l>1)? 1 : ((l<0)?0:l))*100;
```

14.1.4 电视信号的 YIQ 与 YUV 系统

美国国家电视标准委员会（National Television Standards Committee，NTSC）提出的电视标准采用的编码体制是 1 个亮度参数 Y 和 2 个色度参数 I 与 Q。在黑白电视中只用亮度参数，而在彩色电视中 3 个参数都要用到。从 RGB 到 YIQ 的近似线性变换由下面公式给出。实际上，对 Y 的编码比对 I 与 Q 的编码用到的位数更多，因为人类视觉系统对亮度（强度）要比对色度更加敏感。RGB 到 YIQ 的转换公式如下。

$$Y=0.299R+0.587G+0.114B$$

$$I=0.596R+0.275G-0.321B$$

$$Q=0.212R-0.523G+0.311B$$

YUV 编码用于一些数字视频产品，以及压缩算法（如 JPEG 和 MPEG）中。RGB 到 YUV 的转换公式如下：

$$Y=0.30R+0.59G+0.11B$$

$$U=0.493(B-Y)$$

$$V=0.877(R-Y)$$

对于数字图像与视频压缩来说，采用 YIQ 和 YUV 比采用其他颜色编码系统更加合适，因为亮度与色度可以用不同的位数进行编码，这在 RGB 系统中是不可能的。

14.1.5 普通机器视觉系统的颜色支持和功能

现在的机器视觉系统软件基本实现了从只支持黑白图像的检测到支持全彩色图像的检测，以及基于彩色图像的定位、测量和检测等功能，机器视觉系统广泛应用于汽车、电子、半导体、食品、包装、制药、运输等诸多行业。典型的机器视觉系统软件（如龙睿智能相机）具备如下功能：彩色图像采集、颜色校准、颜色定位器、色彩处理与检测工具、颜色查找工具等。

1. 彩色图像采集

采集设备工具接受并输出由支持的彩色相机提供的彩色图像。此外，龙睿智能相机提供了可选的颜色校准的彩色图像采集工具，可以确保采集设备工具提供准确的彩色图像，图 14.5 所示为彩色图像采集工具。

2. 颜色校准

在需要准确的颜色的应用中，颜色校准可确保相机提供包含准确颜色信息的图像。龙睿智能相机包括一个颜色校准对话框，允许使用标准的比色卡目标进行颜色校准。图 14.6 所示为颜色校准对话框。

3. 颜色定位器

可以将定位器配置为根据颜色区分对象。在模型构建过程中，可以为每个对象定义自定义着色区域。该着色区域允许定位器在定位对象时使用颜色信息。图 14.7 所示为使用自定义着色区域，并根据颜色查找零件配置颜色定位器。读者可扫描二维码查看彩色图像。

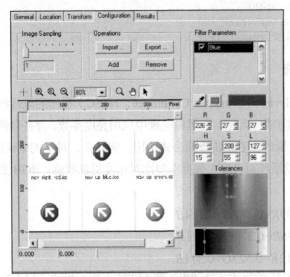

图 14.5　彩色图像采集工具

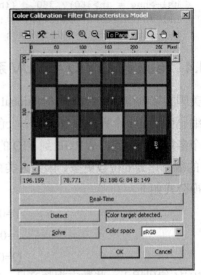

图 14.6　颜色校准对话框

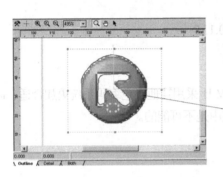

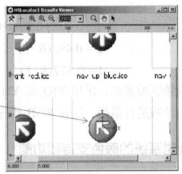

颜色定位器

图 14.7　颜色定位器

通过配置，定位器可以根据其颜色信息查找和区分对象。当定位类似不同颜色的对象时，这很有用。在为对象创建模型时定义区分对象的颜色，必须在模型中定义自定义阴影区域。定位器搜索进程还必须配置为通过"实例排序"参数的"着色一致性"模式，根据其着色来查找对象。下面详细介绍颜色定位（Color Locator）器。

（1）具有彩色识别的功能的颜色定位器

颜色定位器是基于物体色彩信息的高精度检测和定位工具，与以往的基于灰度信息的检测定位有着极大的不同，基于灰度的定位器增加了颜色识别功能。

（2）颜色定位器的特点

自然地使用颜色信息对彩色对象提取轮廓能提高检测精度。它可以识别高相似度的物体，确保处理结果的高精确度和可重复性。其定位精度为 1/64 亚像素，旋转精度为 0.05°，大小比例为 1/10。

（3）颜色定位器的用途

颜色定位器可以代替黑白定位工具，并且有更出色的表现和更广泛的应用，能用于色彩区域、色彩信息的检测以及高相似度物体的定位。如图 14.8 所示，在彩色图像中定位一个目标"视觉龙科技"，在图中指示的检测目标位置。读者可扫描二维码查看彩色图像。

彩色定位

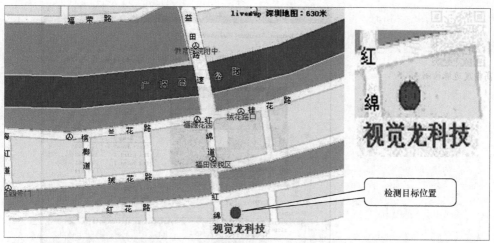

颜色定位演示

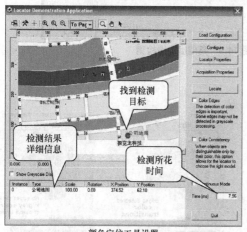

颜色定位工具设置

颜色定位效果

图 14.8　彩色定位举例

4. 色彩处理与检测工具

大多数检查和查找工具都可以根据颜色处理图像。这方面的一个案例是根据颜色值检测边缘。通常颜色边缘的极性无法确定，并且它们总是被视为工具中的上升边缘，或者是较暗的边缘。建议在处理彩色图像时使用 "Dark to Light" 极限设置。

（1）边缘检测：与基于灰度的边缘检测相比，增加了彩色功能的边缘检测在边缘寻找的空间域、灵敏度、边缘检测精度等方面都提高了很多。

（2）彩色边缘检测应用：高相似度颜色之间的高精度边缘检测，如图 14.9 所示。

白色与黄色的分界线在龙睿智能相机中很容易被探测到，并有很高的匹配度，说明龙睿智能相机的边缘和轮廓提取是基于色彩的，而不是先转换为灰度图。

5. 其他彩色视觉工具

（1）颜色查找工具

颜色查找（Color Finder）工具如图 14.10 所示，允许用户轻松定义过滤器来提取和分析输入图像中的颜色区域。颜色查找工具可以识别是否存在定义的颜色，并分析图像中颜色的优势。如检查和区分不同颜色的类似对象，并使用颜色查找和边缘工具进行颜色处理，如图 14.11 所示。

高精度边缘检测

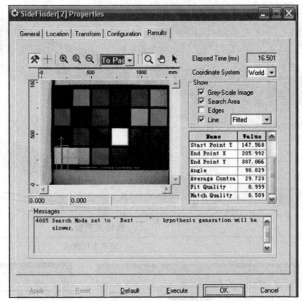

图 14.9　高精度边缘检测

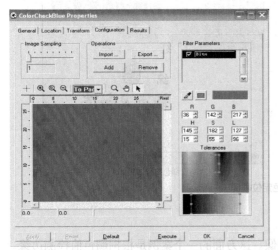

图 14.10　颜色查找工具

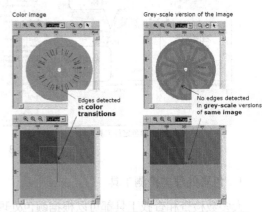

图 14.11　使用颜色查找和边缘工具进行颜色处理

　　新增加的颜色查找工具为龙睿智能相机提供彩色识别。其使用简单，可对兴趣域内指定的颜色空间的像素进行统计（相当于 BLOB 的功能扩展到了色彩域），可以读出某个颜色带的像素个数，可以得到位置信息。

　　在颜色查找工具中，增加了一个过滤器，用于对每种需要检测的颜色进行设置。颜色查找工具按照过滤器中设置的颜色和公差检测彩色像素并输出像素的个数及所占整个图像像素的比例。

　　颜色查找工具颜色读取的准确性高，可用在对色彩要求高的色彩区域定位和检测，特别是对色彩斑点的分析与统计。在斑点分析方面，利用颜色查找工具不但完全可以代替以往的基于灰度的斑点分析，还可以得出更加精确、丰富的斑点信息。

　　（2）彩色卡尺工具

　　彩色卡尺（Color Caliper）工具是一款基于图像色彩信息的测量工具，如图 14.12 所示。彩色卡尺工具应用需要通过应用控制程序窗口来添加，如图 14.13 所示。彩色卡尺工具依据图像的彩色信息寻找和定位在用户自定义的兴趣区域内的一对或多对边缘，并且能精确计算各对边缘之间的距离，如图 14.14 所示。读者可扫描二维码查看彩色图像。

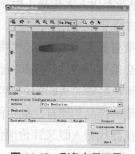

图 14.12　彩色卡尺工具

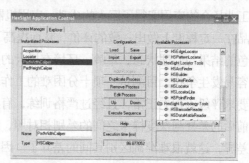

图 14.13　彩色卡尺工具应用设置

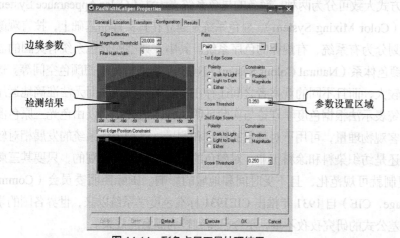

图 14.14　彩色卡尺工具处理结果

彩色卡尺工具 处理结果

彩色卡尺与基于灰度的卡尺相比较，最大的区别是前者增加了图像中的彩色信息，因此在测量的空间域、灵敏度、检测精度等方面都有了很大的提升。

颜色处理会增加执行时间，因此当不需要颜色处理时，可以启用灰度处理（通过选择灰度处理）来改善执行时间。下列视觉分析工具都支持颜色处理。

① 边缘工具：边缘定位器、弧边缘定位器、卡尺、弧形卡尺工具使用颜色信息来提取边缘。

② 查找工具：弧线查找、线查找、点查找工具使用颜色信息来提取边缘以查找几何实体（弧线、线、点）。

③ 条样工具：采样并输出彩色图像。

④ 颜色查找工具：可以通过定义颜色滤波器来提取并分析输入图像中的彩色区域。

⑤ BLOB 分析工具：BLOB 分析工具可以使用色相、饱和度、明度值来定义图像分割。

14.2　色差测量的原理

目前，玻璃、纺织印染、木材、纸张、瓷砖、布匹等很多工业产品的颜色评价还依赖于人眼目测。例如，在纺织印染行业中，布匹表面的颜色测量和评价主要依赖于检测人员离线在一定光源下与标准比色卡进行对比。人眼目测大多采用离线抽样的方式，检测速度慢，且检测不全面。市场上开发出的测色仪器大致有两类，一类是分光光度测色仪，另一类是光电积分式测色仪。这两类仪器都是离线检测。为了应对工厂的连续生产和信息的及时反馈，在线检测成为必要的环节。近年来，机器视觉在工业场合的应用取得了巨大的成功，应用机器视觉系统不仅大大提高了检测速度和范围，而且能对产品在一定程度上做出一致的评价，从而提高了检测的精度和可信度。

人眼辨色的结果与心理状态、年龄、环境有极大的关系，带有很大的主观性，供需双方经常会产生差异，容易发生争执。目测是一项十分困难的工作，除了必须有适宜的环境和符合要求的光源外，而且还要求评级人视力正常，且经过严格训练，有丰富的辨色经验。人眼辨色把各种不同颜色的样品试验前后的差异与灰度样卡之间的差别相对照，经过处理的样品与原样之间可能在色相上产生一点光的差异，这就很难准确区别其间的差异了。因此，用仪器代替人眼来评价颜色之间的差异就成为亟待解决的问题。

人类对颜色描述的方式大致可分为两种：颜色的显色系统表示法（Color Appearance System）和颜色的混色系统表示法（Color Mixing System）。显色系统是建立在真实样品基础上，按直观颜色视觉的心理感受，将颜色划分为有系统、有规律的色序系统。其中，典型的显色系统有美国的孟塞尔颜色体系、瑞典的自然颜色体系（Natural Colour System，NCS）、奥斯特瓦尔德颜色空间等。这种表示方法受主观心理影响较大，而且不同的观察者之间还存在不定的因素，因而无法准确地运用于实际工业生产中。混色系统表示法根据色度学理论与实验证明，任何色彩都可以由色光三原色混合匹配理论建立，它是一种客观物理量，可用于对颜色的标定和测量。这种表色系统的发展相对较快，因为不论在印刷行业，还是纺织染料和涂料工业，对颜色的复制和标定是客观的，只要其三刺激值确定，那么对颜色的复制就可规范化，且不受时间和地域的影响。国际照明委员会（Commission Internationale de l'Eclairage，CIE）自 1931 年推出 CIE1931 标准色度学系统以来，世界各国的学者对混色系统颜色空间和色差公式的研究孜孜不倦，至今已得到较为满意的成果。

14.2.1　色差定义

自然界的颜色非常丰富，人们用颜色的三个特征来衡量颜色：色彩的相貌、明暗程度和浓淡程度，即色相、明度、彩度，称为颜色的三个属性。色彩中的任何一色都具备这三个属性，只有当这三个物理量都确定时，才能表达一个固定的颜色。如果任何一个属性有所不同，则两种颜色就有差别。色差是指两个颜色在颜色知觉上的差异，它包括色相差、明度差、彩度差等三个方面，但在实际应用中通常指两个颜色总体上的接近程度。

14.2.2　颜色的混色系统表示

为了定量地表示某种颜色，国际照明委员会于 1931 年规定了标准色度学系统模型 CIE-RGB 和 CIE-XYZ。标准色度学系统的建立使颜色可以用空间中的点来表示，而两种颜色的差别即可用空间中的两点之间的某种距离来衡量。这两种色度模型可以定量地确定颜色的属性，但这种系统的颜色空间是不均匀的，这给客观评价色差带来极大的困难，于是有人提出建立了均匀色度坐标（Uniform Chromaticity-Scale，UCS）系统。该系统要求颜色在此空间中的距离与视觉上的色差成正比，这样色差可以由 UCS 空间中的距离计算出来。人们原以为 CIE-XYZ 坐标系统经过适当的线性变换，就可以得出 UCS 坐标系统，事实上经过多年的研究发现，均匀颜色空间是不存在的，不过经过适当变换的颜色空间，色度相对要均匀得多。所谓的均匀颜色空间就是：在这个颜色空间里，各个不同颜色区域的数值变化必须与眼睛对颜色的感觉一致，相同的数值变化对应相同的颜色差别感觉，满足这个条件的颜色系统就称为颜色感觉上的均匀颜色空间。色差的计算就要在这样的均匀颜色空间中进行。目前的混色系统颜色空间主要有：CIE1931 颜色空间、CIE1960 均匀颜色空间、CIE1964 均匀颜色空间、CIE1976 均匀颜色空间及 DIN99 颜色空间。本书主要介绍两种重要的颜色空间。

14.2.3　CIE1931 颜色空间

国际照明委员会对混色空间的标定是从 1931 年开始的。CIE 综合莱特和吉尔德两项视觉实验结果（把两项实验结果取平均值）而得到 CIE1931-RGB 真实三原色表色系统。图形为扁马蹄形，如图 14.15 所示。CIE1931-RGB 系统的 R、G、B 光谱三刺激值是从实验得出的，本可以用于色度学计算标定色，但标定光谱色的原色出现负值，计算起来不方便，且更不易理解。CIE1931-XYZ 色度图的建立消除了这一矛盾。它是在 CIE1931-RGB 系统的基础上，改用三个假想的原色 X、Y、Z 建立起来的坐标。X 表示红原色、Y 表示绿原色、Z 表示蓝原色。

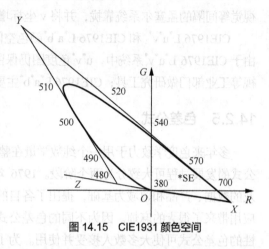

图 14.15　CIE1931 颜色空间

14.2.4　CIE1976 均匀颜色空间

混色系统的表示从 CIE1931-RGB 系统到 CIE1931-XYZ 系统、CIE1960-UCS 系统，再到 CIE1976 L*a*b* （CIELab）系统，一直都在向"均匀化"方向发展。CIE1931-XYZ 颜色空间只是采用简单的数学比例方法，描绘所要匹配颜色的三刺激值的比例关系。CIE1960-UCS 颜色空间将 CIE1931-XYZ 色度图进行线性变换，从而使颜色空间的均匀性得到了改善，但亮度因数没有均匀化。为了进一步统一评价颜色差别的方法，1976 年国际照明委员会又推荐了 CIE1976 L*u*v* 和 CIE1976 L*a*b* 两种均匀颜色空间及其色差公式。两者都是反映物体颜色在人眼知觉上两物体的色差大小和人眼视觉感受到的大小相同，即为所谓的均匀颜色空间。图 14.16 所示为 CIE1976 均匀颜色空间模型。读者可扫描二维码查看彩色图像。

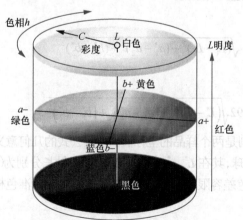

图 14.16　CIE1976 均匀颜色空间模型

（1）CIE1976 $L^*a^*b^*$ 均匀颜色空间是 CIE 1931 标准色度学系统的非线性变换，它将 XYZ 直角坐标颜色空间转换为柱面极坐标，将三刺激值 X、Y、Z 转换成与眼睛视觉一致的明度 L^* 和色度 a^*、b^*，其中 a^*、b^* 与色调、饱和度的感觉相一致。CIE1976 $L^*a^*b^*$ 的优点是当颜色的色差大于视觉的识别阈限（恰可察觉）而又小于孟塞尔系统中相邻两级的色差值时，能较好地反映物体色的心理感受效果。

（2）CIE1976 $L^*u^*v^*$ 均匀颜色空间实际上由 CIE1931 和 CIE1964 颜色空间改进而来，使其与代表视觉等间隔的孟塞尔系统靠拢，并将 v 坐标增加 50%而改善 uv 色度图的均匀性 。

CIE1976 $L^*u^*v^*$ 和 CIE1976 $L^*a^*b^*$ 颜色空间都有较好的均匀性，两者都较广泛地运用于工业中。由于 CIE1976 $L^*u^*v^*$ 系统中，u^*v^* 色度图仍保留了马蹄形的光谱轨迹，因此其较适合于光源、彩色电视等工业部门做研究工具；CIE1976 $L^*a^*b^*$ 主要用于印刷、染料、颜料及油墨等表面颜色工业部门。

14.2.5　色差公式

多年来色度学致力于用一个纯数学量在整个色域上裁定颜色的匹配程度。以 1976 年为界，色差公式的发展过程可大致分为两个阶段。1976 年以前，因无统一的标准和约定，很多学者纷纷以所涉及的数据、产品和领域为基础，提出了各自的色差公式。但效果都不能令人十分满意，而且给普及应用带来了很大的麻烦。因为不同的色差公式之间数据很难或无法相互转换，又没有一个具有权威性的色差公式可使大多数人接受并使用。为了克服这种混乱，进一步统一色差评定的方法，国际照明委员会在广泛的讨论和试验的基础上，于 1976 年正式推荐两个颜色空间及相应的色差公式，即 CIE1976 $L^*u^*v^*$ 色差公式和 CIE1976 $L^*a^*b^*$ 色差公式。经过几十年的努力，各国的学者先后提出几十种基于各种颜色空间的色差公式，大致有 CIE1931、CIE1964、CIE1976Lab、CIE1976Luv 及 DIN99 等。其中最有影响的为 CIE1976 $L^*a^*b^*$ 色差公式。

1．CIE1976 $L^*a^*b^*$ 色差公式

CIE1976 $L^*a^*b^*$ 通常简称为 CIELab，它是当时使用效果最好的色差公式，许多国家及国际标准化组织（International Organization for Standardization，ISO）都采用它作为自己的标准。因此 CIELab 色差公式是自 1976 年起使用较广泛、较通用的色差公式。在与颜色感觉一致的均匀颜色空间内，两个颜色样品之间的色差表示为其坐标点之间的距离。

CIELab 色差单位：

$$\Delta E_{Lab}^* = \sqrt{(L_1^* - L_2^*)^2 + (a_1^* - a_2^*)^2 + (b_1^* - b_2^*)^2}$$

NBS 色差单位：

$$\Delta E_{Lab}^* = 0.92\sqrt{\left(L_1^* - L_2^*\right)^2 + \left(a_1^* - a_2^*\right)^2 + \left(b_1^* - b_2^*\right)^2}$$

式中，L_1^*、a_1^*、b_1^* 和 L_2^*、a_2^*、b_2^* 分别是两个样品的坐标值。色差公式的几何意义是在均匀颜色空间以标准色样的坐标点为中心的一个椭球，其在 L^*、a^*、b^* 三个方向的半轴长分别为（$L_1^* - L_2^*$）、（$a_1^* - a_2^*$）、（$b_1^* - b_2^*$）。若规定椭球内的颜色满足色差容限的要求，则椭球外的颜色与标准色样的色差超出了色差容限范围，便不满足色差的要求。

在实际计算中，可采用以下计算过程。CIE1976 $L^*a^*b^*$ 空间由 CIE1931-XYZ 系统通过数学方法转换得到，转换公式为：

$$L^* = 116(Y/Y_0)^{1/3} - 16$$

$$a^* = 500[(X/X_0)^{1/3} - (Y/Y_0)^{1/3}]$$

$$b^* = 200[(Y/Y_0)^{1/3} - (Z/Z_0)^{1/3}]$$

其中，X、Y、Z 是物体的三刺激值；X_0、Y_0、Z_0 为 CIE 标准照明体的三刺激值；L^* 表示心理计量明度，简称明度指数；a^*、b^* 为心理计量色度，简称色度指数。其中 X/X_0、Y/Y_0、Z/Z_0 任意一个都不能小于 0.008856，否则应按下式计算 L^*、a^*、b^* 的值：

$$L^* = 903.3Y/Y_0$$

$$a^* = 3893.5(X/X_0 - Y/Y_0)$$

$$b^* = 1557.4(Y/Y_0 - Z/Z_0)$$

（1）亮度差：

$$\Delta L^* = L^*_{样} - L^*_{标}$$

亮度差 ΔL^* 表示样品与标准的深浅差。如果是正值，表示样品比标准浅；如果是负值，表示样品比标准深。

（2）彩度差：

$$\Delta C^* = C^*_{样} - C^*_{标}$$

$$C^* = (a^{*2} + b^{*2})^{1/2}$$

彩度差 ΔC^* 表示样品颜色与中性灰的彩度的差，即鲜艳程度。ΔC^* 为负值表示标样比样品鲜艳，ΔC^* 为正值则表示样品比标样鲜艳。

（3）色相角差：

$$\Delta H^* = H^*_{样} - H^*_{标}$$

$$H^* = \arctan\left(\frac{b^*}{a^*}\right)$$

$$\Delta H^* = [(\Delta E^*)^2 - (\Delta L^*)^2 - (\Delta C^*)^2]^{1/2}$$

色相角差 ΔH^* 表示样品色相角与标准色相角的差，ΔH^* 的计算结果由 $a^* b^*$ 平面上的样品颜色点相对于标准颜色点的位置所决定。在顺时针方向上 ΔH^* 为正值，在逆时针方向上 ΔH^* 为负值。

（4）总色差：

$$\Delta E = \sqrt{\Delta H^2 + \Delta L^2 + \Delta C^2}$$

2. 色差单位

常用的色差单位是 NBS，它是美国国家标准局（National Bureau of Standards）的缩写，$\Delta E = 1$，就称为 1NBS，1 NBS 约相当于在最优的实验条件下，人眼所能辨别的色差的 5 倍，在 CIE 色度图的中心，1NBS 相当于 0.0015～0.0025 X 或 Y 的色度坐标变化。至于产品的颜色差异允许多大范围才算合适，则要根据具体情况而定。我国评价色差一般使用牢度单位，首先使用选定好的色差公式计算出被测试样前后的色差，然后根据计算出的色差值与牢度级别标准值进行对照，即可以确定出被测试样的牢度级别。

14.3 圆饼玩具色差检测案例

14.2 节介绍了色差测量的原理知识，下面用圆饼玩具作为色差检测案例。

14.3.1 案例背景

工业生产商为了消除人眼在产品颜色检测上的主观差异，采用机器视觉测试的方法来进行色差的比对和分析。通常工业机器视觉检测采用色差仪、标准色板图像及色彩管理分析软件结合操作，再通过色差检测仪器（色差仪）对产品的颜色进行测量，同时将测量的色彩数据结果传递给计算机，然后通过计算机中的色彩管理和分析软件对图像信息进行色差计算，最后比较色差与用户设置的阈值（容差范围）来判断产品是否合格。

在工业生产中，不同批次产品外观的颜色经常会有差异。产生这种差异的原因有很多，主要包括配色配料、生产工艺等方面。过去，产品检测大多采用人工检测的方法，容易受到人的生理、心理及外部环境的影响。所以工业上引入颜色检测系统进行色差检测，以客观地对产品与标准色板之间的差异进行量化检测。

这种颜色检测系统主要包括色差仪、计算机及采集色彩数据进行分析的颜色管理分析软件。色差仪可进行颜色信息的准确采集。现在工业上使用的色差仪大多采用积分球式照明系统配光电积分传感器，可以准确、完善地测量出色彩信息量化数据。然后在计算机中的颜色管理分析软件里将这些色彩数据进行公式计算和分析，最终确定色差。

该系统的工作原理如下：首先，选择合适的颜色空间，然后选择合适的色差计算公式计算色差。颜色空间包括 RGB 颜色空间、XYZ 颜色空间、Lab 颜色空间 3 种。其中，RGB 颜色空间是不均匀的，不能用来计算色差。XYZ 颜色空间虽然消除了 R、G、B 出现负数的情况，但也是不均匀的颜色空间，不能用于色差的计算。Lab 色彩模型由 L（明度）、a（颜色）、b（颜色）3 个要素组成。其中，a 表示从红色到绿色的范围，b 表示从黄色到蓝色的范围。Lab 颜色空间是一个均匀的颜色空间，符合人的视觉感受。当颜色的差异为人眼所识别并且这个差值又小于孟塞尔系统中相邻两级的色差值时，可反映观察人员对产品的实际感受。所以 Lab 颜色空间被作为色差仪和色彩管理软件的标准颜色空间使用。

色差检测系统中的阈值（容差范围）为大量检测试验中得到的一个统计值，或客户根据自己产品的特点与标准样品，自己设定一个可用值。当计算出的色差大于这个阈值时，判断产品颜色不合格；反之，小于这个阈值时，则认为产品颜色是合格的。

色差检测软件界面主要包括操作窗口和色差仪色彩数据采集窗口。色差仪色彩数据采集窗口主要用来采集数据，并把采集到的数据传给操作窗口。用色差仪采集色彩数据是选择产品上两个色彩均匀分布的位置进行数据采集，同时在标准版（或标样）上同一位置也采集数据信息，分别对在标准色板和待测产品上采集的数据信息进行分析，然后就可以计算两者之间的色差。检测人员可以根据检测出来色差的大小判断产品是否合格。

本案例中，色差检测软件采用龙睿智能相机软件的色差检测功能。

14.3.2 视觉检测需求

（1）包装时识别出混料的产品。

（2）产品运行速度：50mm/s。

（3）误判率小于 0.01%。

客户的要求是挑选出与标准颜色差异较大的圆饼玩具。颜色的差异可直接通过颜色识别工具学习标准颜色为模板，测量现有产品颜色与标准颜色的百分比匹配分数。分数越高，色差越小；反之，分数越低，色差越大。通过第 7 章的学习，可以判断，检测内容可以通过两个任务来完成。一个任务是输入信号实时查询；另一个任务是颜色识别工具判断产品是否混料，对读取的数据进行相应的判断。

14.3.3 硬件选型

视觉硬件相机、镜头、光源、视觉控制器的选型参考 9.1.4 小节。根据前文的选型，可以配置相应硬件，如表 14.2 所示。

表 14.2　硬件配置

名称	型号	数量	性能参数	备注
视觉控制器	VDCPT-2	1	CPU：i7 及以上。内存：不小于 4GB。硬盘：不小于 500GB	含工控机、加密狗
1000 万像素相机	VDC-C1070-A010-E	1	颜色：彩色。帧率：10 帧/秒。接口：GigE	含电源线、网线
16mm 镜头	VDLF-C1614-9	1	分辨率：1000 万像素。像面：1.1。光圈：1.4～16	
光源控制器	VDLSC-APS24-2	1	类型：模拟控制。通道：双通道	含电源线
同轴光源	VDLS-C60W	1	颜色：白色。功率：4W。尺寸：102mm×80mm×60mm	含延长线

14.3.4 软件应用

1. 软件设置流程

软件设置以龙睿智能相机软件演示为例，软件设置流程如图 14.17 所示。本案例采用 2 个任务，任务 1 主要用于信号输入监测，监测到触发信号时触发任务 2 进行检测；任务 2 添加相应的演示识别工具，对产品颜色进行提取识别，判断出产品是否为合格品，并且输出相应的数据给客户的上位机。

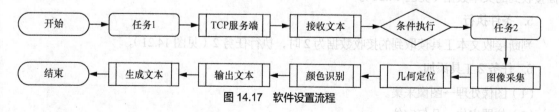

图 14.17　软件设置流程

2. 添加通信工具

打开软件后添加软件通信工具箱→文件通信→TCP 服务端→接收文本→条件执行，通信工具添加完成（见图 14.18）。

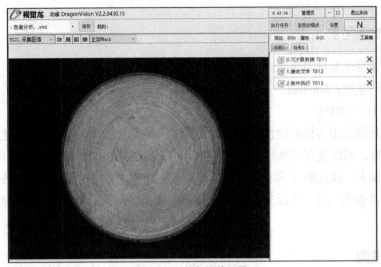

图 14.18　添加通信工具

3. TCP 服务端

设置监听端口为 54600（可以任意设置），设置访问的 IP 地址为所有 IP 或 192.168.1.2（可以任意设置）；通信未连接前一直监听，连接后则显示为连接成功（见图 14.19）。

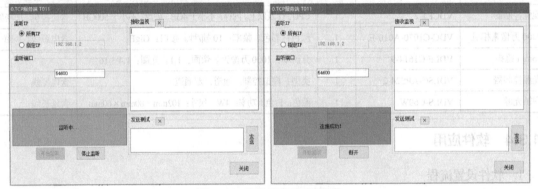

图 14.19　TCP 服务端工具设置

4. 接收文本

通信选择→TCP 服务端→读取数据→设置→关闭，接收文本工具主要是用来读取网络与串口里面接收到的文本数据（见图 14.20）。

5. 条件执行

判断接收文本工具读取到的接收数据为 2 时，执行任务 2（见图 14.21）。

6. 任务 2 工具添加

（1）图像处理→图像采集。

（2）位置定位→几何定位。

（3）检测识别→颜色识别。

（4）文件通信→输出文本。

（5）系统工具→显示文本。

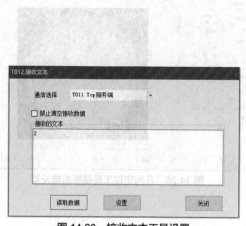

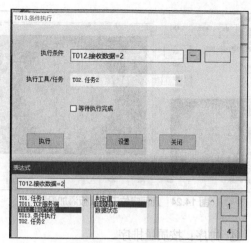

图 14.20　接收文本工具设置　　　　　　　　图 14.21　条件执行工具设置

7. 图像采集

选择图像采集→仿真图像→载入所需的图片（见图 14.22），导入图像成功。如果有相机在线连接测试，则选择相机在线→选择对应的相机→设置→关闭→触发相机拍照，即可采集导入图像。

8. 几何定位

（1）模板搜索区域设置→图像采集→全图搜索（可以自定义搜索区域），如图 14.23 所示。

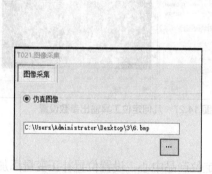

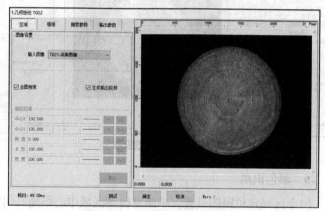

图 14.22　图像采集工具设置　　　　　　　图 14.23　几何定位工具区域设置

（2）模板添加：选择模板→调节绿色 ROI 模板区域大小→单击"添加"按钮，如图 14.24 所示。

（3）模板编辑：添加模板后就会进入编辑界面，单击"创建模板"按钮，就会出现右边图像视野里面的蓝色轮廓线和红色轮廓线，选中我们需要的轮廓线添加后就会变成红色的轮廓线（如 0 号、1 号），选择中心，就可以定位到 0 号与 1 号轮廓组合的中心点。之后选择裁剪并退出，模板编辑完成（见图 14.25）。

（4）搜索参数设置（见图 14.26）。

① 缩放：启用最小最大缩放比例区间 0.85～1.15，避免物料变形造成定位失败。

② 角度：产品外轮廓为圆形，角度范围设置为 0。

③ 查找极性：选择"仅用粗轮廓"，目前产品单一，粗轮廓已经很稳定。

281

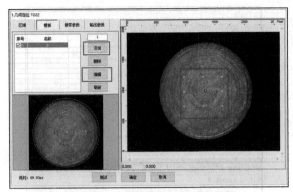

图 14.24　几何定位工具模板添加设置

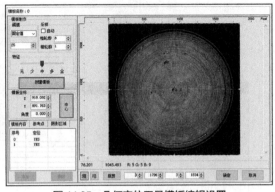

图 14.25　几何定位工具模板编辑设置

④ 排序：按质量排序。

⑤ 匹配百分比：可以按匹配程度来放大缩小，目前设置为 70。

⑥ 一致性公差：目前设置为小。

（5）输出参数设置：输出结果有显示产品中心坐标位置（X、Y、角度）→启用显示定位靶点→单击"确定"按钮，模板工具设置完成，位置补正模板已经建立（见图 14.27）。

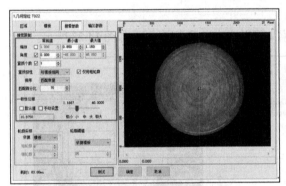

图 14.26　几何定位工具搜索参数设置

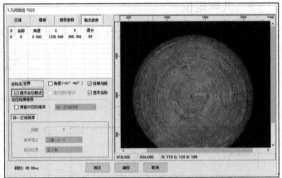

图 14.27　几何定位工具输出参数设置

9. 颜色识别

（1）区域定位跟随设置。平面度检测区域中心跟随几何定位产品中心，设置位置补正变量添加；选择颜色识别→区域→中心 X 后的省略号→T022 几何定位→XYR→[0]（见图 14.28）。

图 14.28　颜色识别工具区域定位跟随设置

（2）颜色编辑：选择颜色编辑→添加颜色模板 0 号→单击图中标示框中的按钮添加模板颜色→图像区域选择灰色 ROI 区域作为颜色模板区域→设置颜色公差→单击"测试"按钮→测试匹配得分

要大于 0.6 会较好（见图 14.29）。读者可扫描二维码查看彩色图像。

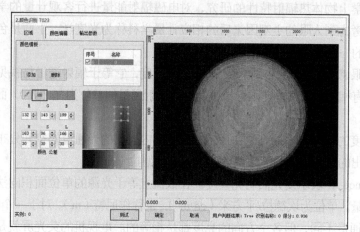

颜色识别工具
颜色编辑设置

图 14.29 颜色识别工具颜色编辑设置

（3）输出参数设置：输出测试结果，显示有匹配的像素数量与模板的对比得分，相似度约为 0.9316；添加用户判断，匹配得分限制为 0.6～1；低于这个区间的相识度值判断为不良品，单击"确定"按钮，色差判断设置完毕（见图 14.30）。

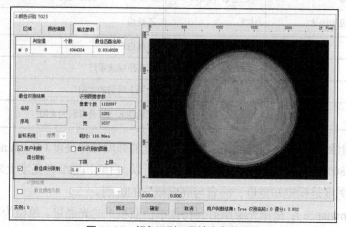

图 14.30 颜色识别工具输出参数设置

14.3.5 结果数据输出

结果数据输出，参考 7.8 节系统工具的设置以及 9.1.5 小节数据结果输出设置。

14.4 色度与亮度测量的原理

光来自光源，光源特性用光谱（功率）分布来描述。光源的辐射能按波长分布的规律随着光源的变化而变化，单位波长对应的辐射量称为光谱密度，光源的光谱密度与波长之间的关系称作光谱分析函数（Spectral Distribution Function），一般简称光谱。光谱的辐射量可以是光通量、强度、亮度、辐照度或照度中的一种，这些概念属于光度学的内容。

色度学主要关心的是光谱分布的相对值而不是绝对值，将光谱分布函数的最大值取 1，将函数的其他值进行归化处理后得到的光谱分布函数称为相对光谱分布。

辐射度学起源于物理学上物体热辐射特性的研究,对电磁辐射能量进行客观计量的学科称辐射度学。在可见光波段内,考虑到人眼的主观因素后的相应计量学科称为光度学。下面是色度学研究中经常使用到的光度学中的一些概念。

(1)光通量:描述人眼感受到的光辐射功率大小的一个量度,它等于辐射通量与视见函数的乘积。光通量和辐射通量具有相同的量纲,在国际单位制中,辐射通量的单位为瓦(W),而光通量的单位为流明(lm)。

(2)光强:是发光强度的简称,表征光源在一定方向范围内发出的光通量的空间分布,它可用点光源在单位立体角中发出的光通量的数值来量度。单位为坎德拉(cd)。

(3)光亮度(Luminance):表示发光面明亮程度。在数值上等于光源的单位面积向法线方向单位立体角发射出去的光通量。单位为坎德拉/平方米(cd/m^2),也称作尼特(nt)。对于一个漫散射面,尽管各个方向的光强和光通量不同,但各个方向的亮度都是相等的。电视机的荧光屏就是近似于这样的漫散射面,所以从各个方向上观看图像,都有相同的亮度感。为了对亮度有数值上的具体概念,表 14.3 给出了一些实际光源的光亮度值。

表 14.3 一些实际光源的光亮度值

实际光源	光亮度/(cd/m^2)	实际光源	光亮度/(cd/m^2)
与人眼最小灵敏度相对应的物体	10^{-6}	乙炔焰	$8×10^4$
五月的夜空	10	钨丝白炽灯	$0.5×10^7 \sim 1.5×10^7$
满月的表面	$2.5×10^3$	超高压球状汞灯	$1.2×10^9$
煤油灯焰	$1.5×10^4$	地面上看到的太阳	$1.5×10^9$
阳光照射下的洁净雪面	$3×10^4$	在地球大气层外看到的太阳	$1.9×10^9$

若用从平面反射到眼球中反射光的光通量来度量光的强度称作亮度(Brightness)。如一般白纸大约反射入射光量的 80%,黑纸只反射入射光量的 3%,所以,白纸和黑纸在亮度上差异很大。Brightness 也代表视明度,视明度是视觉知觉量,注意与亮度概念的区别。

(4)照度(Illuminance):是指光源照射到物体单位面积上的光通量。单位为勒克斯(lx),1 lx=1 lm/m^2(流明/平方米)。表 14.4 所示为一些实际情况下的照度值。另一个与照度具有相同量纲的量是辐照度,辐照度是指落在受照物体单位面积上的辐射功率。单位为瓦/平方米(W/m^2)。光谱辐照度是光谱辐射计量中最基本的参数,是研究各个辐射源及光电探测器特性的重要依据。

表 14.4 一些实际情况下的照度值

实际情况	照度/lx
无月夜天光在地面上所产生的照度	$3×10^{-4}$
接近天顶的满月在地面所产生的照度	0.2
办公室工作时所必需的照度	20~100
晴朗的夏日在采光良好的室内的照度	100~500
夏日太阳不直接照射到露天地面的照度	1 000~10 000

14.5 键盘色度与亮度检测案例

对于带有显示装置的电子产品来说，颜色与亮度测量是必不可少的。不论是带背光的键盘，还是 LED 显示墙，又或者是玩具、按键输入设备（Key Pad），甚至是 MiniLED、MicroLED、OLED 显示器等，亮度的均匀性、颜色一致性对用户体验的影响非常大。传统检测是采用色度计（Colorimeter）来测量色度（Chromaticity），有些色度计还可以测量亮度。实际应用时需要跟基于视觉和图像技术的外观检测技术集成到一起，难免需要进行软件编程，因为两者是独立的，各自自成一体。

14.5.1 视觉检测需求

（1）质量控制，检测键盘的颜色和亮度一致性，保证生产品质。

（2）键与键之间，单键内部颜色和亮度一致性检测。

（3）同时检测按键字符，确保装配质量。

（4）检测按键外观，如划痕、印刷瑕疵、漏光等。

（5）测量结果输出给控制器，用于色度及亮度补偿，即 Demura（控制器的色度及亮度补偿）功能。

14.5.2 技术指标

（1）绝对亮度输出范围：0.05～3000 cd/m^2。

（2）色度输出格式：x/y 基于 CIE1931 标准色度系统。

（3）每次采集和分析周期小于 1s，从触发开始到结果输出。

（4）光谱范围：380～780nm。

（5）亮度测量精度：小于 1%。

（6）色度测量精度：小于 ± 0.002。

（7）亮度重复性：± 0.5%，1cd/m^2。

（8）色度重复性：(x, y)，±0.0005。

（9）系统内标定，调试和参数配置界面。

（10）提供 API 函数和文档。

14.5.3 案例总体方案

1. 光谱分析仪的选用

与"传统"广义智能相机一样，图像获取设备是外接的，数字工业相机根据其接口形式的不同，通过 GigE/ USB 等硬件接口接入视觉处理器。颜色与亮度测量同样需要数据采集装置，本项目采用便携式光谱分析仪（简称光谱仪），提供包含色度和亮度信息的测量数据。

选择光谱仪的原因如下。

（1）该技术成熟，成本不高，有大量可供选择的产品。

（2）做光谱仪的公司往往比较关注产品本身，对垂直细分市场介入度不高，与提供智能相机的视觉公司具有良好的互补性。

（3）可以 OEM，按照客户的要求进行定制。一般生产厂家都提供二次开发包 SDK，便于将光谱仪作为一个零件设计嵌入智能相机中。

（4）光谱仪硬件的选择可以根据应用需求的不同，选取不同档次的产品。例如 Ocean Optics 的产品线，就包含多种不同价格范围的产品，选择时可参考如下几条建议。

① QE Pro 系列光谱仪：精度最高，长期重复性较好。

② Maya 系列光谱仪：适中，性价比优良。

③ USB 系列光谱仪：价格最低，精度和稳定性可以接受。

光谱仪提供了单点颜色和亮度测量的基准，即标准测量值，对于大面积显示器件的检测还需要配置工业相机。工业相机提供不同显示基础单元（像素）颜色和亮度的相对值，根据光谱仪提供的标准值，相关处理后可以得到每个像素的测量值。

基于 CIE1931 标准色度系统，与计算机颜色系统 RGB 之间存在一定的转换关系，颜色和亮度测量软件工具实现两者之间的变换，并结合光谱仪给出的标准值，对每个像素的色度及亮度测量值进行标定，最后得出工业相机视野内各像素对于区域的色度亮度测量值。整个软件工具挂在龙睿智能相机软件主体框架上，与其他工具一起，完成对 LED 显示器等应用对象的检测。

2. 整体系统结构

整体系统架构如图 14.31 所示，由于处理速度的关系，相机需要三个。系统架构图中，分光色度计（CS-2000）主要负责采集键盘的绝对亮度、色度值；三个工业相机采集键盘上每一个灯点的亮度、色度；控制计算机主要负责调度分光色度计、相机及数据分析，龙睿智能相机软件就在控制计算机上运行。

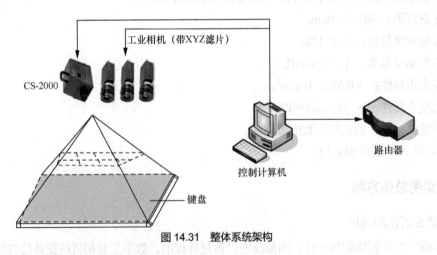

图 14.31　整体系统架构

分光色度计测量键盘的中心区域的灯点，如图 14.32 所示，结合相机测量的数据计算每一个键盘上的灯点的亮度、色度值。

项目采用分光色度计，它是通过光栅（类似棱镜）将接收到的光线按照不同波长进行分离，同时由一系列的线阵处理器探测并处理。通过光栅分光技术，分光色度计可以得到入射光的完整光谱；

得到完整的光谱后，将光谱与 CIE 曲线进行积分，得到光谱三刺激值。该计算过程如图 14.33 与图 14.34 所示。

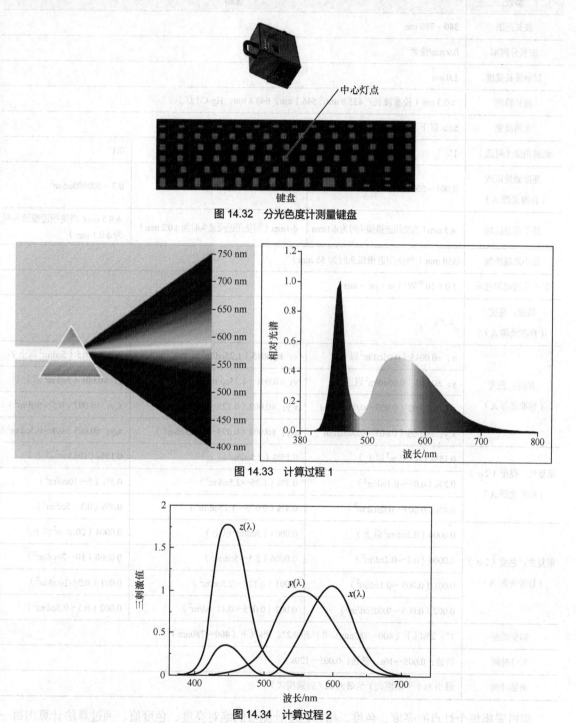

图 14.32 分光色度计测量键盘

图 14.33 计算过程 1

图 14.34 计算过程 2

表 14.5 所示是项目采用的色度计 CS-2000 的技术规格。

表 14.5　CS-2000 的技术规格

参数	规格		
波长范围	380～780 nm		
波长分辨率	0.9 nm/像素		
显示波长宽度	1.0 nm		
波长精度	±0.3 nm（校准波长：435.8 nm，546.1 nm，643.8 nm，Hg-Cd 灯）		
光谱波宽	5nm 以下（半波宽）		
测量角度（可选）	1°	0.2°	0.1°
亮度测量范围（标准光源 A）	0.003～5000cd/m²	0.075～125000cd/m²	0.3～500000cd/m²
最小测量区域	φ5 mm（当使用近摄镜头时为φ1mm）	φ1mm（当使用近摄镜头时为φ0.2 mm）	φ0.5 mm（当使用近摄镜头时为φ0.1 mm）
最小测量距离	350 mm（当使用近摄镜头时为 55 mm）		
最小光谱辐射显示	1.0×10^{-9} W/（sr · m² · nm）		
精度：亮度（标准光源 A）	±2%		
精度：色度（标准光源 A）	x：±0.0015（0.05cd/m² 以上）	x：±0.0015（1.25cd/m² 以上）	x：±0.0015（5cd/m² 以上）
	y：±0.001（0.05cd/m² 以上）	y：±0.001（1.25cd/m² 以上）	y：±0.001（5cd/m² 以上）
	x,y：±0.002（0.005～0.05cd/m²）	x,y：±0.002（0.125～1.25cd/m²）	x,y：±0.002（0.5～5cd/m²）
	x,y：±0.003（0.003～0.005cd/m²）	x,y：±0.003（0.075～0.125cd/m²）	x,y：±0.003（0.3～0.5cd/m²）
重复性：亮度（2σ）（标准光源 A）	0.15%（0.1cd/m² 以上）	0.15%（2.5cd/m² 以上）	0.15%（10cd/m² 以上）
	0.3%（0.05～0.1cd/m²）	0.3%（1.25～2.5cd/m²）	0.3%（5～10cd/m²）
	0.4%（0.003～0.05cd/m²）	0.4%（0.075～1.25cd/m²）	0.4%（0.3～5cd/m²）
重复性：色度（2σ）（标准光源 A）	0.0004（0.2cd/m² 以上）	0.0004（5cd/m² 以上）	0.0004（20cd/m² 以上）
	0.0006（0.1～0.2cd/m²）	0.0006（2.5～5cd/m²）	0.0006（10～20cd/m²）
	0.001（0.005～0.1cd/m²）	0.001（0.125～2.5cd/m²）	0.001（0.5～10cd/m²）
	0.002（0.003～0.005cd/m²）	0.002（0.075～0.125cd/m²）	0.002（0.3～0.5cd/m²）
偏振误差	1°：2%以下（400～780nm）。0.1°和0.2°：3%以下（400～780nm）		
积分时间	快速：0.005～16s。普通：0.005～120s		
测量时间	最小 1s（手动模式）至最大 3s（普通模式）		

　　相机采集每个灯点的亮度、色度，结合色度计测量的绝对亮度、色度值，通过算法计算出每一个灯点的绝对亮度、色度值，并修正 XYZ 相机测量时的误差。图 14.35 所示为定制 XYZ 滤片可做到的三幅图中的 XYZ 分布。

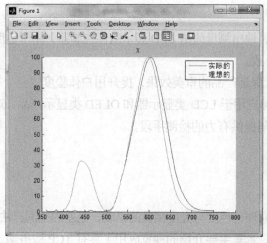
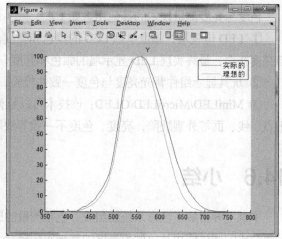
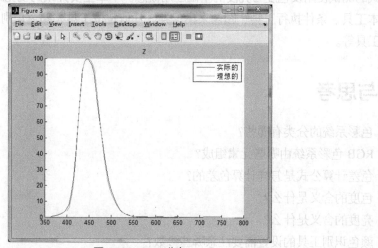

图 14.35 XYZ 分布

为什么图 14.35 中理想的 X 滤片的光谱图有两个波峰，而实际定制的 X 只有一个波峰？这是由于定制两个波峰的滤片，厂家很难制作，我们可以通过 Z 滤片将波峰进行一定的压缩，可以压缩到图 14.35 里 X 的理想波峰（数据处理），这样就可以拿到一个比较理想的 X 滤片的数据。

图 14.36 所示为 XYZ 滤片与 CIE 曲线的匹配。滤片厂家也很难做到符合 CIE 标准的精准滤片，虽然和 CIE 标准有一点差异，但我们可以通过分光色度计采集的数据来弥补这个差异。

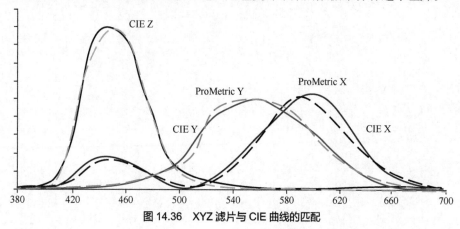

图 14.36 XYZ 滤片与 CIE 曲线的匹配

色度与亮度测量技术的其他用途如下。

① LED 电视墙，测量单颗 LED 的颜色和亮度，输出测量值给 LED 显示组件控制器，用于色度与亮度补偿，最终实现 LED 显示墙的颜色和亮度一致。

② 玩具显示组件背光亮度与色度一致性检验，保证产品的审美效果，提升用户体验度。

③ MiniLED/MicroLED/OLED：该技术可以延伸应用于 LCD 类显示器和 OLED 类显示产品，对于点、线、面等外观缺陷，亮度、色度不一致等缺陷提供有力的检测手段。

14.6　小结

本章主要讲解了色彩系统的组成、色差测量的原理、色度与亮度测量的原理，色差的空间算法、计算公式的测试使用及色度与亮度的基础应用概念。本章主要介绍的视觉应用工具有 TCP 服务端、接收文本工具、条件执行工具、图像采集工具、几何定位工具、颜色识别工具、输出文本工具、生成文本工具等。

习题与思考

1. 色彩系统的分类有哪些？
2. RGB 色彩系统由哪些元素组成？
3. 色差计算公式是怎样计算色差的？
4. 色度的含义是什么？
5. 亮度的含义是什么？
6. 颜色识别工具的设置需要注意哪些参数？

第15章 深度学习技术及应用

传统图像处理一直以来依赖人工设计的特征，而此类特征仅仅是对图像中低级别的边缘信息进行描述与表征，对深层次信息难以抽取。随着大数据时代的到来，一系列深度学习网络结构已在图像处理领域展现出巨大的优势，深度学习技术在图像处理、计算机视觉中都得到了广泛的应用。为了帮助读者从本质上理解深度学习应用到图像处理与识别领域的基本模型架构及其优化方法，本章将从神经元到神经网络、BP 神经网络再到深度卷积神经网络的发展历程，对深度学习的背景和基本理论做一个简单介绍。然后介绍有代表性、应用较广的深度卷积神经网络，讲述深度学习网络模型的结构组成、设计步骤、训练与测试过程。最后从视觉智能出发介绍深度学习在机器视觉中的应用优势、方法、现状、前景，重点分析利用深度学习机器视觉系统实现钢管缺陷检测的应用案例。希望可以为大家学习深度学习技术和应用该技术解决工业机器视觉中的难题，提供一些参考。

15.1 深度学习与机器学习

15.1.1 基本概念与相互关系

人工智能（Artificial Intelligence，AI）是研究、开发用于模拟、延伸、扩展人的智能的理论、方法、技术及应用系统的一门技术科学，是计算机科学的一个分支。它企图了解智能的实质，并生产出一种新的能以与人类智能相似的方式做出反应的智能机器，其研究领域包括机器人、语音识别、图像识别、自然语言处理、专家系统等。

计算机视觉与人工智能有密切联系，但也有本质的不同。人工智能的目的是让计算机去看、去听、去读，对图像、语音、文字的理解，这三大部分基本构成了现在的人工智能。而在人工智能的这些领域中，"看"的技术即视觉又是核心。计算机视觉就是一门研究如何让计算机达到人类那样"看"的一门学科，是人工智能需要解决的一个很重要的问题。计算机视觉通过对相关的理论和技术进行研究，从而试图建立从图像或多维数据中获取"信息"的人工智能系统。更准确点说，它是利用相机和计算机代替人眼，使计算机拥有类似人类的那种对目标进行分割、分类、识别、跟踪、判别决策的功能。

而正如第 1 篇中所讨论的那样：机器视觉与计算机视觉是既有区别又有联系的。二者的输入往往都是图像或图像序列，通常来自相机或摄像头；输出的是对于图像/图像序列对应的真实世界的理解，如检测人脸、识别车牌。二者最大的区别在于研究侧重点不同，应用场景决定机器视觉更关注图像中包含的与目标检测、跟踪、识别、测量、控制有关的信息，而计算机视觉不仅关注这些信息，而且在此基础上还关注图像或图像序列的语义信息，涉及更多与图像理解和语义分析有关的高级视觉技术。

机器学习（Machine Learning，ML）研究计算机怎样模拟或实现人类的学习行为，以获取新的知识或技能，重新组织已有的知识结构使之不断改善自身的性能。它属于人工智能的一个重要分支。机器学习是对研究问题进行模型假设，然后通过计算机从训练数据中学习得到模型参数，最终利用此模型对该研究问题的数据进行分析和预测的一门学科。机器学习算法是一类从数据中自动分析获得规律，并利用规律对未知数据进行预测的算法。机器学习理论主要是设计和分析一些让计算机可以自动"学习"的算法。因此，可以说数据、算法（模型）、算力（计算机运算能力）是机器学习的核心。机器学习已逐渐成为人工智能研究的核心之一。其应用已遍及人工智能的各个分支，如专家系统、自动推理、自然语言理解、模式识别、计算机视觉、智能机器人等领域。毫无疑问，机器学习为计算机视觉和机器视觉提供了重要的方法与技术。

深度学习（Deep Learning）是一种机器学习的新技术，其特点在于模拟人脑机制，通过建立能模拟人脑进行分析学习的神经网络模型，计算观测数据的多层特征或表示，其中每一层对应一个特定的特征、因素或概念，高层的特征和概念由低层的特征与概念生成，从而实现模式识别与分类等任务。深度学习是机器学习领域前沿和热门的子领域之一，它最成功的应用领域包括计算机视觉、语音识别、自然语言处理等。近年来，深度学习所取得的突破驱动着人工智能蓬勃发展。

虽然机器学习技术很早就应用到计算机视觉领域，近年来成为机器学习领域研究热点的深度学习也在计算机视觉中取得突破性的成功。但在机器视觉领域，由于工业现场的诸多因素，如光照条件、成像方向往往是可控的，使视觉问题大为简化，有利于构成实际的视觉系统，因此，传统机器视觉系统中大多采用经典的图像处理与分析方法。在大量的对于视觉处理目标对象的先验经验基础上，通过人工设计特征和分类器，实现目标的检测和识别。近年来，受深度学习在计算机视觉中的成功应用的影响和高性价比的相关硬件的驱动，以及机器视觉领域的现有大数据的条件，深度学习在机器视觉领域的应用也开始崭露头角。深度学习可全面提高机器视觉系统的智能，它与机器视觉的关系将在 15.6 节详细讨论。

15.1.2　机器学习的步骤与模型评价指标

1. 机器学习的分类与工作步骤

机器学习通常分为 4 类：监督学习、非监督学习、半监督学习和强化学习。

监督学习是指利用一组已知类别的样本调整分类器即模型的参数，使其达到所要求性能的过程。在监督学习中，所有训练数据都是有标签的，每个训练都由一个输入对象（通常为矢量）和一个期望的输出值（即标准答案或标签）组成。非监督学习的所有样本数据只有特征向量但没有标签，学习模型是为了推断出数据的一些内在结构，学习时能把具有类似性质的样本自动地分成一组即"聚类"。半监督学习则是少部分训练样本有标签，大部分没有标签。而强化学习就是输入数据仅仅作为一个检查模型对错的方式，通过试错，利用奖惩规则，逐步优化模型。强化学习常见的应用场景（包括游戏、机器人控制）等。

通俗地说，机器学习的任务就是寻找一个输入到输出的函数或变换模型，即从输入到输出的映射函数。有时这个函数过于复杂，以至于不太方便形式化表达。机器学习的目标是使用训练样本学到的函数很好地适用于"新样本"，而不仅是在训练样本上表现很好。学到的函数适用于新样本的能力，称为泛化（Generalization）能力。怎样找到一个泛化能力强的函数呢？通常机器学习分先训练、后测试两个阶段进行，训练过程又按以下三个步骤进行。

第一步，选择一个合适的模型。模型就是一组函数的集合。这通常需要依据实际问题而定，针对不同的问题和任务，选取恰当的模型。

第二步，判断一个函数的好坏。这需要确定一个衡量标准，也就是常说的损失函数（Loss Function，又名代价函数）。损失函数的确定也需要依据具体问题而定，如回归问题一般采用欧氏距离，分类问题一般采用交叉熵代价函数。

第三步，找出"最好"的函数，常用的方法有梯度下降算法、最小二乘法等。

机器学习通过对训练数据的学习，确定模型参数，这是训练过程；学习得到"最好"的函数后，需要在新样本上进行测试，只有在新样本上表现很好，才算是一个"好"的函数、好的模型。测试过程就是将新数据输入模型，得到的模型输出作为新数据的预测值的过程。

2. 机器学习的模型评价指标

机器学习的常见任务又可以分为回归（Regression）和分类（Classification）两大类预测问题。一般来说，预测值为预测类标号即为分类问题，如产品缺陷有无的判断问题就是一个二分类问题，如果预先定义多种类型的缺陷，再来判断产品缺陷属于哪一类就是一个多分类问题；当预测值为连续值即为回归问题，常见应用有市场趋势报告、气温预测、投资风险分析。机器学习模型的性能评价指标也分为适于回归和适于分类两类指标。

常用回归模型评价指标如下。

① 平均绝对差值（Mean Absolute Error，MAE）：

$$\text{MAE} = \frac{1}{n}\sum_{i=1}^{n}|\hat{y}_i - y_i| = \frac{1}{n}\sum_{i=1}^{n}|e_i|$$

其中 $\hat{y}_i$、y_i 分别是模型预测值和实际值，n 是样本总数。

② 均方误差（Mean Square Error，MSE）：

$$\text{MSE}(y_i, \hat{y}) = \frac{1}{n}\sum_{i=0}^{n-1}(y_i - \hat{y}_i)^2$$

③ log 对数损失函数（逻辑回归）

$$J(\theta) = -\frac{1}{n}\left[\sum_{i=1}^{n}(y_i\log h_\theta(x_i) + (1-y_i)\log(1 - h_\theta(x_i)))\right]$$

式中，$h_\theta(x) = 1/(1 + \exp(-\theta^{\mathrm{T}}X))$，$\theta$ 为参数向量，X 是 x_i 组成的输入列向量。

④ 均方根误差（Root Mean Square Error，RMSE）

$$\text{RMSE}(\hat{y}) = \sqrt{\text{MSE}(\hat{y})} = \sqrt{E(\hat{y} - y)^2}$$

对分类评估指标，以二分类为例，先定义一些符号。

- TP（True Positive）：将正类预测为正类的数量，即真的正样本。
- FN（False Negative）：将正类预测为负类的数量，即假的负样本。
- FP（False Positive）：将负类预测为正类的数量，即假的正样本。
- TN（True Negative）：将负类预测为负类的数量，即真的负样本。
- P：真实正类总数，P=TP+FN。

- N：真实负类总数，N=FP+TN。

常用分类模型评价指标：召回率（查全率）、精度（查准率）、F1 值。

- 正确率（Accuracy）：Acc= (TP+TN)/(P+N)。
- 错误率（Error Rate）：Err= (FP+FN)/(P+N)。
- 灵敏度（Sensitivity）：Sensitivity = TP/P，表示的是所有正例中被分对的比例。
- 召回率（Recall）：即查全率，Recall=TP/(TP+FN)=TP/P=Sensitivity。
- 交并比 IoU（Intersection over Union）：IoU=TP/(TP+FP+FN)。
- 特异度（Specificity）：Specificity = TN/N，表示的是所有负例中被分对的比例。
- 精度（Precision）：即查准率，Precision=TP/(TP+FP)，是精确性的度量。
- F1 Score：F1 值是精度和召回率的调和值，更接近于两个数较小的那个，所以精度和召回率接近时，F1 值最大。很多推荐系统的评测指标就是用 F1 分数值的：

$$F1 =2/(1/Precision + 1/Recall)$$

适于二分类的评价指标还有 ROC 图、PR 图及 AUC 等。限于篇幅，这些与多分类评价指标的介绍在此省略，请读者参考有关文献。

所有机器学习的性能评估指标同样适用于深度学习。

15.2 深度学习模型介绍

15.2.1 深度学习的起源——生物神经网络

深度学习的基本原理源于生物神经学系统中神经元的工作机理，如图 15.1（a）所示。图 15.1（b）所示为生物神经元，生物学中，一个完整的神经元主要包括一个轴突和多个树突两大部分，神经信号的传递主要是轴突的神经末梢受体释放后，经过突触间隙被树突的受体捕获产生电位，传递给细胞体，细胞体将获得的电信号进行汇总给出决策即产生激励信号或者抑制。

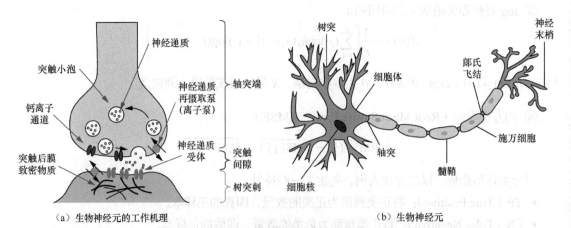

图 15.1　生物神经元及其工作机理

整个大脑就是由所有上百亿个这样的神经元互相交叉相连构成的神经网络。

15.2.2 神经元模型

正是受到生物神经网络的启发，1943 年，沃伦·麦卡洛奇（Warren McCulloach）和沃尔特·皮茨（Walter Pitts）提出了 MP 神经元模型。

1. MP 神经元模型

图 15.2 所示的输入信号 x_0, x_1, $\cdots$, x_n 可以看作神经元中来自其他神经元轴突的信号，对应的 $w_0, w_1, \cdots, w_n$ 可以看作对应的突触信号的权值，其中 w_0 即 b，又称为偏置，中间的求和节点 Σ 是 $z = \sum_i w_i x_i + b$，对应细胞体的求和决策，再通过一个激活函数 $\sigma()$ 输出对应的决策 y。MP 神经元模型可以通俗地理解为 "加权投票决策"，其对来自其他神经元轴突的信号进行加权求和，该和再经过激活函数处理得出激活或抑制激活的结果。

$$y = \sigma(z) = \sigma(\sum_i w_i x_i + b)$$

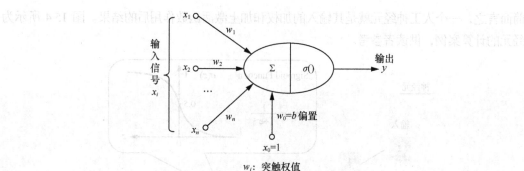

w_i：突触权值

图 15.2　MP 神经元模型

2. 激活函数

激活函数是非线性函数，常用的有 Sigmoid 和 Tanh 等函数，如图 15.3 所示。这些函数有光滑、连续、可导、单调、有界等优良的性质。在神经网络中引入激活函数增强了网络对复杂的、非线性特征的表达能力。

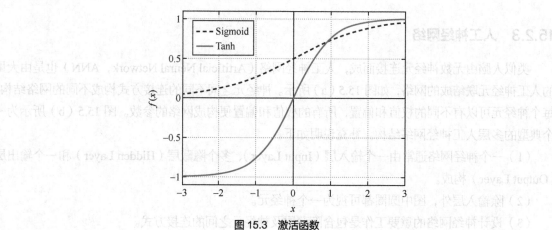

图 15.3　激活函数

（1）Sigmoid 函数

$$\sigma(x) = \frac{1}{1+e^{-x}}$$

Sigmoid 函数的导数：

$$\sigma'(x) = \frac{e^{-x}}{(1+e^{-x})^2} = \sigma(x)(1-\sigma(x))$$

（2）Tanh 函数

$$\sigma(x) = \frac{e^x - e^{-x}}{e^x + e^{-x}}$$

该函数是将取值为 $(-\infty, +\infty)$ 的数映射到 $(-1, 1)$，其导数为：

$$\sigma'(x) = \left(\frac{e^x - e^{-x}}{e^x + e^{-x}}\right)' = \frac{4}{(e^x + e^{-x})^2} = 1 - \sigma^2(x)$$

简而言之，一个人工神经元就是其输入的加权和加上激活函数作用后的结果。图 15.4 所示为一个神经元的计算案例，供读者参考。

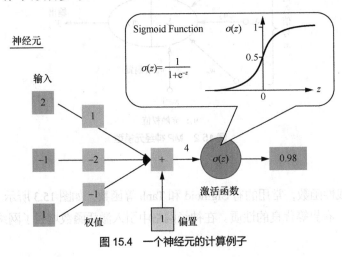

图 15.4 一个神经元的计算例子

15.2.3 人工神经网络

类似人脑由无数神经元连接而成，人工神经网络（Artificial Neural Network，ANN）也是由大量的人工神经元联结成的网络，如图 15.5（a）所示。神经元之间不同的连接方式构成不同的网络结构，每个神经元可以有不同的权值和偏置，所有的权值和偏置便构成网络的参数。图 15.5（b）所示为一个典型的多层人工神经网络结构。补充说明如下。

（1）一个神经网络通常由一个输入层（Input Layer）、多个隐藏层（Hidden Layer）和一个输出层（Output Layer）构成。

（2）除输入层外，图中圆圈都可视为一个神经元。

（3）设计神经网络的重要工作是包含隐藏层及神经元之间的连接方式。

（4）隐藏层数为 1 时即为浅层神经网络（Shallow Neural Network，SNN），隐藏层数达到或超出 2 时，就称为深层神经网络（Deep Neural Network，DNN）。

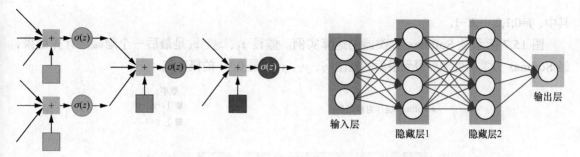

（a）神经元联结构成网络　　　　　　　　　　（b）典型的深层人工神经网络结构

图 15.5　人工神经网络

　　显然，神经网络实现了输入数据到输出结果的变换通路，输入与输出之间的复杂关系不是用显式的函数来表示，而是用分层结构的网络模型来描绘，这个模型是由网络结构（含激活函数等）和参数（权和偏置）决定的。各隐藏层可以看作从输入到输出转换过程中的层层特征抽取结果，越接近输出层，隐藏层上的特征越抽象。

　　那么网络参数是如何确定的呢？是通过对大量训练样本的学习确定的。神经网络学习的过程，就是在网络结构确定后，通过用大量训练样本的有监督学习或无监督学习，学习输入与输出之间的映射关系，并记录在网络所有的权值和偏置参数上。这样网络就具有输入与输出之间的映射能力，就可以拿来向前计算新样本的预测值了。

　　图 15.6 所示是一个简单的三层全连接神经网络的前向传播计算实例。该网络有 2 个输入节点，2 个隐藏层，各有 2 个隐藏层节点，输出节点也是 2 个。激活函数全部采用 Sigmoid 函数。读者可以自行验算。

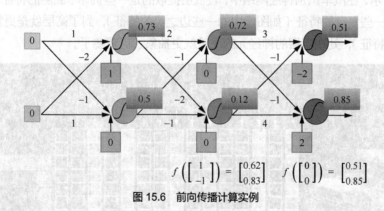

$$f\left(\begin{bmatrix}1\\-1\end{bmatrix}\right)=\begin{bmatrix}0.62\\0.83\end{bmatrix} \quad f\left(\begin{bmatrix}0\\0\end{bmatrix}\right)=\begin{bmatrix}0.51\\0.85\end{bmatrix}$$

图 15.6　前向传播计算实例

　　人工神经网络中输入层的节点个数取决于输入样本的大小，输出层节点数和目标任务有关。输出往往以类别或概率表示，如手写数字的识别系统，神经网络输出层节点个数就是 10 个，代表 0～9 的 10 个数字类别，输出节点的值代表对应该类别的概率，最终数字类别可取最大概率的输出类别。因此，输出层往往也是分类器层，常由 Logistics、Softmax 等分类器函数实现这种变换。

　　① Logistics 函数：$\sigma(z)=1/(1+\mathrm{e}^{-z})$，适于二分类问题。

　　② Softmax 函数：适于多分类问题。对于 K 分类问题有：

$$\sigma(z_j)=\frac{\mathrm{e}^{z_j}}{\sum_{k=1}^{K}\mathrm{e}^{z_k}}$$

其中，$j=0,1,2,\cdots,K-1$。

图 15.7 所示是 Softmax 分类器的运算实例。假设 z_1、z_2、z_3 是最后一个隐藏层计算结果，经 Softmax 分类器处理后得到最后的输出 y_1、y_2、y_3 就是 $0\sim1$ 的概率值。

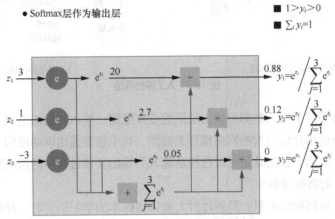

图 15.7 Softmax 分类器的运算实例

15.2.4 深度神经网络

一般隐藏层超过 2 层的神经网络被称为深度神经网络。随着网络深度的加深，网络对输入与输出间复杂关系的描绘能力就越强。

如图 15.8 所示，在汽车识别神经网络中，较低层提取的是一些简单、底层的特征（如像素特征），到了中间层就是一些复杂的特征（如图像中的一些边之类的特征），到了高层就是更复杂的特征（如图像中边的组合特征），处在高层的神经元的决策就更抽象、更重要了。

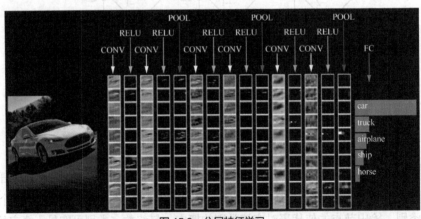

图 15.8 分层特征学习

图 15.9 所示为 AlexNet、VGG、GoogleNet、ResNet 等具有不同层次深度的深度学习模型在 ImageNet 比赛中的 TOP5 指标，充分反映了深度神经网络对改善模式识别性能的影响。结果说明深度神经网络通过多层分层结构，利用组合底层特征形成较高层的越来越抽象的特征，可以很好地描绘和表示输入数据与输出结果的复杂关系。这就是深度学习在众多复杂模式识别任务中表现出色的根本原因。

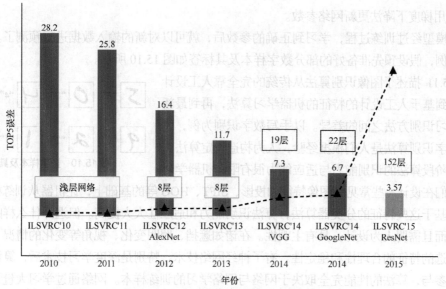

图 15.9 深度神经网络与 TOP5 性能指标

注：TOP5 误差即对一幅图像预测 5 个类别，只要有一个和人工标注类别相同就算对，否则算错。

15.3 BP 神经网络与梯度下降法

神经网络和深度神经网络是如何通过训练样本的学习，学到输入到输出的规律，最终确定模型从而能对新的输入计算出输出值（即预测值）的呢？本节将以 BP 神经网络的误差反向传播和梯度下降法为重点来解答大家的疑惑。

BP 神经网络是一种按误差反向传播算法训练的多层前馈网络，是目前应用较广的神经网络。BP 神经网络的学习规则是梯度下降法，根据网络输出与理想输出的偏差大小，通过反向传播，不断调整网络的权值和偏置项，使网络的误差平方和最小。网络误差的计算由网络所定义的损失函数或成本函数（Cost Function）来计算。

15.3.1 手写数字识别 BP 神经网络

构建神经网络的方法分为以下几个步骤。

（1）定义神经网络的结构（输入的神经元数、隐藏层的神经元数等）。

（2）准备好训练样本数据集和测试数据集。必要时，对训练样本进行平移、错切、旋转、拉伸、明暗度变化等变换，得到更多的训练样本，这一过程称为数据增强（Data Augmentation）。训练样本越多，对模型训练性能的提高越有利。

（3）初始化模型的参数。

（4）对训练数据依次循环执行以下操作，直到达到给定的训练次数或误差足够小，小到低于预先设定的值（即收敛）：

- 前向传播计算；
- 损失函数计算；
- 误差反向传播，计算梯度；

● 利用梯度下降法更新网络参数。

网络模型经过训练过程，学习到正确的参数后，就可以对新的输入数据进行预测了。以手写数字识别为例，假设预先准备好的部分数字样本及其标签如图 15.10 所示。

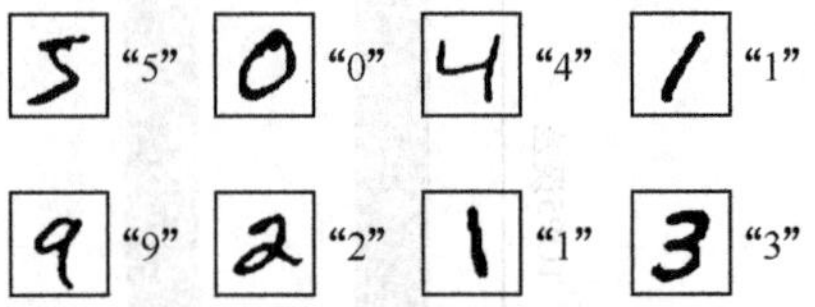

图 15.11 描述了图像识别算法从传统的完全靠人工设计的算法，到基于人工设计的特征的机器学习算法，再到最新的深度学习识别方法之间的差异。以手写数字识别为例，传统手写数字识别算法是人们根据经验，人为构造特定算法实现的，此阶段算法的识别能力与适应能力很有限；机器学习

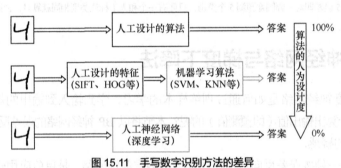

图 15.10　数字样本及其标签

时代，人们在设计一些常见的图像特征如投影、SIFT、HOG 等的基础上，让机器从训练样本数据中学习一种基于这些特征的分类器算法，算法识别能力和适应性大大提高。但选择什么样的图像特征是关键，而且需要人为设计，具有主观性。在诸如遮挡、照明变化、视角等变化的情况下，无法保证手动所选的特征的合理性和稳定性。有了神经网络技术，特别是深度学习技术后，算法完全无须人工设计参与，算法的性能完全取决于网络与网络学习的训练样本。网络通过学习大量训练样本，得到了稳健性强、具广泛适应性的高性能手写数字识别算法。

图 15.11　手写数字识别方法的差异

图 15.12 所示的手写数字识别神经网络，其输入层是 16×16 的二值图像的 256 个像素的"0"或"1"值，输出层的 10 个节点对应 0~9 这 10 位数字的预测概率。学习的目标就是使网络在训练样本上总体偏差最小。

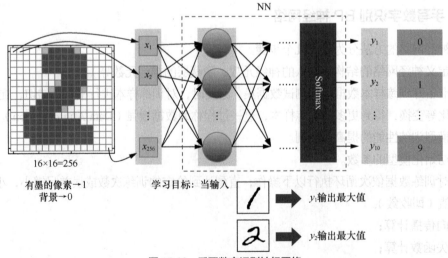

图 15.12　手写数字识别神经网络

15.3.2 前向传播计算

训练过程中，将每一个样本图像输入到图 15.12 所示的网络进行类似图 15.6 所示的前向传播计算，得到的网络输出是一个对应 0~9 数字类别的概率值（介于 0~1）。一般来说，网络训练好后，与输入图像对应的数字类别的概率最大，如图 15.13 所示。将训练样本数字"1"的图像输入网络，期望输出应该是 $\hat{y}_1 = 1$, $\hat{y}_2 \sim \hat{y}_{10} = 0$，实际网络输出未必会出现非 0 即 1 的结果，但一般是 y_1 为最大概率值，比其他输出节点的值都要大。

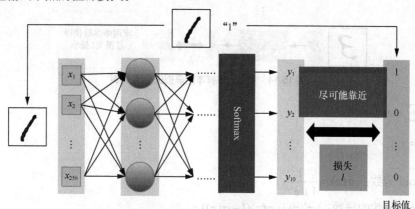

图 15.13 手写数字 1 输入网络的损失/误差计算

注：损失可以是网络输出与目标值之间的均方误差或者交叉熵。

1. 计算损失

计算网络输出与对应期望输出，即样本标签 $\hat{y}_1 = 1$, $\hat{y}_2 \sim \hat{y}_{10} = 0$ 之间的损失 l_i，损失函数可以选择均方误差或交叉熵。

假设 y 是预测的概率分布，$\hat{y}$ 是真实的概率分布，则：

$$\text{均方误差 MSE} = \frac{1}{n}\sum_{1}^{n}(\hat{y}_i - y_i)^2 \quad (\text{此例 } n=10)$$

交叉熵的定义为：

$$H_{\hat{y}}(y) = -\sum_i \hat{y}_i \log(y_i)$$

如图 15.14 所示，对所有训练样本计算对应的损失值，所有的损失加起来得到总损失，常用总损失 L 的大小来衡量网络学习的好坏程度。

2. 误差反向传播

根据选定的损失函数计算梯度 $\partial L / \partial w_i$、$\partial L / \partial b_i$，按链式法则反向传播误差，为更新参数做准备。

关于误差反向传播，在此以图 15.2 所示的单个神经元 MP 网络为例，来进行简单的公式推导。单个神经元的 MP 网络模型相当于 n 个输入节点、1 个隐含节点、1 个输出节点的网络。假设 $\hat{y}$ 为期望值，y 为模型预测值，损失函数选用 MSE，激活函数选用 Sigmoid。常用公式如下：

① 损失函数计算得 $L = \frac{1}{2}(\hat{y} - y)^2$；

② $\dfrac{\partial L}{\partial y} = -(\hat{y} - y)$；

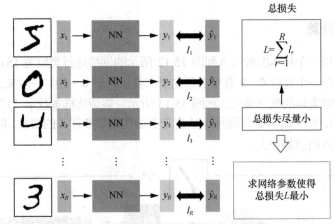

图 15.14   所有训练样本的总损失/误差计算

③ $z = \sum_i w_i x_i + b$;

④ $\dfrac{\partial z}{\partial w_i} = x_i$;

⑤ Sigmoid 函数：$\sigma(z) = \dfrac{1}{1 + \mathrm{e}^{-z}}$;

⑥ Sigmoid 函数的导数：$\sigma'(z) = \sigma(z)(1 - \sigma(z))$;

⑦ $y = \sigma(z)$;

⑧ $\dfrac{\partial y}{\partial w_i} = \dfrac{\partial y}{\partial z} \dfrac{\partial z}{\partial w_i} = \sigma(z)(1 - \sigma(z))x_i = y(1 - y)x_i$;

⑨ $\dfrac{\partial L}{\partial w_i} = \dfrac{\partial L}{\partial y} \dfrac{\partial y}{\partial w_i} = -(\hat{y} - y)y(1 - y)x_i$;

⑩ 根据梯度下降法，权值 w_i 的修正量 $\Delta w_i = -\mu \dfrac{\partial L}{\partial w_i} = \mu(\hat{y} - y)y(1 - y)x_i$ ，μ 称为学习率。

就这样，根据输出节点输出值 y 与期望值 $\hat{y}$ 的误差反向传递，对参数进行调整，更新的权值参数 $w_i^* = w_i + \Delta w_i = w_i + \mu(\hat{y} - y)y(1 - y)x_i$。同样的方法可以求得偏置参数的更新值，从而得到更新的网络，用于下一周期的训练样本的学习。

对于多个隐藏层、多个隐藏节点、多个输出节点的网络，其误差反向传播算法本质上类似。更复杂的深度网络的误差反向传播推导，读者可参考相关资料。

3. 梯度下降法

假设网络总损失随网络参数调整而变化的曲线如图 15.15 所示，我们的目标是找到图中谷点 B 点，因为这时的参数使总损失达到最小。假设初始的参数在 P_1 点位置，那么参数调整的方向和步长就是关键了。

导数的概念：

$$f'(x_0) = \lim_{\Delta x \to 0} \frac{\Delta y}{\Delta x} = \lim_{\Delta x \to 0} \frac{f(x_0 + \Delta x) - f(x_0)}{\Delta x}$$

由公式可见，对点 x_0 的导数反映了函数在点 x_0 处的瞬时变化速率，或者叫在点 x_0 处的斜率。推广到多维函数中，导数就变成偏导数，斜率就成了梯度（即多变量微分）的概念。梯度是一个向量组合，它反映了多维图形中变化速率最快的方向。梯度下降法（Gradient Descent，GD）的基本思想：

沿着初始某个点的函数的梯度方向往下走，朝着梯度相反的方向前进，就能很快找到损失最小的参数了，即：

$$w^* \leftarrow w - \mu \partial L / \partial w，\quad \mu 为学习率$$

　　若初始值落在 P_1 点，该点梯度（用偏导数来反映）是负的，按照梯度反方向公式调整，则参数向靠近 A 点的方向前进到 P_2。由于 P_1 点处的梯度绝对值比 P_2 处的大，则在同样学习率 μ 下，P_1 点之后的参数变化量比 P_2 点后的参数变化量大。如果参数调整到 A 点的右边坡上某一点，由于梯度改变了方向，则参数会反方向调整，按照这种思路继续下去，最终不断接近 A 点。

　　通过不断反向传播误差，不断计算损失和梯度，来反复调整权值和偏置参数，反复训练网络，逐步逼近收敛到总损失最小。

　　但梯度下降法不能保证收敛到全局最小，可能会收敛到局部极小（图 15.15 所示的 A 点），而不能保障收敛到全局最小值 B 点。如果参数初值选择合适，如在 B 点附近，则能收敛到 B 点。针对如何避免局部极小的问题，出现其他许多优化学习算法，限于篇幅，此处不做介绍。

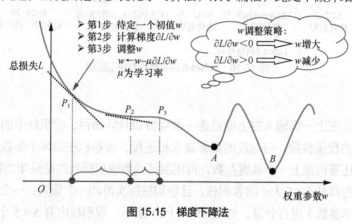

图 15.15　梯度下降法

15.4　卷积神经网络及 LeNet-5 网络

15.4.1　卷积神经网络

　　全连接神经网络各层节点之间全部两两相连，权值参数自然特别多，随着输入图像尺寸变大及隐藏层数量增加，需要学习的网络参数将显著增加，网络规模庞大，训练时需要的学习样本势必很多，计算量大。因此，必须有一个解决方案来减少网络参数。于是，卷积神经网络应运而生。

　　卷积神经网络（Convolutional Neural Networks，CNN）是一类包含卷积计算且具有深度结构的前馈神经网络（Feedforward Neural Networks，FNN），是深度学习的代表算法之一。深度卷积神经网络已广泛应用于语音识别和图像识别。卷积神经网络是受视觉局部"感受野"的启发而提出的，通过局部连接的卷积核共享权值，极大地减少了参数数量，而且便于并行计算，加快了训练速度，防止了过拟合。卷积神经网络的主要层叠结构包括卷积层、池化层、非线性激活层和全连接层。下面以手写数字识别的深度卷积神经网络来详细分析卷积神经网络的结构组成和工作原理。

15.4.2 手写数字识别模型 LeNet-5 网络

1998 年，第一个卷积神经网络模型 LeNet-5 由杨立昆（Yann LeCun）教授正式提出。当时，这个模型被成功应用于银行支票上手写数字的识别，这也是卷积神经网络第一次大范围在真实的工程实践中得到推广应用。从此，卷积神经网络模型成为图像分类任务中最好的选择之一。LeNet-5 的网络结构与特征图例如图 15.16 所示，是一个经典的卷积神经网络结构及卷积层上学到的特征图。网络由三个卷积层、两个池化层/采样层、一个全连接层、一个输出层共 7 层（不包括输入层）组成。每层都包含不同数量的训练参数，卷积核大小都是 5×5，步长 stride=1，池化采用 MAX pooling。

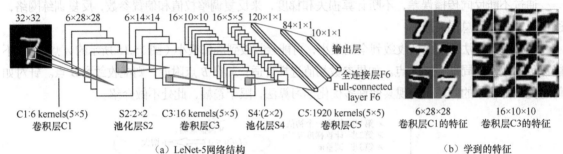

（a）LeNet-5 网络结构　　　　　　　　　　　　（b）学到的特征

图 15.16　LeNet-5 网络结构与特征图例

1. 卷积层

卷积层是卷积核在上一级输入层上通过逐一滑动窗口计算而得，卷积核中的每一个参数都相当于传统神经网络中的权值参数，与对应的局部像素相连接，将卷积核的各个参数与对应的局部像素值相乘之和，通常还要再加上一个偏置参数，再用激活函数映射得到的结果即为特征图谱。LeNet-5 网络的卷积层采用的都是 5×5 大小的卷积核，且卷积核每次滑动一个像素，一个特征图谱内使用同一个卷积核（即共享参数）进行计算，如图 15.17（a）所示。卷积核内有 5×5 个连接参数，加上 1 个偏置共 26 个训练参数。这样一种局部连接、参数共享的方式，在数学上相当于上一层节点矩阵与连接参数矩阵做卷积运算，得到结果矩阵，即下一层的节点值，这就是卷积神经网络名字的由来。图 15.17（b）显示了卷积神经网络连接与矩阵卷积的对应关系。

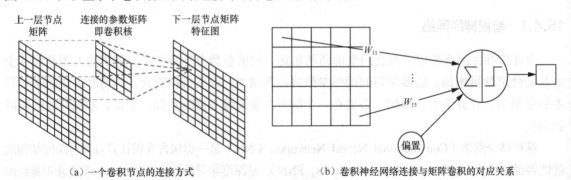

（a）一个卷积节点的连接方式　　　　　　（b）卷积神经网络连接与矩阵卷积的对应关系

图 15.17　卷积运算

图 15.18 给出了卷积运算的实例。读者可以验算卷积后特征图谱中的特征像素"4"是这样计算出来的：卷积核对应元素与图像上的选中的窗口的对应像素的值相乘再相加的结果。以一定步长滑动选中的窗口在图像上的位置（此处 stride=1），每移动一次，重复以上卷积计算，可得到其他特征

像素值，直到选中的窗口遍历整个图像。

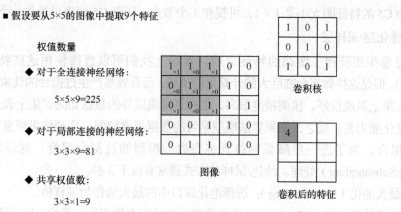

■ 假设要从5×5的图像中提取9个特征

权值数量

◆ 对于全连接神经网络：

5×5×9=225

◆ 对于局部连接的神经网络：

3×3×9=81

◆ 共享权值数：

3×3×1=9

图 15.18　卷积运算示例

卷积神经网络的卷积核实质相当于滤波器，类似图像处理中的边缘算子。多个卷积核的操作相当于若干种滤波器来提取不同的特征。我们知道卷积的特点是局部连接和共享权值，共享卷积核参数的特点，大大减少了学习的权值数，就像图 15.18 所示的情况：全连接网络需要 225 个权，而卷积神经网络只要 81 个权。

LeNet-5 网络有 3 个卷积层：C1、C3、C5。

C1 层由 6 个 28×28 的特征图构成，它由 6 个 5×5 的卷积核，与输入层 32×32 图像中每个 5×5 的邻域窗口进行卷积运算而得。C1 与输入层的连接数目总数=(5×5+1)×6×(28×28)=122 304，训练参数总数=(5×5+1)×6=156。

C3 层有 16 个卷积核，得到 10×10 大小的 16 张特征图，每个特征图的每个神经元与 S2 层中某几个特征图的多个 5×5 的邻域相连，如表 15.1 所示，行号表示 C3 层中的 16 个卷积核序号，列号表示的是上一层 S2 层中的 6 个特征图序号。C3 层中的前 6 个（即 0～5 号）卷积核与 S2 层中的 3 个特征图相连，C3 层中的中间 3 个（即 6～8 号）卷积核与 S2 层中连续的 4 个特征图相连，后面 6 个（即 9～14 号）卷积核与 S2 层中不连续的 4 个特征图相连，C3 层中的最后一个卷积核与 S2 层中所有特征图相连。C3 层训练参数总数= (5×5×3+1)×6+(5×5×4+1)×3+(5×5×4+1)×6+(5×5×6+1)×1=1 516，共有 1 516×10×10=151 600 个连接。

表 15.1　LeNet-5 的 C3 层特征图与 S2 层的卷积操作（标 "X" 的表示选中）

卷积核	0	1	2	3	4	5	6	7	8	9	10	11	12	13	14	15
0	X				X	X	X			X	X	X	X		X	X
1	X	X				X	X	X			X	X	X	X		X
2	X	X	X				X	X	X			X		X	X	X
3		X	X	X			X	X	X	X			X		X	X
4			X	X	X			X	X	X	X		X	X		X
5				X	X	X			X	X	X	X		X	X	X

C5 有 120 个神经元，也可以说是大小为 1×1 的特征图 120 个，与 S4 层的 16 个特征图谱的所

有 5×5 邻域相连，训练参数总数=$(5 \times 5 \times 16+1) \times 120$=48 120=连接总数。

因为 C5 的特征图大小是 1×1，可视作 1 个节点，所以 C5 层也可视作一个全连接层。

2. 池化层/采样层

通过卷积层获得了图像的特征之后，理论上我们可以直接使用这些特征训练分类器（如Softmax），但是这样做将面临巨大的计算量的挑战，而且容易产生过拟合的现象。所谓过拟合是指模型在训练集上表现很好，预测精度很高，但在训练集以外的数据如测试集上表现不好的现象，也称为模型泛化能力差。反之，如果算法模型学习的数据规律较弱，预测结果精度差，出现这样的现象称为欠拟合。为了进一步降低网络训练参数和模型的过拟合程度，对卷积层进行池化/采样（Pooling/Subsampling）处理。池化/采样的方式通常有以下 3 种。

① 最大池化（Max-Pooling）：选择池化窗口中的最大值作为采样值。

② 均值池化（Mean-Pooling）：将池化窗口中的所有值相加取平均，以平均值作为采样值。

③ 概率矩阵池化：池化窗口的元素是随机产生的，然后对应相乘相加。

图 15.19 所示是池化操作的示例。

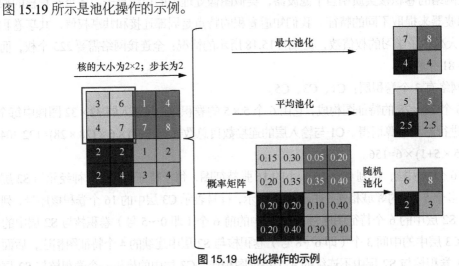

图 15.19　池化操作的示例

使用池化技术的另一个目的是获取不变性。

① 小的平移不变性：意味着特征有即可，不管在哪里。

② 旋转不变性：相当于 9 个不同朝向的滤波器。

网络 LeNet-5 的 S2 和 S4 都是池化层/采样层，S2 层由 6 个 14×14 的特征图构成，每个图的每个单元与 C1 特征图的一个 2×2 邻域相连，因此 S2 的大小是 C1 特征图大小的 1/4，S2 层的每个单元的 4 个输入相加，乘以一个可训练参数 w 再加上一个可训练偏置 b，结果经 Sigmoid 函数激活计算而得，S2 与 C1 的总连接数=$(2 \times 2+1) \times 1 \times 14 \times 14 \times 6$=5880，训练参数=$2 \times 6$=12 个。S4 层由 16 个 5×5 的特征图构成，每个特征图的每个单元与 C3 特征图的 2×2 邻域相连，S4 与 C3 的总连接数=$(2 \times 2+1) \times 5 \times 5 \times 16$=2000，训练参数=$2 \times 16$=32 个。

3. 全连接层

F6 层的每一个节点与上一层的所有节点相连，即称为全连接层。F6 层有 84 个节点，对应于一个 7×12 的比特图，-1 表示白色，1 表示黑色，这样每个数字的黑白色比特图就对应一个编码。该层的训练参数和连接数是 $(120 + 1) \times 84$=10164。

4. 输出层

输出层也是全连接层，共有 10 个节点，分别代表数字 0～9。输出层用径向基函数（RBF）来计算输入向量和参数向量（即输入的期望分类）之间的欧氏距离，它的作用类似 15.2.3 节中讲述的 Softmax 分类器。假设 x_j 是上一层的输入，y_i 是 RBF 的输出，则 RBF 输出的计算方式是：

$$y_i = \sum_j (x_j - w_{ij})^2$$

上式 w_{ij} 的值由 i 的比特图编码确定，i 从 0～9，j 取值从 0～7×12−1。RBF 输出的值越接近 0，则识别输出越接近 i，即越接近 i 的 ASCII 图，表示当前网络输入的识别结果是字符 i。该层有 84×10=840 个参数和连接。

15.4.3　网络训练与测试

LeNet-5 网络结构确定后，接下来需要用大量的手写数字样本来对网络进行训练，利用梯度下降和误差反向传播算法，最终确定整个网络的所有参数。MNIST 手写数字识别数据集就能满足我们的需要。它包含了 60 000 张图片及其标签作为训练数据，10 000 张图片及其标签作为测试数据。图 15.20 所示是 MNIST 数据集部分样本图像。

训练过程就是调参过程，以模型总损失最小为目标。训练过程中，误差逐渐减少，迭代若干次，如果总损失达到预先设定值或迭代次数达到预先设定次数，就终止训练，这时得到的模型就可以用来测试没有学过的测试数据了。

从测试样本集中取出样本测试网络，得到网络预测结果，与测试图像的标签比对，可以计算模型的预测精度指标（如 15.1 节所述的 F1 值、召回率、精度等）。

对于深度学习网络模型，训练前重要的准备工作之

图 15.20　MNIST 数据集部分样本

一就是数据准备，包括训练样本数据和测试样本数据及其标签。样本的标签制作要根据模型的特点和解决问题的特点来完成。训练数据的质量决定了网络最好性能的高低。因为深度学习的网络参数数量多，为了避免过拟合，一般要考虑学习样本尽量涵盖所有种类，并且尽量保持各类学习样本数量上的均衡；为了增大数据量并且使最终模型抵抗各种变化扰动，往往要对数据进行数据增强，如对样本图像的微小翻转、平移或旋转、亮度调整等，从而得到更多的学习样本，这样训练后的模型就能对平移、视角、大小或照度（或以上组合）的变化保持适应性和性能不变性。

另一个训练前最重要的准备工作是模型设计与选择问题，包括模型中损失函数的选择与设计、激活函数与池化函数的选择，对防止模型过拟合或欠拟合影响很大。

实际上，学习样本的标签、模型参数、数据量的匹配问题都是工程问题，需要在具体问题解决的实际过程中反复调整和摸索。

15.5　深度学习框架

　　深度学习框架是指通过高级编程接口为深度神经网络的设计、训练、验证提供的组件和构建模块。随着深度学习技术的飞速发展，出现很多有利于深度学习使用的工具，即由深度学习的组件组成的函数库。也出现许多开源深度学习算法包，为深度学习的产业化应用创造了有利条件。

　　广泛使用的深度学习框架有 TensorFlow、Keras、PyTorch、Theano、MXNET、CNTK 等（见图 15.21），依靠图形处理器（Graphics Processing Unit，GPU）加速运算库，如 cuDNN 和 NCCL，提供高性能的多 GPU 加速训练，而且框架往往支持 Python、C++等多种语言编程。编程时只要通过组装框架提供的各种深度学习模型或算法部件，像堆砌积木一样，就可以比较方便地搭建自己的网络来进行训练。

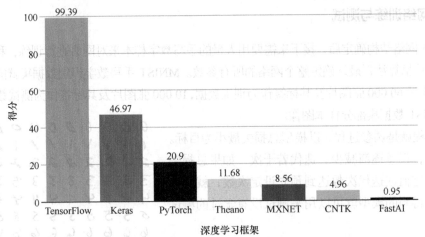

图 15.21　深度学习各框架的评分

　　在众多深度学习框架中，TensorFlow 使用最为广泛。在 GitHub 活跃度、谷歌搜索、Medium 文章数、亚马逊书籍和 arXiv 论文这些数据源上，它所占的比重最大，用户众多，构建了一个良好的开源生态模式。

　　Keras 堪称"一个为人类而非机器设计的 API"，简单简练，模型导出更简便，非常适合入门深度学习的用户。其后端可以基于 TensorFlow、Theano 或 NLTK。

　　PyTorch 是由 Facebook 支持开发的，发展迅速。PyTorch 允许定制化，而 TensorFlow 不能。PyTorch更灵活，鼓励用户更深入地理解深度学习概念；debug 能力更强，训练速度快。

15.6　深度学习在机器视觉中的应用

15.6.1　视觉智能的任务与挑战

　　虽然机器视觉和计算机视觉是两个既有区别又有联系的专业术语，但二者共同的根本任务是：让机器在无须人工干预的前提下，通过图像采集与分析，具备超过"人眼+人脑"对图像的识别能力，并具备不断改进的学习能力，实现视觉的智能化，即视觉智能。

　　传统机器视觉算法一般包括预处理、特征提取与选择、分类器设计等若干步骤，算法识别性能很大程度上取决于人类专家手动设计的特征好坏和分类器的好坏。因此面临两大核心难点问题：第一，特征设计，人工设计的特征如何适应不同位姿、不同光照、不同大小甚至目标遮挡、交叠的情况；第二，最优分类器的设计。那么视觉智能要实现的关键目标便是：不需要人工来设计特征，而由机器根据经验来自动设定；得到与特征相匹配的最优分类器；视觉算法具备不断改进的构架。最优分类器的设计也可以简单理解为视觉算法工具在使用中不需要人工设置或修改过多的工作参数。

　　为了满足工业生产实际或其他应用场景对时间与精度的要求，过去往往尽可能通过光源或光学成像系统的设计或其他约束条件，来尽量降低图像或视频的多变性和复杂性，降低噪声与干扰，尽量使识别目标种类较少、形状特征相对简单。但是客观上，一方面有不少工业应用场景同样存在复杂多变的特点，很难通过外部条件约束来达到传统简单机器视觉算法所要求的条件；另一方面，有些工业产品对象的图像检测分析任务对于传统机器视觉算法来说一直是一个巨大挑战。

　　下面以汽车行业中的粗糙金属零部件的质量检测问题，讨论复杂环境条件下或某些特殊目标检测的机器视觉任务所面临的挑战。

　　（1）由于粗糙的表面和明显的纹理，在生产早期阶段产生的撞击、刮伤和污渍很难被检测出来。

　　（2）材料表面正常的形变和不显著的异常应该处于容许范围内，不应当被当成残次品而报错。

　　（3）污渍和伤痕在不同照明条件下所呈现的差异性。

　　（4）缺陷检测的时效性要求。如果要等到经过多次喷涂油漆和抛光处理后的工艺末端才能检测到零件缺陷，势必造成巨大浪费，使制造成本非常高昂。

　　近年来机器视觉遇到了亟待解决的视觉算法瓶颈问题。视觉问题面对的对象、环境、噪声干扰、问题的多样性，给算法的稳健性设计带来了巨大的挑战，单一的简单特征（如颜色、空间朝向与频率、边界形状、纹理等）提取算法，已难以满足算法对普适性和稳健性的要求。同时，在设计普适性的特征提取算法的同时还必须满足系统对计算能力、处理速度和成本的要求。因此，机器视觉技术的发展需要创新和变革。

15.6.2　深度学习与视觉智能

　　深度学习以多个隐藏层加上分类器作为输出层的神经网络结构，通过组合低层特征形成更加抽象的高层表示属性或特征，实现了端到端的学习（End-To-End Learning）。这样，既不用去人为地分解或者划分子问题，也不需要人类专家设计的手动特征。而是完全交给神经网络，直接从大量样本数据中，学习从原始输入到期望输出的映射，以网络整体损失（或误差）控制为目标，达到最优的算法效果，从而完成相应的视觉识别任务。同时，具备学习能力的神经网络架构和学习算法，保证算法随着学习样本越来越多而全，网络的性能便会不断提高，这样一次性解决了前述视觉智能的关键问题（特征设计、分类器设计和算法的不断改进问题）。深度学习为高性能视觉智能提供了一条极佳的实现途径。

　　同时，众多复杂问题本质上是高度非线性的，而深度学习通过作用于大量神经元的非线性激活函数（如 Sigmoid 或 ReLU）及深层网络结构，获得了可以适配足够复杂的非线性变换的能力，实现从输入到输出的非线性变换，这是深度学习在众多复杂问题上取得突破的重要原因之一。正是由于深度学习网络的出现与发展，使机器视觉从 2012 年到 2016 年经历了跨越式发展，在 ImageNet

ILSRVRC 图像分类上，1000 类 TOP5 错误率从 25.8%降到了 3.57%。可见，深度学习在机器视觉领域的应用条件已日趋成熟。

（1）深度学习算法在视觉算法上的卓越性能和突出表现，给机器视觉的算法瓶颈问题提供了一个很好的解决方案。基于深度学习的机器视觉算法，可实现不同产品视觉识别能力的迁移，必将彻底颠覆机器视觉算法的设计理念。类似 TensorFlow 等众多深度学习框架的出现、深度学习常用算法包的开源、不断推出的许多优秀深度学习模型（如 VGG、GoogleNet、ResNet、Inception-ResNet、DenseNet 等），为解决目标检测、定位、分割、识别提供了完美的解决方案。亦可集成多个深度学习模型，来进一步提高应用系统的性能。

（2）工业生产中积累的大量标签数据或部分标签数据，为深度学习网络的训练提供了关键的大数据基础。

（3）随着深度学习计算硬件的发展，硬件计算能力和相关硬件性价比不断提高。如 GPU 和类似 FPGA、ASIC 等嵌入式深度学习计算解决方案的推出及相应设备的开发，为同时达到机器视觉系统的高性能、实时检测、合适成本方面的要求创造了条件。

15.6.3　深度学习在机器视觉领域的应用概述

深度学习在机器视觉上的应用主要体现在机器学习算法上。

2016 年年底，AlphaGo 升级版 Master 横扫 60 多位围棋大师，创造了人工智能的新神话，成为街头巷尾热议的话题。2018 年，从事机器视觉的康耐视公司对其推出的市场上首款基于深度学习的图像分析软件 Cognex ViDi Suite 进行了产品升级，专门解决传统机器视觉系统难以解决的质量检查与分类等任务，被称为机器视觉行业的 AlphaGo。它和 AlphaGo 一样使用神经网络算法，模块化地解决机器视觉的问题，真正让人工智能走入机器视觉领域。下面以 ViDi Suite 软件为例进行讲解。

图 15.22 所示是深度学习应用于工件有无缺陷检测的机器视觉中的框图，其中深度卷积神经网络作为缺陷特征提取器和分类器。

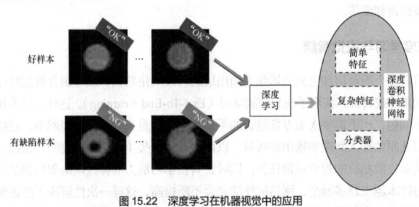

图 15.22　深度学习在机器视觉中的应用

近年来，一些知名的机器视觉公司纷纷在机器视觉软件中融入深度学习技术，如韩国 SUALAB 公司的 SuaKIT、德国 MVTec 公司的 HALCON、美国 Cyth Systems 公司的 Neural Vision、视觉龙公司的龙睿智能相机软件等。这不仅能大大降低检测错误率，而且不需要烦琐的编程设计，降低了对用户的要求，能为用户节约大量的人力、时间和财力。

ViDi Suite 软件已成功应用在制药、医疗产品、汽车、纺织、印刷、钟表等行业，实现了复杂的质量检测、零件定位、分类等方面的突破，为机器视觉应用领域中的诸多挑战提供了一个强大、灵活、明确的解决方案。如粗糙金属材料上典型的缺陷，可以对通过任何标准照明和相机获得的图像进行检测和分类。训练阶段完成后，在一个标准 GPU 上计算，能在几毫秒内可靠地识别缺陷，从而实现在线实时检测。

ViDi Suite 主要包括 ViDi 蓝色-定位（Blue-Locate）、ViDi 红色-检测（Red-Analyze）、ViDi 绿色-分类（Green-Classify）、ViDi 蓝色-读取（Blue-Read）这 4 种不同的工具，对应以下 4 个方面的应用。

1. 特征定位和识别

ViDi 蓝色-定位工具通过对有标签的图像的学习，找到复杂的特征和对象，如学习算法可以找到零件、计数托盘上的半透明玻璃医用药瓶，并对试剂盒和包装进行质量控制检查。图 15.23 所示为特征定位与识别实例。

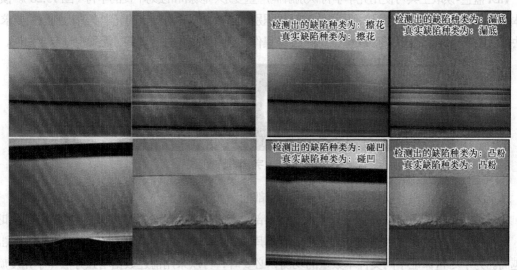

图 15.23　特征定位与识别实例

2. 分割和缺陷检测

ViDi 红色-检测工具只需通过了解目标区域的各种外观，即可分割缺陷或用户感兴趣的其他区域。只需通过了解物体的正常外观（包括显著但可容忍的变化），即可识别复杂表面上的划痕、不完整或不正确的装配，甚至是织物上的编织问题。图 15.24 所示为缺陷检测实例。

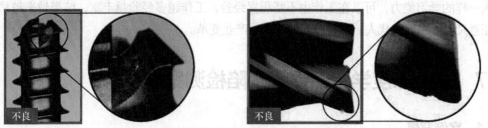

图 15.24　缺陷检测实例

3. 物体和场景分类

ViDi 绿色-分类工具根据带标签的图像的集合，通过对可接受的公差进行训练，分离不同的类，包括根据包装识别产品、对焊缝质量进行分类/分离可接受或不可接受的异常情况。图 15.25 所示为缺陷分类实例。

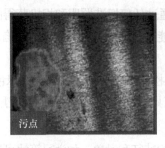 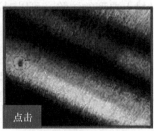 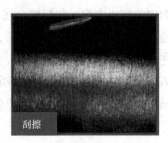

污点　　　　　　　　　点击　　　　　　　　　刮擦

图 15.25　缺陷分类实例

4. 读取文本和字符

ViDi 蓝色-读取工具可使用光学字符识别解码严重变形、倾斜和蚀刻不良的字符（图 15.26）。预训练字体库无须额外的编程或字体培训即可快速轻松识别大多数文本，对特定的光学字符识别应用要求，其算法可以重新提供标记出目标或对象类别的图像集作为训练数据集进行训练，无须视觉专业知识。

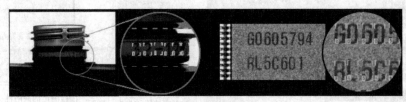

图 15.26　字符识别实例

基于深度学习的机器视觉算法应用方法"三部曲"如下。

第一步，数据准备：首先需要收集大量的零部件检测图片作为学习样本库，包括正常品和残次品，每种残次品的检测图片至少包含一组。样本库中的样本越多，学习效果越好，后续的检测准确率越高。为了尽量保证不同类样本数量的均衡，必要时，可以采用前述数据增强办法（小角度旋转、移位、缩放等变换），既得到更多数据，又增加输入数据的可变性，从而提高算法的稳健性。

第二步，模型训练：利用图片样本库进行训练学习，并产生检测的参照模型。

第三步，预测：可将学习后成型的算法模型用于实际的检测中，并监测算法与机器视觉系统的性能，必要时可以把新的学习样本标注后返回第一步再次训练网络，改进其性能。

在机器视觉中引入深度学习，为实现视觉智能化开辟了道路，让机器视觉系统有了"大脑"，有了像人一样的学习能力，可以在工作中不断积累经验，工作越多经验越丰富，结果越来越精准，实现真正意义上的机器替代人，必将掀起新一轮的产业变革。

15.7　基于深度学习的钢管缺陷检测案例

15.7.1　案例背景

目前，我国有钢管企业 3000 多家，其中焊接钢管企业 2700 多家、无缝钢管企业 300 多家，总产能超过 1.1 亿吨，其中焊接钢管约 6500 万吨，无缝钢管约 4500 万吨。钢管具有空心截面，其长度远大于直径或周长。其按截面形状分为圆形、方形、矩形、异形钢管；按材质分为碳素结构钢钢管、低合金结构钢钢管、合金钢钢管、复合钢管；按用途分为输送管道用、工程结构用、热工设备用、石油化工工业用、机械制造用、地质钻探用、高压设备用钢管等；按生产工艺分为无缝钢管和焊接钢管，其中无缝钢管又分热轧钢管和冷轧钢管，焊接钢管又分直缝焊接钢管和螺旋缝焊接钢管。

钢管不仅用于输送流体和粉状固体、交换热能、制造机械零件和容器，它还是一种经济钢材。用钢管制造建筑结构网架、支柱、机械支架，可以减轻重量，节省金属 20%～40%，而且可实现工厂化机械化施工。用钢管制造公路桥梁不但可节省钢材、简化施工，而且可大大减少涂保护层的面积，节约投资和维护费用。

对大产量的钢管，钢管缺陷外观检测和内部探伤检测是不可或缺的，钢管品质需要层层把控。

15.7.2 钢管外观缺陷检测需求

钢管在制造过程中会留下多种不同尺寸、不同形态的表面缺陷，包括外折、拉凹、拉丝、热凹等典型的缺陷类型。如钢管表面的凹、凸等变形，往往尺寸相对较大，面积大于 3mm×3mm、深度大于 0.5mm，且深度变化比较缓慢，过渡比较平滑；又如钢管表面沿纵向的细而深的凹陷，是因连续、断续或不规则形状的钢丝压入钢管外表面，当经过矫直工序后，钢丝脱落而留下的。其他典型缺陷及其特点简单介绍如下。

（1）辊痕、压痕

在钢管的外表面出现有规律或无规律的疤痕或压印。

（2）擦伤、划伤

钢管表面的点状（多点分布）、片状或长条状掉肉、凹陷、螺旋形伤痕（且螺距较小）及其他有规律或无规律分布的沟痕。擦伤、划伤从区域可分为热态和冷态，热态划（擦）伤的痕迹与管体呈一个颜色，冷态划（擦）伤的痕迹呈银亮色。

（3）外径超差、椭圆度超差

外径超差是指外径超出标准或协议规定偏差的上界限或下界限，超过上界限的称为外径超正（D+），超过下界限的称为外径超负（D−）。钢管椭圆度超过标准或协议规定的要求即为椭圆度超差。

（4）凹面、碰（压）扁

凹面是指钢管局部表面向内凹陷低于周围金属，管壁呈现外凹、里凸而无损伤现象，一般见于薄壁管。碰（压）扁与凹面类似，凹面中间位置明显低于正常的表面轮廓线但不低于周围金属，这通常是在冷状态下造成的损伤。

（5）重皮

轧入钢管金属基体表面，通常仅一端与基体金属相连的极薄金属长条或片层，通常呈舌状或鱼鳞片翘起；或与钢管的本体没有连接，但黏合到表面易于脱落。

（6）螺旋道

钢管内、外表面的螺旋状凹凸，当钢管经过定（减）径后呈现出外表面光滑、内表面凹凸。

（7）弯曲

钢管端部呈鹅头弯曲。钢管沿轴线不直，其每米或全长弯曲度值超过标准者叫弯曲。钢管外表面的轴向不直程度称为弯曲度。

图 15.27 所示为部分钢管外观缺陷。

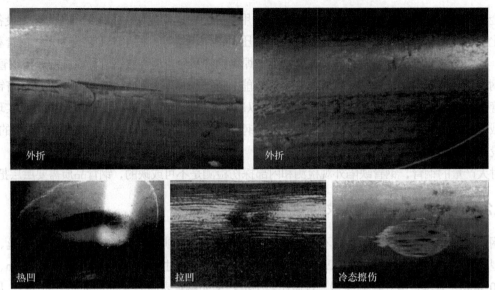

外折　外折　热凹　拉凹　冷态擦伤

图 15.27　部分钢管外观缺陷

可见，钢管缺陷种类较多，缺陷位置分布随机、结构繁杂、亮度/色度不均匀、纹理分布复杂，而且有表面高光反射现象，非缺陷区域同样具有分散、非规则纹理特点。经典特征分析难以涵盖这些缺陷的全部特征，因此钢管缺陷机器视觉检测是一个非常有挑战性的检测问题，特别适合基于大量训练样本的深度学习技术来解决。

15.7.3　视觉系统总体实施方案

1. 硬件需求

选择满足客户检测需求的相机、镜头、光源、视觉控制器等硬件（参考 9.1.4 小节）。

2. 软件检测流程

（1）通信输入：16bit 外部 I/O 工具读取外部脉冲电平信号后，通过条件执行工具进行任务触发。

（2）图像采集：参考 9.1.3 小节。

（3）图像处理：客户的缺陷检测项比较多，且通过传统的视觉方法无法检测，所以需要考虑使用深度学习的方式。因此我们需要采集更多的图片去标记训练出缺陷检测模型，再通过深度学习工具去调用训练好的模型实现在线检测。

（4）数据输出：检测后直接通过输出文本工具把良品/不良品（良品输出 1，不良品输出 0）信号传送给标记装置进行标记。

15.7.4　硬件选型

视觉检测硬件相机、镜头、光源、视觉控制器的选型参考 9.1.4 小节。

视觉控制器的选择：深度学习缺陷检测，对计算机配置要求较高，需 CPU 为 Intel i7 及以上、内存 8GB 及以上、显卡英伟达 GPU 1660 6GB 及以上。

（1）视觉检测硬件配置

根据前文的选型，可以配置相应硬件，如表 15.2 所示。

表 15.2　硬件配置

名称	型号	数量	性能参数	备注
视觉控制器	深度学习视觉主机	1	CPU：i7 及以上；内存：8GB 及以上；硬盘：500GB 及以上	含工控机、加密狗
30 万像素相机	VDC-C30-A120-E	4	颜色：彩色。帧率：120 帧/s。接口：GigE	含电源线、网线
16mm 焦距镜头	VDLF -C1620-1	4	分辨率：100 万。像面：1/1.8。光圈：2.2～C	含转接环
光源控制器	VDLSC-DPS24-4	1	类型：模拟控制。通道：双通道	
环形光源	VDLS-Z-R290X45W	2	颜色：白色。功率：45W。尺寸：290mm×220mm×32mm	含延长线

（2）视觉硬件安装

钢管是圆柱面，检测需要覆盖整个圆周，所以采用 4 个相机、夹角 90°的方式进行安装。光源选择环形光源，可以兼容钢管的整个外曲面，如图 15.28 所示。

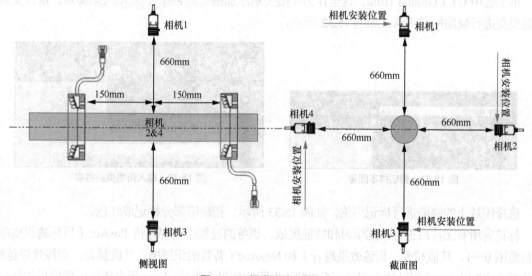

图 15.28　视觉硬件安装示意

15.7.5　模型训练与控制软件配置

模型训练与控制软件配置依次按以下步骤进行。

（1）缺陷样本图像准备

深度学习缺陷检测系统需要的缺陷样本图像不少于 1000 张，训练样本量越大对训练模型的优化就越好。1000 张样本中，90%是缺陷样本（即负样本），10%是正常样品（即正样本），缺陷样本里需要包含所有产品缺陷的种类。当样本收集完成后，算法内部会根据数据增强的参数（缩放、平移、旋转角度等）进行样本数据扩增，以获得足够多的训练样本，然后才开始模型训练。

（2）缺陷训练样本图像设置

打开软件，新建钢管缺陷样本工程，如图 15.29 所示。

导入样本图像，如图 15.30 所示。

右击钢管缺陷工程添加像素分割 1 应用，剪切样本图像，如图 15.31 所示。

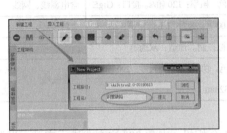

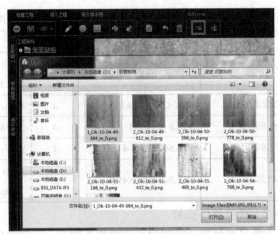

图 15.29 新建缺陷样本工程　　　　　　　　　图 15.30 导入样本图像

单击选中 GT（Ground Truth，这里作为缺陷类别添加按钮的名称），新增缺陷类别，输入类别名字后提交进行缺陷标记训练，如图 15.32 所示。

图 15.31 剪切样本图像　　　　　　　　　　图 15.32 输入新增类别名字

选择图片上的缺陷进行标记训练，如图 15.33 所示，把缺陷部分标记成红色。

标记完所有图片后进行训练学习和特征提取，训练的过程中需要等待 PosAcc（目标的识别率，取值范围 0～1，其值越大，训练效果越好）和 NegAcc（背景的识别率，其值越大，训练效果越好）数值都在 0.9 以上，才可以停止训练，不然特征提取的效果不明显。Loss 用来衡量识别结果与标记之间的差距，其值越小，训练效果越好，如图 15.34 所示。

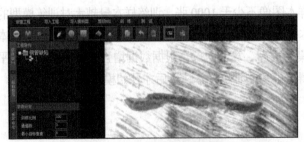

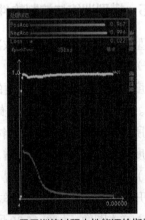

图 15.33 标注缺陷样本图像　　　　　　　　图 15.34 显示训练过程中性能评价指标与曲线

停止训练后，检测程序会把训练的样本图片检测一遍，如图 15.35 所示。

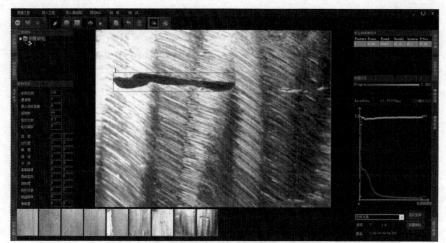

图 15.35　训练后的模型在训练样本上的表现

　　软件应用设置以龙睿智能相机软件演示为例，软件设置流程如图 15.36 所示。本案例采用 6 个任务，任务 1 主要用于信号输入监测，监测到触发信号时触发任务 2、3、4、5。任务 2、3、4、5 分别对应相机 1、2、3、4，并且每个任务分别添加相应的深度学习检测工具进行缺陷检测，输出检测结果。任务 6 主要统计任务 2、3、4、5 的输出结果，通过数据分析判断钢管在这一段是否为不良，并且将相应的结果输出给对应的客户的上位机。

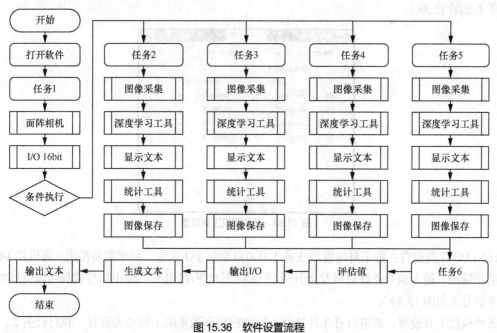

图 15.36　软件设置流程

　　模型训练完成后，会产生一个在线缺陷检测的工程与配置文件，通过上面的深度学习工具将该配置文件导入在线运行软件即可进行实时检测，设置检测完成后运行软件，如图 15.37 所示。任务 1 主要用于通信，面阵相机的外部触发信号采集后执行任务 2、3、4、5；任务 2、3、4、5 主要用于图像采集、缺陷检测、保存缺陷图像；任务 6 汇总任务 2、3、4、5 检测的结果，如果检测到缺陷就输出信号，控制喷码机喷码进行标记。

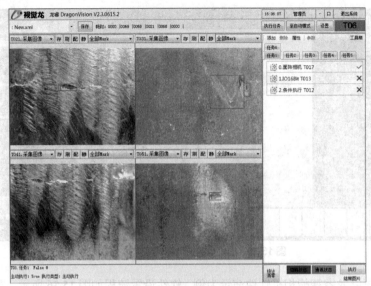

图 15.37　深度学习检测界面

（3）任务 1 软件设置

面阵相机工具设置：硬件相机线材连接好之后，进行软件连接设定，打开面阵相机工具→单击配置参数，选择相机类型 VDC，选择相机个数 4 个，自定义设置 IP 地址，可以更改相机 IP 地址设置顺序（见图 15.38）。

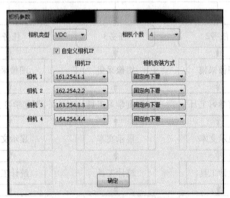

图 15.38　面阵相机工具设置

16bit I/O 工具设置：把工具放置到任务 1 就可以激活 I/O 通信，如果需要输出，可以用 I/O 工具进行调用输出，输入信号选择可以是上升沿/下降沿/低电平/高电平。输出信号选择可以是脉冲信号/高电平信号（见图 15.39）。

条件执行工具设置：双击打开条件执行，面阵相机取图完成 1 信号为真时，执行任务 2、3、4、5（见图 15.40）。

（4）任务 2 软件设置

图像采集工具设置：模拟现场检测的时候，启用仿真图像，调用离线图像进行检测（见图 15.41）；也可以启用相机在线检测，任务 2 启用相机在线→面阵相机一→执行→关闭，即可调用相机实时采集图像进行检测。

统计工具设置：统计工具主要用来计数，相机目前采集的次数做统计使用，用来计算一根钢管

采集了多少次图像。单击"添加"按钮，调用图像采集工具的序号 T021 的取图成功参数来作为一次
计数，不断累加计数（见图 15.42）。

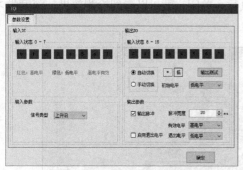

图 15.39 16bit I/O 工具设置

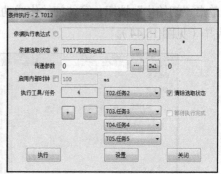

图 15.40 条件执行工具设置

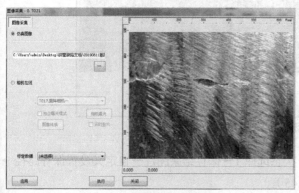

图 15.41 图像采集工具设置

图 15.42 统计工具设置

显示文本工具设置：选择输入采集图像，添加采集内容，双击进入采集内容进行内容设置，数
据链接选择统计工具的序号 T022 的 ALL 数据→设置→关闭→字体大小调节到最大→设置→关闭，
即设置完成（见图 15.43）。

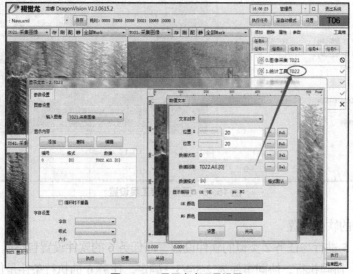

图 15.43 显示文本工具设置

深度学习工具设置：输入图像采集工具的序号 T025，加载之前训练好的钢管缺陷检测的工程文件（自然伤.proj 是对缺陷的命名，是钢管在生产中自然形成的刮伤，在训练检测模型时命名为自然伤），单击"初始化"按钮，等待初始化成功后→执行→关闭，就可以看到检测效果，深度学习工具设置完毕（见图 15.44）。

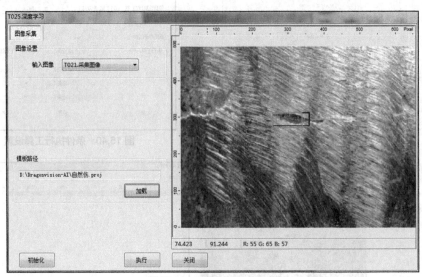

图 15.44　深度学习工具设置

图像保存工具设置：选择 T021.采集图像→状态选择 1→保存结果图片→自定义设置保存路径→设置→保存，图像保存工具设置完成（见图 15.45）。

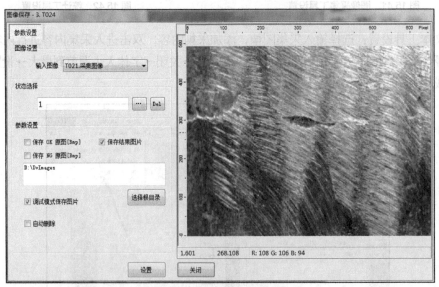

图 15.45　图像保存工具设置

（5）其他任务的软件设置

对任务 3、4、5 进行与任务 2 类似的软件设置，而任务 6 的软件设置包括以下几步。

① 属性设置：协同执行，协同事件为 2/3/4/5→确定，任务 6 的执行条件是任务 2、3、4、5 都执行完成（见图 15.46）。

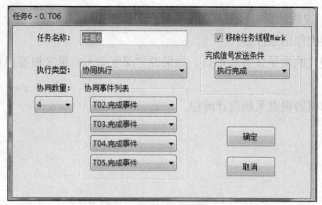

图 15.46　任务 6 属性设置窗口

② 评估工具设置：评估数值添加深度学习工具的序号 T025/T035/T045/T055 工具，统一判断状态，只要有一台相机检测 NG，产品检测状态就为 NG。

15.7.6　结果数据输出

结果数据输出，参考 7.8 节系统工具的设置以及 9.1.5 小节数据结果输出的设置。

15.8　小结

本章首先简述了人工智能、机器视觉、机器学习、深度学习之间的关系，并对机器学习及其性能评价指标进行了简要介绍，接着从人工神经元到神经网络、BP 神经网络再到深度卷积神经网络的发展历程，对深度学习的原理进行较详细的介绍。以单个神经元 MP 模型为例，简单推导了误差反向传播公式，用图示的方法对梯度下降法进行了简单描述，然后以手写数字识别网络 LeNet-5 为例，分析了具有代表性、应用较广的深度卷积神经网络的结构组成、设计步骤、训练与测试过程。用计算实例介绍了卷积运算、池化、非线性激活、分类函数 Softmax 的计算方法，总结了网络训练与测试的步骤与方法。简单比较了几种常用深度学习框架的特点。最后从视觉智能出发，分析了深度学习在机器视觉中的应用可能性、优势与前景，以深度学习图像分析软件 ViDi Suite 为例介绍了机器视觉中深度学习的几类典型应用及应用步骤，最后详细分析了基于深度学习系统软件的钢管缺陷检测案例。

习题与思考

1. 以二分类为例，深度学习模型的常用评价指标有哪些？

2. 神经网络中为何要引入激活函数？

3. 常见的损失函数有哪些？

4. 人工神经网络究竟是如何从训练样本中学习的？神经网络中误差是如何反向传播的？试解释梯度下降法。

5. 什么是卷积神经网络？卷积核和特征图是什么？低层特征图和高层特征图的本质区别在哪

里？以 LeNet-5 为例，说明卷积神经网络的结构特点、工作原理、网络参数个数。

6. 深度学习框架的作用是什么？

7. 试列举机器视觉的常见任务和难点。如果说"深度学习将带来机器视觉的一场革命"，你怎么理解？

8. 简述深度学习机器视觉系统设计流程。

参考文献

[1] Forsyth D A，Ponce J. Computer Vision A Modern Approach[M]. London：Prentice Hall，2003.

[2] Castleman K R. 数字图像处理[M]. 朱志刚，林学闫，石定机，等译. 北京：电子工业出版社，1998.

[3] Milan S，Vaclav H，Roger B. 图像处理、分析与机器视觉[M]. 艾海舟，武勃，等译. 2 版. 北京：人民邮电出版社，2002.

[4] Davies E R.Machine Vision：Theory Algorithms Practicalities[M]. Pittsburgh：Academic Press，1997.

[5] 余文勇，石绘. 机器视觉自动检测技术[M]. 北京：化学工业出版社，2013.

[6] 于起峰，陆宏伟，刘肖琳. 基于图像的精密测量与运动测量[M]. 北京：科学出版社，2002.

[7] 韩九强，胡怀中，张新曼，等.机器视觉技术及应用[M]. 北京：高等教育出版社，2009.

[8] 韩九强. 机器视觉智能组态软件 XAVIS 及应用[M]. 西安：西安交通大学出版社，2017.

[9] Carsten Steger，Markus Ulrich，Christian Wiedemann. 机器视觉算法与应用[M]. 杨少荣，吴迪靖，段德山，译. 北京：清华大学出版社，2008.

[10] 陈胜勇，刘盛. 基于 OpenCV 的计算机视觉技术实现[M]. 北京：科学出版社，2008.

[11] 廖宁放，石俊生，吴文敏. 数字图文图像颜色管理系统概论[M]. 北京：北京理工大学出版社，2009.

[12] 赵清杰，钱芳，蔡利栋. 计算机视觉[M]. 北京：机械工业出版社，2005.

[13] 阮秋琦. 数字图像处理学[M]. 北京：电子工业出版社，2001.

[14] 张宏林. 数字图像模式识别技术及工程实践[M]. 北京：人民邮电出版社，2003.

[15] 何斌，马天予，王运坚，等. Visual C++数字图像处理[M]. 北京：人民邮电出版社，2001.

[16] 林小燕. 基于机器视觉的色差检测系统设计[D]. 华中科技大学，2008.

[17] 邓力，俞栋. 深度学习方法及应用[M]. 谢磊，译. 北京：机械工业出版社，2015.

[18] 李雄军. 自动视觉检查理论与关键技术及应用研究[D]. 华中理工大学，1995.

[19] 蔡圣燕. 数字图像处理[D]. 天津大学，2014.

[20] Oliver Theobald.Machine Learning for Absolute Beginners: A Plain English Introduction[M]. Independently published，2017.

[21] Rumelhart D E，Hinton G E，Williams R J. Learning representations by back-propagating errors[J]，Nature，1986，323(6088): 533-536.

[22] LeCun Y. Handwritten digit recognition with a back-propagation network[C]. In Proc. Advances in Neural Information Processing Systems 2(NIPS*89): 396-404，Denver CO，1990.

[23] LeCun Y，Bottou L，Bengio Y，et al.Gradient-based learning applied to document recognition[C]. Proc. of IEEE，1998，86(11):2278-2324.

[24] Sainath T, Mohamed A R, Kingsbury B, et al. Deep convolutional neural networks for LVCSR[C]. In Proc. Acoustics, Speech and Signal Processing 2013: 8614-8618.

[25] LeCun Y, Yoshua B, Geoffrey H. Deep learning[J]. Nature, 2015, 521(7553): 436-444.

[26] He K. Deep residual learning for image recognition[C]. in Proceedings of the IEEE Conference on Computer Vision and Pattern Recognition, 2016: 770-778.

[27] 周志华. 机器学习[M]. 北京: 清华大学出版社, 2016.

[28] 李航. 统计学习方法[M]. 北京: 清华大学出版社, 2012.